W0401937

Der Weltraum

Der Weltraum

Von Urknall, Schwarzen Löchern und fremden Welten

Dr. John Gribbin

Aus dem Englischen von Franca Fritz und Heinrich Koop

Wissenschaftliche Beratung für die deutsche Ausgabe:
Dipl. Phys. Margit Röser

Die Deutsche Bibliothek – CIP-Einheitsaufnahme

Gribbin, John:
Der Weltraum : von Urknall, Schwarzen Löchern und fremden Welten / John Gribbin. Aus dem Engl. von Franca Fritz und Heinrich Koop. - Köln : vgs, 2002
ISBN 3-8025-1496-3

© Text of the original English Version: Space – our final frontier
Dr. John Gribbin, 2001
Titel der englischen Originalausgabe: Space – our final frontier

First published by BBC Worldwide Ltd,
80 Wood Lane, London W12 0TT
Copyright © Dr. John Gribbin, 2001

© der deutschsprachigen Ausgabe: Egmont vgs verlagsgesellschaft mbH,
Köln 2002
Alle Rechte vorbehalten

Lizenziert von NDR MEDIA GMBH,
Rothenbaumchaussee 161, 20149 Hamburg

Redaktion: Michael Büsgen
Lektorat: Margit Röser
Produktion: Susanne Beeh
Satz: Greiner & Reichel, Köln
Printed in the UK by Butler & Tanner Ltd, Frome
ISBN: 3–8025–1496–3

Besuchen Sie unsere Homepage im Internet:
www.vgs.de

Inhalt

3 

KONTAKTAUFNAHME **136**

Sind wir allein im Universum? Astrophysiker sind heutzutage in der Lage zu berechnen, wie groß die Chance auf die Existenz anderer Lebensformen im Weltall ist. Aber selbst wenn es dort draußen Leben geben sollte, bleibt immer noch die Frage: Gibt es andere intelligente Lebensformen?

4 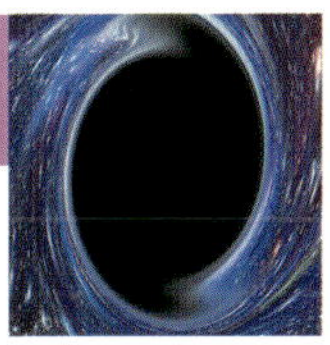

ANDERE WELTEN **182**

Ist das Universum einzigartig? Es scheint für Lebensformen wie die unsrige geradezu perfekt zu sein. Aber liegt das daran, dass es für uns entwickelt wurde oder eher daran, dass wir uns angepasst haben?

1

QUER DURCH DAS UNIVERSUM

1.1 WEGE DURCH DAS UNIVERSUM

Während die Besatzung der *Enterprise* wagemutige Reisen in die unendlichen Weiten der Galaxis unternimmt und in Gegenden vordringt, die noch nie ein Mensch zuvor gesehen hat, ist in Wahrheit noch kein Mensch jenseits unseres eigenen Sonnensystems gewesen. Doch das hat uns nicht davon abgehalten, neue Welten zu erkunden – und zwar aus der Ferne, mithilfe von Teleskopen am Erdboden oder Satelliten, die die Erde umkreisen. Die so gesammelten Daten werden dann mit den Schlussfolgerungen über Sterne und Galaxien verglichen, die wir aus den Gesetzen der Physik ableiten. In der Astronomie gehen Theorie und Beobachtung immer Hand in Hand: Eine Theorie über Sterne ist sinnlos ohne Beobachtungen, anhand derer sich Vorhersagen zu dieser Theorie überprüfen lassen. Und Beobachtungen eines verblüffenden neuen Phänomens bleiben ein Rätsel, bis man sie durch eine Theorie erklären kann. Aber gemeinsam können Theorie und Beobachtungen uns auf eine Reise mitnehmen, die uns nicht nur bis an den äußersten Rand des Universums führt, sondern sogar zurück durch die Zeit, bis zu dem Moment, in dem unser Universum entstand.

Vorhergehende Seite: Eine Spiralgalaxie, wie die Milchstraße, in der wir leben.

DIE KARTIERUNG DES WELTRAUMS

Astronomen interessieren sich für die Entwicklung von Sternen und Galaxien sowie für den Ursprung und das letztendliche Schicksal des gesamten Universums. Die Verknüpfung dieser Art von Wissen mit der Kenntnis der Entfernungen zwischen kosmischen Objekten ermöglicht es den Astronomen, ein tieferes Verständnis für ihr Fachgebiet zu entwickeln. Sie untersuchen das von Sternen und Galaxien ausgestrahlte Licht, um herauszufinden, welche unterschiedlichen Arten von Objekten in den verschiedenen Teilen des Universums existieren. Aber sie müssen auch die Entfernungen zu kosmischen Objekten messen, um zu erkennen, ob und wie diese Himmelskörper in Beziehung zueinander stehen. Doch wie lassen sich die Entfernungen zu Sternen und Galaxien überhaupt messen, die so weit entfernt liegen, dass keinerlei Aussicht besteht, sie jemals aufzusuchen – auch nicht mit einer unbemannten Raumsonde? Das klingt nach einer unlösbaren Aufgabe, aber Astronomen haben „Trittsteine" entdeckt, die sie erfolgreich von der Erde zu den äußersten Rändern des Universums führen.

Das Geheimnis liegt im Dreieck

Ein chinesisches Sprichwort besagt: Auch die längste Reise beginnt mit einem einzigen Schritt. Und auch die geografische Erkundung des Universums beginnt mit einer einfachen geometrischen Gleichung.

Der erste Schritt ins Universum nutzt exakt die gleichen Beobachtungstechniken, die hier auf der Erde angewandt werden, um die Entfernung zu weit entfernten Objekten (beispielsweise Berge) zu messen, ohne sich tatsächlich dorthin zu begeben. Die Idee als solche ist nicht neu, aber mithilfe moderner Instrumente hier auf der Erde und an Bord von Satelliten im Orbit kann man damit größere Entfernungen messen als je zuvor.

Das Ganze beruht auf den geometrischen Gesetzen von Dreiecken, der Trigonometrie. Wenn man die Länge einer Seite eines Dreiecks (die Grundlinie) kennt und die Winkel misst, die die beiden anderen Seiten mit der Grundlinie bilden, dann kann man im Grunde ganz einfach ausrechnen, wie weit es von der Grundlinie des Dreiecks bis zur gegenüberliegenden Spitze ist. Dieses Verfahren bezeichnet man als Triangulation.

Das Problem bei der Triangulation liegt

1

2

1. Der Mensch hat bisher nur den nächsten Nachbarn im Weltall besucht, den Mond.

2. Die Erforschung des Weltalls beruht auf Beobachtungen mit Instrumenten wie diesem Radioteleskop.

jedoch darin, dass man zur Vermessung des Abstands weit entfernter Objekte eine entsprechend lange Grundlinie benötigt, die mit zunehmender Entfernung immer größer werden muss.

Die Bedeutung der Parallaxe

Die Triangulation ist nicht auf das Messen von Entfernungen auf der Erde beschränkt, sie eignet sich auch hervorragend zur Berechnung des Abstands zu unserem nächsten Nachbarn im Weltall, dem Mond. Wenn ein Beobachter den Mond beispielsweise direkt über sich sieht und ein zweiter Beobachter an einem Standort, der mit dem Horizont des ersten Beobachters zusammenfällt, ebenfalls den Winkel misst, den der Mond für ihn am Himmel hat, dann lässt sich die Entfernung zum Mond mithilfe der Trigonometrie relativ leicht ausrechnen – etwa 384 000 Kilometer.

Diese Berechnung wird dadurch möglich, dass der Mond für die beiden Beobachter an unterschiedlichen Positionen am Himmel zu stehen scheint. Nach dem gleichen Prinzip können Sie Ihren Zeigefinger an einem weit entfernten Horizont hin und her „springen" lassen, indem Sie Ihren Arm geradeaus strecken, den Finger nach oben halten und ihn abwechselnd einmal mit dem linken und dann mit dem rechten Auge betrachten. Der leicht unterschiedliche Blickwinkel Ihrer Augen vermittelt Ihnen zwei unterschiedliche Perspektiven Ihres Fingers. Genauso ergeben die leicht unterschiedlichen Blickwinkel zweier Observatorien zwei unterschiedliche Perspektiven vom Mond. Diesen Effekt bezeichnet man als „Parallaxe", und bei unseren beiden Beobachtern verschiebt sich die scheinbare Position des Monds um fast den doppelten Durchmesser des Mondes am nächtlichen Himmel.

Die Sterne sind jedoch so weit von uns entfernt, dass das Hintergrundmuster immer gleich aussieht – egal von welchem Standpunkt auf der Erde aus wir sie betrachten. Daher können wir die Parallaxe bestimmen, indem wir messen, wie weit sich der Mond (in diesem Beispiel) vor dem festliegenden Hintergrund der Sterne zu verschieben scheint.

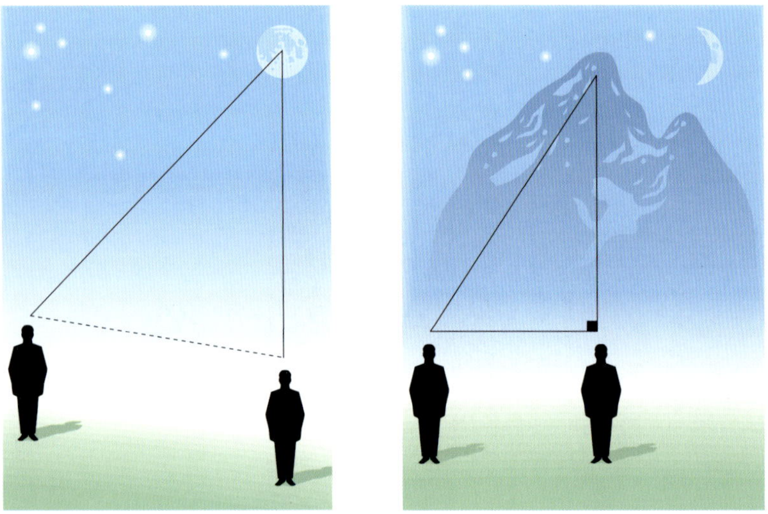

1

DIE LANDVERMESSUNG DER ERDE

Die Triangulation ist eine Methode zum Messen der Entfernung weit entfernter Objekte. Ein Kartograph kann die Lage eines Bergs auf einer Karte bestimmen, indem er zunächst die Grundlinie misst – beispielsweise einen Kilometer – und dann mit einem kleinen Teleskop (einem so genannten Theodolit) an beiden Enden der Grundlinie den Winkel zwischen der Grundlinie und der Bergspitze bestimmt. Mithilfe dieser Winkelangaben und der Länge der Grundlinie kann er anschließend die Länge der anderen beiden Seiten des Dreiecks berechnen und dadurch auch die Entfernung von der Grundlinie zum Berg. Die Entfernung zwischen einem Ende der ersten Grundlinie und der Bergspitze kann anschließend als neue Grundlinie verwendet und zur Berechnung anderer Entfernungen eingesetzt werden. Dieses Verfahren lässt sich beliebig oft wiederholen, so dass man auf diese Weise die gesamte Erdoberfläche überspannen kann. Heutzutage wird diese Methode durch Satellitenmessungen ersetzt, doch im 19. Jahrhundert diente die Triangulation z. B. zur Erstellung einer Karte von Indien.

Hinter dem Mond

Triangulation und Parallaxe kamen auch bei der Berechnung der Entfernung zu den nächstgelegenen Planeten – Venus und Mars – zum Einsatz. Dies war jedoch viel schwieriger als das Messen der Entfernung zum Mond, da die Planeten wesentlich weiter entfernt liegen. Dazu waren zeitgleiche Beobachtungen von Standorten auf entgegengesetzten Seiten der Erde aus erforderlich und anschließend die Berechnung eines sehr hohen, schmalen Dreiecks.

Auf diese Weise wurde die Parallaxe des Mars im Jahr 1671 erstmals genau bestimmt, als der französische Astronom Jean Richer eine Expedition nach Französisch-Guayana (in Südamerika) durchführte, um die Position des Mars vor dem Hintergrund der Sterne zu einer festgelegten Uhrzeit während einer ganz bestimmten Nacht zu messen.

Während der gleichen Nächte und zur gleichen Uhrzeit führte der aus Italien stammende

Astronom Giovanni Cassini in Paris ebenfalls Beobachtungen des Mars vor dem Hintergrund der Sterne durch. Als Richers Expeditionsgesellschaft zurückkehrte, verglichen die beiden Teams ihre Ergebnisse und berechneten die Entfernung zum Mars.

Gesetzestreue Planeten

Diese Messungen waren deshalb besonders wichtig, weil sie die Vermessung des gesamten Sonnensystems ermöglichten.

Die Gesetze, nach denen die Planeten ihre Bahnen rund um die Sonne ziehen, wurden zu Beginn des 17. Jahrhunderts erstmals von Johannes Kepler beschrieben und von Isaac Newton in seiner Theorie der Schwerkraft erklärt. Sie besagen u. a.: Wenn Planet A doppelt so weit von der Sonne entfernt ist wie Planet B, dann beträgt die Umlaufzeit von Planet A (die Zeit, die er benötigt, um die Sonne einmal zu umkreisen – sein „Jahr") ein bestimmtes Vielfaches der Umlaufzeit von Planet B.

Die Astronomen mussten jedoch mindestens eine Planetenentfernung direkt messen, um echte Zahlen in die Gleichung einsetzen zu können, obwohl sie die Umlaufzeiten der Planeten bereits kannten. Indem sie nun die Entfernung von der Erde zur Venus und zum Mars bestimmten, konnten sie die Entfernung dieser

Die Beobachtungen, die zur ersten Berechnung der Entfernung zum Mars führten, fanden 1671 in Französisch-Guayana statt – in der Nähe des Geländes, das die Europäische Weltraumbehörde ESA heute als Weltraumbahnhof nutzt.

2

1. Triangulation und der Parallaxeneffekt.

2. Als Astronomen erst einmal die Größe von Galaxien bestimmt hatten, konnten sie mithilfe der Triangulation die Entfernung zwischen den Galaxien abschätzen, und dies nur aufgrund ihrer scheinbaren Größe am Himmel.

1

3

1. und 3. Johannes Kepler entdeckte die Gesetze der Planetenbewegungen, indem er die Umlaufbahn des Mars studierte (rechts).

2. Eines der Gesetze lautet, dass die Verbindungslinie Planet-Sonne beim Umlauf des Planeten in gleichen Zeiträumen gleiche Flächen überstreicht.

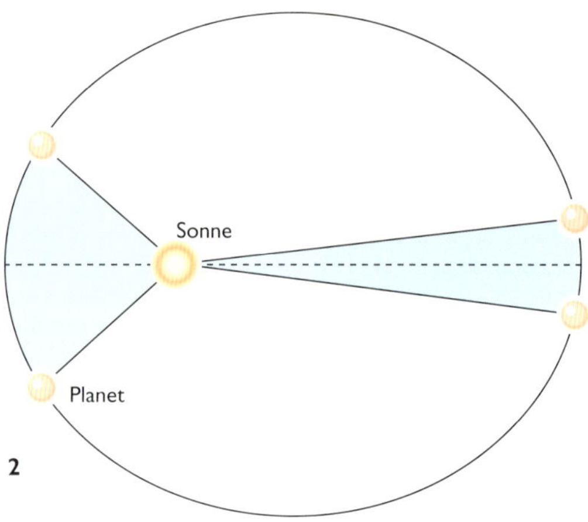

2

beiden Planeten zur Sonne berechnen und daraus wiederum mithilfe der Keplerschen Gesetze die Abstände sämtlicher Planeten unseres Sonnensystems zur Sonne.

Seit Ende des 17. Jahrhunderts haben sich die Beobachtungsmöglichkeiten zwar enorm verbessert (heute können wir die Entfernung zur Venus sogar direkt messen, indem wir Radarsignale dorthin schicken und wieder auffangen), und wir wissen, dass die Entfernung von der Erde zur Sonne 149,6 Millionen Kilometer beträgt. Aber bereits vor 200 Jahren hatte man diese Entfernung auf 140 Millionen Kilometer berechnet – eine Differenz von weniger als sieben Prozent im Vergleich zu den heutigen Daten.

TRITTSTEINE ZU DEN STERNEN

Die Erde benötigt zwölf Monate, um die Sonne einmal zu umkreisen. Der Radius der Erdumlaufbahn – die Entfernung von der Erde zur

Sonne – beträgt ungefähr 150 Millionen Kilometer. Diese Entfernung bezeichnet man als Astronomische Einheit (AE); in der Astronomie ist sie von entscheidender Bedeutung, da sie eine neue Grundlinie liefert, mit deren Hilfe man die Parallaxen weiter entfernter Objekte bestimmen kann – der nächsten Sterne.

In Intervallen von jeweils sechs Monaten befindet sich die Erde an den gegenüberliegenden Seiten ihrer Umlaufbahn, die einen Durchmesser von 2 AE (etwa 300 Millionen Kilometer) besitzt. In Fotografien des Nachthimmels, die im Abstand von sechs Monaten angefertigt wurden, zeigen einige Sterne aufgrund des Parallaxeneffekts eine leicht verschobene Position am Himmel. Aber diese Verschiebung ist sehr gering, da die Sterne so weit von uns entfernt liegen. Der in den 1830er Jahren erste auf diese Weise untersuchte Stern (bekannt als 61 Cygni) besitzt eine Parallaxe von gerade einmal 0,31 Bogensekunden. (Ein Kreis hat 360 Grad, jeweils 60 Minuten pro Grad und 60 Sekunden pro Minute.) Im Vergleich dazu bedeckt der Vollmond 30 Bogensekunden am Himmel. Die scheinbare Verschiebung von 61 Cygni beträgt also etwa $\frac{1}{6000}$ des scheinbaren Monddurchmessers.

Die Entfernungen zu den Sternen sind so groß, dass die Astronomen neue Maßeinheiten erfinden mussten, um sie in „handlichen" Zah-

Der Mount Everest wurde nach Sir George Everest benannt, dem Leiter des Landvermesserteams, das Indien im 19. Jahrhundert kartographierte.

4 

4. Wir leben in einer Spiralgalaxie wie dieser (M65), die aus Hunderten von Milliarden von Sternen wie unserer Sonne besteht.

1

len angeben zu können. Wenn man sich beispielsweise so weit von der Erde entfernen würde, dass der Abstand zwischen Erde und Sonne nur eine Bogensekunde am Himmel ergäbe, dann wäre man ein Parsec von der Erde entfernt („Parsec“ = Parallaxensekunde). Ein Parsec sind etwas mehr als 30 Billionen Kilometer, eine kaum vorstellbare Zahl. Doch in Lichtgeschwindigkeit ausgedrückt, wird sie verständlicher: Licht bewegt sich knapp 300 000 Kilometer pro Sekunde und legt so in einem Jahr eine Strecke von 9,46 Billionen Kilometern zurück – eine Entfernung, die auch als Lichtjahr bezeichnet wird. Daher entspricht ein Parsec 3,26 Lichtjahren. Wandelt man nun die Parallaxenmaße in Entfernung um, ergibt sich, dass 61 Cygni 3,4 Parsec oder etwas über elf Lichtjahre von uns entfernt liegt. Damit ist er einer der nächsten Nachbarn unserer Sonne.

Sterne wie Sand am Meer

Wenn man in einer dunklen wolkenfreien Nacht in den Himmel schaut, scheint er von unzähligen Sternen bedeckt zu sein. Doch das täuscht: Selbst unter optimalen Voraussetzungen, ohne Mond und weit entfernt vom Licht der Städte, kann man maximal etwa 3.000 Sterne sehen. Und unter normalen Umständen sind es nur 1.000.

Eine Vorstellung von der tatsächlichen Zahl der Sterne am Himmel entwickelte sich erst zu Beginn des 17. Jahrhunderts, als Galileo Galilei sein Fernrohr in den Nachthimmel richtete. Er stellte fest, dass es sich bei dem, was er für eine schwach leuchtende Lichtwolke gehalten hatte, tatsächlich um Myriaden einzelner Sterne handelte, die jeder für sich jedoch so wenig Licht abgaben, dass sie vom menschlichen Auge ohne Hilfsmittel nicht wahrgenommen werden konnten.

Zur damaligen Zeit gab es noch keine Möglichkeit, die Entfernungen dieser Sterne abzuschätzen. Noch bis vor kurzem hatte man nur wenige stellare Entfernungen mithilfe der Parallaxe berechnet. Erst im ausgehenden 20. Jahrhundert verbesserte sich die Situation schlagartig, als der Satellit HIPPARCOS, der auf einer Umlaufbahn außerhalb des störenden Einflusses der Erdatmosphäre kreiste, die Entfernungen zu einer großen Zahl von Sternen mit nie dagewesener Präzision maß. Der Satellit legte die Parallaxen von über 100 000 Sternen fest, und zwar mit einer Genauigkeit von 0,002 Bogensekunden (2 tausendstel Bogensekunden). Aber selbst diese beeindruckende Leistung gibt nur die Entfernung zu weniger als einem Millionstel aller Sterne in der Milchstraße wieder, so dass der Bereich der direkt vermessenen stellaren Entfernungen auf ein paar hundert Parsec (etwa 1.000 Lichtjahre) hinausgeschoben werden konnte.

Farbe, Helligkeit und Entfernung

Um die Entfernungen zu Sternen außerhalb unseres lokalen Weltraumbereichs zu berechnen, benötigen Astronomen noch andere Techniken. Eine dieser Methoden ist die „Sternstromparallaxe“, mit der die Entfernung so genannter „Bewegungssternhaufen“ bestimmt wird. Die Mitglieder solcher Haufen bewegen sich gemeinsam als Gruppe durch das Weltall. Die wichtigste und bekannteste derartige Gruppe sind die Hyaden, deren Sterne etwa 40 Parsec (130 Lichtjahre) von uns entfernt sind. Die Tatsache, dass dieser Sternhaufen Hunderte von Sternen enthält, die trotz der gleichen Entfernung zu uns unterschiedliche Farben und Helligkeiten haben, liefert den Astronomen Hinweise auf die subtilen Zusammenhänge zwischen der Leuchtkraft eines Sterns und der Farbe seines ausgestrahlten Lichts. Die Farbe eines Sterns hat jedoch nichts mit seiner Entfernung zu tun, seine Helligkeit sagt uns, wie weit er tatsächlich entfernt ist.

Entdecken die Astronomen also einen Stern, der die gleiche Farbe besitzt wie einer der Sterntypen in den Hyaden, dann können sie seine Entfernung schätzen, indem sie seine Helligkeit mit der des Hyadensterns vergleichen.

Dank dieser verschiedenen Messmethoden besitzen wir heute eine deutliche Vorstellung von der Entfernung zwischen Sternen und

2

1. Der Satellit HIPPARCOS, hier bei einem Test vor seinem Start in den Weltraum, konnte die Entfernungen zu den Sternen mit einer bis dahin unvergleichlichen Genauigkeit messen.

2. Die Hyaden und ein weiterer, kleinerer Sternhaufen namens Plejaden.

ALLE STERNE SIND SONNEN

Die Sonne ist ein Stern oder, anders gesagt, alle Sterne sind Sonnen. Dies wurde erst im 17. Jahrhundert erkannt. Isaac Newton kam z. B. zu folgendem Schluss: Wenn der Stern Sirius so hell ist wie unsere Sonne, zugleich aber so schwach am Himmel leuchtet, wie wir ihn sehen, dann muss er Millionen Mal weiter von uns entfernt sein als die Sonne. Im Grunde lag Newton richtig, doch die Konsequenz bereitete ihm ein solches Unbehagen, dass er diese Berechnung zu Lebzeiten nicht veröffentlichte. Dennoch zählt Sirius mit 8,7 Lichtjahren zu unseren nächsten Nachbarn.

Die Sonne ist ein ganz normaler Stern – weder besonders groß noch besonders klein, nicht zu heiß und nicht zu kalt –, und sie befindet sich ungefähr in der Mitte ihres Lebens. Dadurch ergeben sich aufregende Möglichkeiten: Wenn die Sonne ein ganz normaler Stern ist, dann erscheint es wahrscheinlich, dass auch andere sonnenähnliche Sterne Planeten haben. Wäre es denkbar, dass die Sonne nicht nur bezüglich ihrer sonstigen Eigenschaften ein ganz normaler Stern ist, sondern auch im Hinblick auf ihre Planetenfamilie? Falls ja, dann müsste es in der Milchstraßengalaxie buchstäblich Milliarden weitere Erden geben.

SPEKTROSKOPIE: DER SCHLÜSSEL ZUR ASTRONOMIE

Das wichtigste Werkzeug der Astronomen ist die Möglichkeit, Sternlicht zu analysieren und so herauszufinden, woraus die Sterne bestehen. Dieses Verfahren beruht auf der Tatsache, dass Atome Energie ausstrahlen (wenn sie heiß sind) oder Energie absorbieren (wenn sie kalt sind), und zwar bei ganz bestimmten Wellenlängen. Jedes Element erzeugt sein eigenes charakteristisches Linienmuster – vergleichbar dem Strichcode auf Waren und Verpackungen. Und genau wie ein solcher Strichcode ist auch jedes Muster einzigartig.

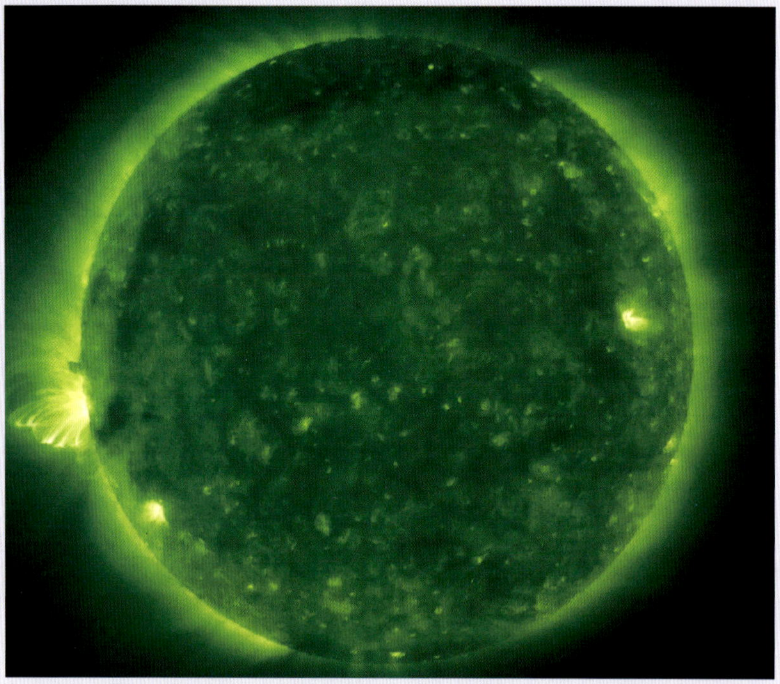

2

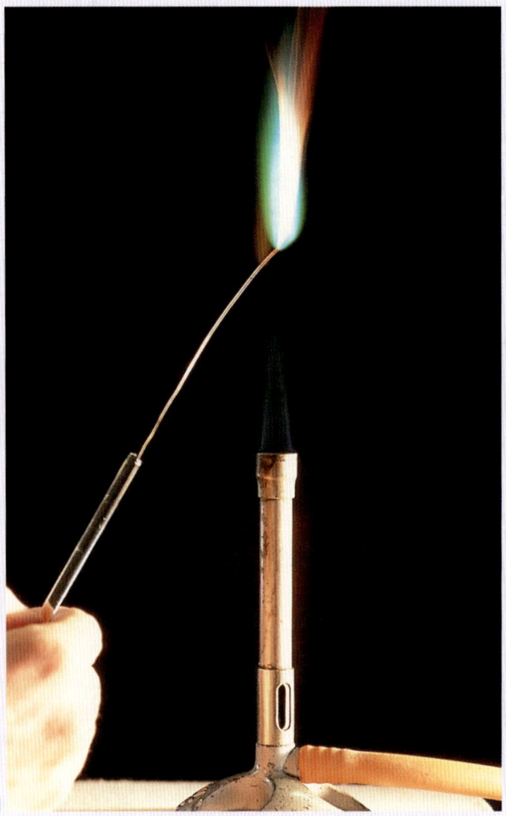

1

Der Flammentest

Wir wissen, welcher spektroskopische „Strichcode" zu welchem bestimmten Element gehört, da das von den Elementen ausgestrahlte Licht mithilfe eines einfachen Flammentests untersucht werden kann. Dazu erhitzt man eine Probe eines bekannten Elements (beispielsweise ein Stück Kupferdraht) über einem Bunsenbrenner und lässt das dabei ausgestrahlte Licht durch ein Prisma fallen. Das Prisma zerlegt das Licht und erzeugt ein Linienmuster, das für jedes Element ganz charakteristisch ist. Dieser Versuch wurde mit vielen Substanzen durchgeführt, so dass ein gewaltiger Katalog von Mustern entstand. Zur Identifikation unbekannter Substanzen untersucht man dann einfach ihr Spektralmuster und vergleicht es mit den Mustern im Katalog.

Die Spektroskopie wurde in der Mitte des 19. Jahrhunderts erfunden. Der erste Gelehrte, der bemerkte, dass das in sein Spektrum zerlegte Sonnenlicht viele charakteristische Linien enthielt, war der britische Physiker William Wollaston, der dies Phänomen 1802 beobachtete. Im Jahr 1814 zählte der deutsche Wissenschaftler Josef von Fraunhofer 574 Linien im Spektrum des Sonnenlichts, von denen er auch viele im Licht der Sterne wiederfand. Die Erklärung dafür lieferte jedoch erst Gustav Kirchhoff, der gegen Ende der 1850er Jahre zusammen mit Robert Bunsen die ersten spektroskopischen Versuche durchführte: Die unterschiedlichen Spektrallinien werden von unterschiedlichen Elementen in der Atmosphäre der Sterne verursacht.

Geheimnisse des Sonnenlichts

Spektroskopische Studien des Lichts der Sonnenatmosphäre, die 1868 während einer Sonnenfinsternis durchgeführt wurden, zeigten ein Muster, das zu keinem bekannten Element passte. Daraus schloss der britische Astronom Norman Lockyer, dass es in der Sonne ein Element geben musste, das man auf der Erde bis dahin noch nicht gefunden hatte, und gab diesem Element den Namen Helium – von Helios, dem griechischen Wort für Sonne. Erst 1895 konnte Helium auf der Erde identifiziert werden. Die Spektroskopie hatte also ein Element in unserem nächsten Stern entdeckt, noch bevor dieses auf der Erde gefunden werden konnte.

Wandernde Sterne

Die Spektroskopie dient in der Astronomie aber noch einer weiteren wichtigen Aufgabe. Obwohl die zu einem bestimmten Element gehörenden Spektrallinien immer bei den gleichen charakteristischen Wellenlängen erzeugt werden, verschiebt sich das gesamte Muster innerhalb des Spektrums, sobald sich das Objekt bewegt, welches die Spektrallinien erzeugt. Kommt es auf uns zu, verschieben sich die Linien zu kürzeren Wellenlängen. Da blaues Licht eine kürzere Wellenlänge besitzt als rotes Licht, bezeichnet man dies auch als „Blauverschiebung". Bewegt sich das Objekt von uns fort, verlagern sich die Linien in Richtung der längeren (roten) Wellenlängen – es kommt zu einer „Rotverschiebung". Das Ganze nennt man auch „Doppler-Effekt"; er ermöglicht es den Wissenschaftlern festzustellen, mit welcher Geschwindigkeit Sterne sich durch das Weltall bewegen, Galaxien rotieren oder Sterne in eng beieinander stehenden Paaren einander umkreisen. Vor allem der letzte Anwendungsbereich ist besonders nützlich, da es sich dabei um den Schlüssel zur Berechnung der Masse solcher Sterne handelt.

Die Spektroskopie teilt uns also mit, woraus die Sterne bestehen, wie schnell sie sich bewegen und welche Masse sie besitzen. Ohne Spektroskopie wäre die Astronomie wohl zu nicht viel mehr in der Lage, als aus Sternen am Nachthimmel hübsche Muster zusammenzustellen – auch Sternbilder genannt.

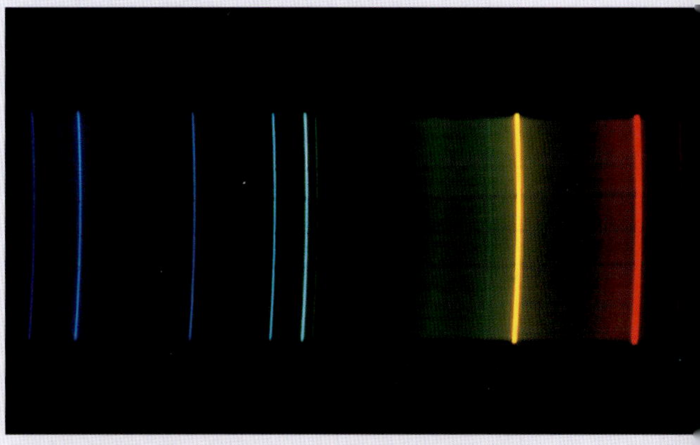
4

3

1. Ein Bunsenbrenner, mit dem Kupferdraht für einen Flammentest erhitzt wird.

2. Die Sonnenkorona – eine Ultraviolettaufnahme der äußeren Bereiche der Sonnenatmosphäre, aufgenommen von der Raumsonde SOHO. Am linken Bildrand ist eine Protuberanz zu sehen, die nach einer Sonneneruption beobachtet wurde.

3. Stephans Quartett und NGC 7320, fünf Galaxien im nördlichen Teil des Sternbilds Pegasus. Die Quartettmitglieder haben alle etwa die gleiche Rotverschiebung und bilden daher eine Galaxiengruppe, während NGC 7320 mit einer viel kleineren Rotverschiebung nicht dazu gehört.

4. Der charakteristische Fingerabdruck farbiger Linien (Spektrallinien) zeigt sich hier im Licht des heißen Heliumgases.

ZUM THEMA

1.1 Wege durch das Universum
S. 17 Farbe, Helligkeit und Entfernung

2.1 Der Urknall
S. 81 Galaxien in Bewegung

3.1 Leben im Universum
S. 140 Große Überraschung
S. 150 Auf der Suche nach Lebenszeichen

1

2

sogar von ihrer Größe. Der Abstand von einem Stern zu seinem nächsten Nachbarn beträgt im Allgemeinen das Zehnmillionenfache seines eigenen Durchmessers. So hat die Sonne beispielsweise einen Durchmesser von 1,39 Millionen Kilometern. Besäße sie die Größe einer Aspirintablette, dann wäre in diesem Maßstab der nächste Stern eine 140 Kilometer entfernt liegende andere Aspirintablette.

EINE INSEL IM ALL

Unter Zuhilfenahme jeder erdenklichen Technik zur Berechnung der Entfernung von Sternen ist es den Astronomen gelungen, die Ansammlung von Sternen, in der wir leben, zu kartographieren – eine Insel im All namens Milchstraßengalaxie oder einfach „die Galaxis". Hilfreich dabei ist auch die Tatsache, dass sich in einigen Teilen der Galaxis große Gas- und Staubwolken zwischen den Sternen befinden. Diese Wolken enthalten große Mengen Wasserstoff, der von Radioteleskopen aufgespürt werden kann.

Die Grundform unserer Galaxis ähnelt einer abgeflachten Scheibe mit einem Durchmesser von etwa 28 000 Parsec (28 Kiloparsec), die einige hundert Milliarden Sterne enthält. Diese Scheibe ist weiter außen nur 300 Parsec dick, besitzt in der Mitte jedoch einen gewölbten Zentralbereich (auch „Kern" genannt), der einen Durchmesser von sieben Kiloparsec und eine Dicke von einem Kiloparsec aufweist. Könnten wir von außen einen Blick auf die Galaxis werfen, dann sähe sie fast wie ein riesiges Spiegelei aus.

Die gesamte Scheibe wird von einem so genannten „Halo", einem Hof aus etwa 150 bekannten hellen Kugelhaufen umgeben. Jeder Kugelhaufen ist eine sphärische Ansammlung von Hunderttausenden oder sogar Millionen einzelnen Sternen, die sehr dicht beieinander stehen. Aus der Bewegung der Sterne schließen Astronomen, dass es um die gesamte Milchstraße herum eine große Menge so genannter „dunkler Materie" gibt (Materie, die Masse besitzt, aber nicht direkt geortet werden kann ▷ S. 96), welche die Galaxis mithilfe der Schwerkraft fest im Griff hält.

Sterne in spiralförmigen Mustern

Von oben betrachtet, besitzt unsere Galaxis eine charakteristische Struktur aus hell leuchtenden „Spiralarmen", die sich vom Kern nach außen winden. Das wichtigste Unterscheidungsmerkmal zwischen dem Kern und der eigentlichen Scheibe besteht jedoch darin, dass die Sterne im Kern (und die in den Kugelhaufen im Halo rund um die Galaxis) meist sehr alt sind, vermutlich bis zu zwölf Milliarden Jahre. Sie heißen aus historischen Gründen Sterne der Population II. Darüber hinaus enthält der

☆ Ein tiefer Atemzug – und unsere Lunge enthält mehr Luftmoleküle, als es Sterne in sämtlichen Galaxien im sichtbaren Bereich des Universums gibt.

3

1. Diese Aufnahme eines Teils der Milchstraße vermittelt eine Vorstellung von der Vielzahl der in unserer Galaxis enthaltenen Sterne.

2. Die Milchstraße wurde mit Hilfe von Sternhaufen kartographiert.

3. Wie diese Spiralgalaxie ist auch unsere Galaxis, die Milchstraße, eine abgeflachte Scheibe aus Sternen, eingebettet in einen Halo von Kugelsternhaufen.

1. Das Hooker-Teleskop, das zur Berechnung der Größe unserer Galaxis genutzt wurde.

Kern nur wenig Gas oder Staub. Dagegen besitzt die Scheibe, in der sich die Spiralarme nach außen erstrecken, nicht nur Gas und Staub, sondern auch Sterne mittleren Alters sowie sehr junge Sterne, die Population I genannt werden (unsere Sonne gehört zur Population I). Außerdem entstehen in diesen Bereichen ständig neue Sterne.

Alle Sterne in der Scheibe, einschließlich Gas und Staub, umkreisen das Zentrum der Galaxis. Allerdings rotiert diese Scheibe nicht wie ein fester Körper (wie beispielsweise eine CD, wenn man sie abspielt): Jeder Stern bewegt sich unabhängig, genau wie jeder Planet in unserem Sonnensystem die Sonne unabhängig umkreist, und die Sterne, die näher zur Mitte liegen, bewegen sich schneller als diejenigen am Rande der Scheibe. Die Sonne läuft mit einer Geschwindigkeit von etwa 250 Kilometern pro Sekunde um das Zentrum der Scheibe, wobei sie unser gesamtes Sonnensystem mit sich führt. Doch die Galaxis ist so groß, dass unser Sonnensystem selbst bei dieser Geschwindigkeit etwa 225 Millionen Jahre benötigt, um das Zentrum einmal vollständig zu umkreisen. Seit seiner Entstehung vor etwa 4,5 Milliarden Jahren hat unser Sonnensystem diese Reise ungefähr zwanzigmal zurückgelegt.

Die Sonne und ihre Planeten umkreisen die Galaxis in einem Abstand von etwa neun Kiloparsec zum Mittelpunkt; wir liegen etwa bei zwei Drittel der Strecke vom Zentrum zum äußeren Rand, an der Innenseite eines Spiralarms namens Orion-Arm. Wir bilden also nicht das Zentrum der Galaxis, und auch an unserer Position in der Milchstraße ist absolut nichts Außergewöhnliches.

EINE FRAGE DER PERSPEKTIVE

Größe und Form der Milchstraße konnten erstmals in den 1920er Jahren einigermaßen richtig angegeben werden. Davor dachten die meisten Menschen, dass die Sterne, die sie am Nachthimmel sahen, das gesamte Universum bildeten. Doch der Blick durch die Teleskope enthüllte nicht nur eine Unzahl von Sternen in der Milchstraße, sondern auch schwache, unregelmäßige Lichtflecken am Himmel, so genannte „Nebel". Als die Astronomen allmählich den Aufbau der Milchstraße zu verstehen begannen, stellten sich einige von ihnen bereits die Frage, ob es sich bei diesen Nebeln möglicherweise um andere Welteninseln im All handeln könnte – Galaxien vergleichbar unserer Milchstraße, jedoch so weit von uns entfernt, dass das Licht der darin enthaltenen Sterne zusammengenommen nur einen schwachen Lichtschein ergab. Diese Vermutung löste unter den Astronomen der damaligen Zeit eine heftige Debatte aus, weil dies bedeutete, dass die anderen Galaxien ungeheuer weit von uns entfernt sein mussten, nämlich Hunderte oder sogar Tausende von Kiloparsec. Dies war schwer zu akzeptieren, wo doch die Astronomen gerade erst entdeckt hatten, dass die Milchstraße selbst etliche Kiloparsec groß war, größer als alles, was man sich jemals vorgestellt hatte. Die andere Möglichkeit war, dass es sich bei den Nebeln um leuchtende Gaswolken innerhalb der Milchstraße handelte, die zwischen den Sternen lagen.

Es gab nur einen Weg herauszufinden, ob es sich bei diesen Nebeln tatsächlich um Galaxien handelte: Man musste einzelne Sterne darin identifizieren und ihre Entfernung direkt messen. Allerdings lagen sie zu weit weg, um sie mithilfe der Triangulation zu vermessen. Doch mit Beginn der 1920er Jahre wussten die Astronomen, dass einige Arten explodierender Sterne (Novae) alle ungefähr die gleiche Leuchtkraft besitzen, während eine andere Art von Sternen (Cepheiden) Leuchtkräfte haben, die aus ihren anderen Eigenschaften abgeleitet werden können. Kennt man die wahre Leuchtkraft eines Sterns, kann man seine Entfernung berechnen, indem man misst, wie hell er uns erscheint. Wenn es also den Astronomen gelang, Novae und Cepheiden in diesen Nebeln zu identifizieren, konnten sie auch ihre ungefähre Entfernung berechnen.

Mithilfe des damals besten Teleskops der Welt war es gerade möglich, die entscheidenden Messungen der Sterne in einigen dieser Nebel vorzunehmen. Besagtes Teleskop besitzt einen 2,5-Meter-Spiegel und wurde nach J. D. Hooker benannt, der den Bau finanzierte. Das Hooker-Teleskop befindet sich auf dem kalifornischen Mount Wilson in der Nähe von Pasadena.

Jenseits der Milchstraße

Der Astronom, der die entscheidenden Messungen vornahm, war Edwin Hubble. Er identifizierte sowohl Cepheiden als auch Novae in den Nebeln, die, wie wir heute wissen, die nächsten Nachbargalaxien der Milchstraße sind.

Doch es zeigte sich auch, dass nicht alle

2

2. Supernova 1987A, eine gewaltige Sternexplosion, aufgenommen im März 1987.

Würde man jeden Stern durch ein einziges Reiskorn ersetzen, dann ließe sich ein maßstabsgetreues Modell der Milchstraße gerade in die Lücke zwischen Erde und Mond einpassen.

Nebel andere Galaxien waren: Bei einigen handelte es sich tatsächlich um Gas- und Staubwolken innerhalb der Milchstraße.

Um eine Verwechslung zu vermeiden, verwenden die Astronomen seither den Begriff „Nebel" für die Wolken innerhalb der Milchstraße und den Begriff „Galaxie" für die großen Sternensysteme jenseits der Milchstraße.

Selbst mit dem 2,5-Meter-Spiegel des Hooker-Teleskops lassen sich nur sehr schwer die Beobachtungen durchführen, die man zur Berechnung der Entfernung anderer Galaxien benötigt. Als Hubble seine ersten Entfernungsbestimmungen vornahm, stellte er fest, dass die anderen Galaxien zwar tatsächlich jenseits der Milchstraße lagen, aber kleiner als unsere zu sein schienen. Allerdings handelt es sich dabei um eine Frage der Perspektive. Eines der wenigen Dinge, die wir tatsächlich messen können, ist die Fläche, die eine Galaxie am Himmel bedeckt. Eine nahe gelegene kleine Galaxie bedeckt die gleiche Fläche wie eine weiter entfernte große Galaxie – genauso, wie bei einer totalen Sonnenfinsternis der Mond die Sonne vollständig verdeckt, obwohl die Sonne fast 400-mal größer ist als der Mond. Aber da sie auch 400-mal weiter von uns entfernt liegt, scheint sie die gleiche Größe zu besitzen.

Als im Laufe der Zeit immer stärkere und bessere Teleskope gebaut wurden, waren die Wissenschaftler in der Lage, die Entfernungen zu anderen Galaxien immer genauer zu bestim-

1

1. Die Andromeda-Galaxie. Wie die Milchstraße besitzt sie einen gewölbten Zentralbereich, der von einer dünneren Scheibe umgeben ist.

2. Gegenüberliegende Seite: Von der Erde aus betrachtet, scheinen Sonne und Mond gleichgroß zu sein, obwohl die Sonne wesentlich größer ist als der Mond. Sie ist jedoch sehr viel weiter entfernt. Aus dem gleichen Grund erscheinen auch Galaxien winzig klein am Himmel – weil sie so weit entfernt sind.

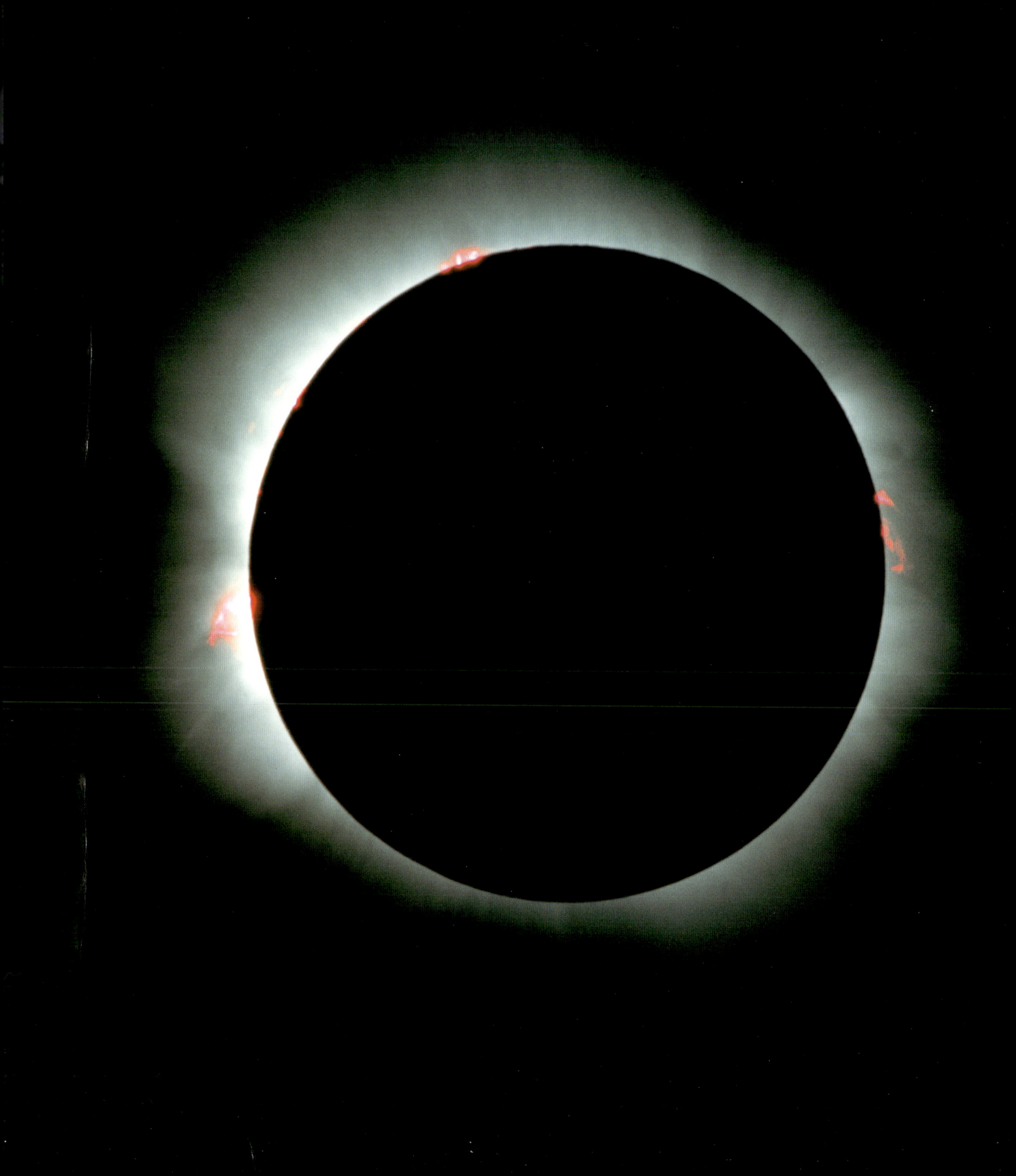

men. Dabei nutzten sie viele verschiedene Methoden oder „Trittsteine“ – nicht nur Cepheiden und Novae, sondern auch den Vergleich von Helligkeiten von Objekten wie Kugelhaufen in verschiedenen Galaxien. Nach etwa einem halben Jahrhundert unverminderten Bemühens stellten sie fest, dass die Galaxien etwa zehnmal weiter weg lagen, als Hubble gedacht hatte. Daraus folgte, dass sie auch zehnmal größer sein mussten als angenommen, um so groß am Himmel erscheinen zu können, wie wir sie beobachten.

Schließlich zeigte sich also, dass die Milchstraße eine durchschnittliche Spiralgalaxie ist (wenn auch etwas kleiner als die durchschnittliche Spiralgalaxie in unserem Teil des Universums). Und genau wie bei unserer Position innerhalb der Milchstraße ist auch an unserer Galaxis nichts Außergewöhnliches.

Galaxien über Galaxien

Das Ergebnis all dieser Bemühungen ist eine klare Vorstellung von der Größe von Galaxien und ihrer Entfernungen zueinander.

Neben den scheibenförmigen Spiralgalaxien wie der Milchstraße gibt es noch sehr viel größere, elliptische Galaxien, die keine Scheibe oder Spiralarme besitzen, sondern die Form eines Ellipsoids aufweisen und fast an einen Rugbyball erinnern. Man nimmt an, dass sie durch eine Art kosmischen Kannibalismus entstanden, durch die Verschmelzung zweier Spiralgalaxien.

Darüber hinaus findet man im Weltall auch kleinere elliptische Galaxien (die den Kugelhaufen ähneln ▷ S. 21–22) sowie kleine irreguläre Galaxien ohne charakteristische Form. Die größten dieser elliptischen Galaxien enthalten mehrere Billionen Sterne. Spiralgalaxien wie die Milchstraße haben einen Durchmesser von einigen zig Kiloparsec und enthalten mehrere hundert Milliarden Sterne.

Die Galaxien stehen, im Verhältnis zu ihrer eigenen Größe, wesentlich dichter beieinander als die Sterne untereinander. Wenn wir die Analogie der Aspirintablette auf die Galaxien übertragen und die Milchstraße durch eine einzige Tablette ersetzen, dann stellen wir fest, dass die uns am nächsten gelegene Spiralgalaxie, die Andromedagalaxie, ebenfalls durch eine Tablette repräsentiert, nur 13 Zentimeter entfernt läge. Und nur drei Meter weiter würden wir eine große Ansammlung von etwa 2.000 Aspirintabletten finden, verteilt über das Volumen eines Basketballs – eine Gruppe von Galaxien, die wir als Virgo-Haufen bezeichnen. In einem Maßstab, in dem die Milchstraße von einer einzigen Tablette repräsentiert wird, besäße das gesamte sichtbare Universum einen Durchmesser von lediglich einem Kilometer und enthielte Hunderte von Milliarden Aspirintabletten. Aus galaktischer Perspektive ist das Universum also ein ziemlich überfüllter Ort.

1. Die meisten Galaxien stehen in Gruppen beieinander, die als Galaxienhaufen bezeichnet werden. Die Abbildung zeigt das Zentrum des Virgo-Haufens, bei dem es sich um einen wichtigen „Trittstein“ in die Tiefen des Universums handelt.

1.1

PERIODEN-LEUCHTKRAFT-BEZIEHUNG DER CEPHEIDEN

Eine bestimmte Art veränderlicher Sterne, nach ihrem Prototyp Delta Cephei Cepheiden genannt, sind der Schlüssel zur Entfernungsbestimmung im Universum. Jeder Cepheide zeigt regelmäßige Schwankungen in seiner Helligkeit; einige haben Perioden von nur einem Tag, andere von 50 Tagen, doch die meisten liegen irgendwo zwischen diesen Extremen. Diese an sich schon interessanten Sterne sind für die Astronomie deshalb von besonderer Bedeutung, weil sie einen wichtigen „Trittstein“ ins Universum bilden – sie liefern uns exakte Entfernungsangaben zu den nächsten Galaxien.

2

Cepheiden sind große, gelbe Sterne mit der 300- bis 26 000fachen Sonnenleuchtkraft. In der Regel sind sie vierzehn- bis 200-mal größer als die Sonne, und ihre Helligkeitsschwankungen beruhen auf einem rhythmischen Pulsieren, das an regelmäßige Atemzüge erinnert. Ein Cepheide leuchtet dann am schwächsten, wenn seine äußere Schicht sich maximal ausgedehnt hat und dadurch abgekühlt ist; am hellsten erscheint er, wenn die äußere Schicht sich bis auf ihre Minimalgröße zusammengezogen hat und dadurch heißer ist.

Erste Schritte

Zu Beginn des 20. Jahrhunderts beschäftigte sich Henrietta Swan Leavitt am Harvard College Observatory mit den Cepheiden in der Kleinen Magellanschen Wolke (einer kleinen irregulären Galaxie in der Nähe unserer eigenen Galaxis). Dabei stellte sie fest, dass die Periode eines Cepheiden um so länger ist, je heller er leuchtet.

Die Cepheiden in der Kleinen Magellanschen Wolke waren für diese Untersuchung besonders gut geeignet, da diese kleine Galaxie so weit von uns entfernt liegt, dass alle darin enthaltenen Sterne als gleichweit von uns entfernt betrachtet werden können.

Wenn also dort ein Cepheide doppelt so hell erscheint wie ein anderer, dann *ist* er auch tatsächlich doppelt so leuchtkräftig und nicht einfach nur näher zu uns gelegen.

Stellare Straßenlaternen

Leavitts Entdeckung bedeutete, dass Cepheiden zur Bestimmung relativer Entfernung innerhalb der Milchstraße verwendet werden konnten.

1

Wenn man z. B. mittels der Perioden-Leuchtkraft-Beziehung feststellte, dass ein bestimmter Cepheide doppelt so leuchtkräftig ist wie ein anderer, dann konnte man durch den Vergleich ihrer scheinbaren Helligkeiten am Himmel ihre relativen Entfernungen zu uns bestimmen. Aber um diese Information zur Messung tatsächlicher Entfernungen innerhalb der Milchstraße nutzen zu können, mussten zunächst die Entfernungen zumindest einiger Cepheiden direkt gemessen werden.

Entscheidend dafür war, dass es in den Hyaden – deren Entfernung gemessen werden konnte – Sterne gab, die mit Sternen in Sternhaufen vergleichbar waren, welche Cepheiden enthielten. Diese boten nun eine Eichmöglichkeit: Jetzt konnte die Entfernung zu jedem Cepheiden einfach dadurch bestimmt werden, indem man seine Periode maß, daraus seine Leuchtkraft errechnete und diesen Wert mit seiner scheinbaren Helligkeit verglich. Doch selbst gegen Ende der 1980er Jahre war für nur 18 Cepheiden die Entfernung wirklich zuverlässig bestimmt. Aufgrund der Daten, die während der 1990er Jahre vom HIPPARCOS-Satelliten übermittelt wurden, gelang es jedoch, die Entfernungen zu einigen Cepheiden direkt

3

1. Henrietta Swan Leavitt, die den Nutzen der Cepheiden zur Entfernungsbestimmung entdeckte.

2. Die Kleine Magellansche Wolke liegt etwa 20 000 Lichtjahre von uns entfernt und enthält viele Cepheiden.

3. Jeder Bewohner der nördlichen Hemisphäre hat zumindest einen Cepheiden gesehen, den leuchtenden Stern auf dieser Abbildung.

4. Wenn wir die wahre Leuchtkraft eines Sterns kennen, können wir seine Entfernung zu uns berechnen, indem wir seine scheinbare Helligkeit messen – genau wie bei Straßenlaternen.

zu bestimmen. Außerdem wurde die Genauigkeit der Entfernungsmessung zu den Hyaden verbessert, so dass die auf den Cepheiden beruhende Entfernungsskala heute zuverlässiger bestimmt ist als je zuvor.

Ins Universum
Heutzutage kann mithilfe der Cepheiden auch die Helligkeit anderer Objekte innerhalb der gleichen Galaxien (meistens Supernovae) geeicht werden. Und da Supernovae enorm hell leuchten, lassen sie sich als Entfernungsindikatoren für sehr weit entfernte Galaxien verwenden.

4

ZUM THEMA

1.1 Wege durch das Universum
S. 23 Jenseits der Milchstraße

2.1 Der Urknall
S. 80 Jenseits der Lokalen Gruppe

2.2 Kosmologie für Anfänger
S. 95 Einsteins Geometrie

1.2 EIN STERN ENTSTEHT

Sterne entstehen nicht isoliert voneinander, sondern in Sterngeburtsregionen, die Tausende oder sogar Millionen sich bildender Sterne enthalten können. Zwar hat noch kein Astronom die „Geburt" eines Sterns beobachten können, aber da wir Sterne in allen Stadien ihres Entstehungsprozesses sehen, lässt sich dieser Vorgang herleiten. Genauso wäre ein außerirdischer Besucher der Erde in der Lage, den Lebenszyklus der Menschen zu erschließen, ohne eine einzelne Person von der Geburt bis zum Tod zu beobachten. Er muss lediglich eine große Gruppe von Menschen studieren, in der alle Lebensstadien repräsentiert sind.

Glücklicherweise befindet sich unser Sonnensystem in einem dicht bevölkerten Teil der Galaxis, und zwar ganz in der Nähe einer Sterngeburtsregion. Es handelt sich dabei um den Orionnebel, der mit einem kleinen Teleskop oder einem Feldstecher als schwacher Lichtfleck direkt unterhalb des Gürtels im Sternbild des Orion – des Himmelsjägers – zu finden ist.

DER ORIONNEBEL

Das Sternbild Orion gehört zu den bekanntesten Konstellationen am Firmament. Wenn man den Bereich direkt unterhalb der drei Sterne absucht, die den Gürtel bilden, stößt man auf einen diffusen Lichtfleck, den Orionnebel. Dieser Nebel ist typisch für die Gas- und Staubwolken, die über die gesamte Scheibe der Milchstraße verteilt und vor allem in den Spiralarmen zu finden sind. Die meisten bekannten Nebel können nur mithilfe eines Teleskops identifiziert werden, aber der Orionnebel ist sogar mit bloßem Auge zu sehen, weil er so nahe bei uns liegt, kaum 1.500 Lichtjahre entfernt.

Aufgrund der Nähe dieses Nebels können große Teleskope wie das Hubble-Weltraumteleskop seine Struktur mit erstaunlicher Genauigkeit und Schärfe wiedergeben und das Vorhandensein Hunderter neu entstehender, heißer, junger Sterne offenbaren. Diese Sterne lassen den Nebel von innen heraus leuchten und erzeugen den schwachen Schimmer, den wir bereits mit bloßem Auge, zumindest aber mit einem Fernglas, sehen können.

Obwohl der Orionnebel aufgrund seiner Nähe besonders aufsehenerregend wirkt, stellt er in keinerlei Hinsicht etwas Besonderes dar – es handelt sich um ein typisches Exemplar einer Sterngeburtsregion innerhalb unserer Galaxis, in der ständig neue Sterne entstehen. Der Orionnebel hat einen Durchmesser von etwa 20 Lichtjahren und enthält neben vier großen, hellen Sternen, die trapezförmig angeordnet sind und daher den Namen Trapez tragen, viele Hunderte kleiner Sterne, vergleichbar mit unserer Sonne kurz nach ihrer „Geburt".

Sternheizung auf volle Leistung

Sterne bilden sich in Gaswolken wie dem Orionnebel, weil diese Wolken nicht gleichmäßig und einheitlich sind. Einige Bereiche sind dichter als andere und beginnen, weitere Materie anzuziehen. Je mehr sich ein solcher Klumpen verdichtet, desto stärker wird seine Gravi-

1

1. Der große Nebel im Sternbild Orion ist eine Region, in der ständig neue Sterne entstehen.

1

2

1. Die Form dieser dunklen Finger aus Gas und Staub im Adlernebel entstand durch die Strahlung junger Sterne. Jeder Finger besitzt eine Länge von etwa einem Lichtjahr.

2. Gas im Orionnebel reflektiert das blaue Licht heißer, junger Sterne.

tationswirkung und desto mehr Materie wird aus der Umgebung angezogen, bis er durch seine eigene Schwerkraft in sich zusammenstürzt und einen so genannten Protostern bildet.

Beim Kollaps eines solchen Protosterns steigt die Temperatur in seinem Inneren an. Diese Wärme lässt den jungen Stern aufleuchten. Zunächst stammt die Wärme des jungen Sterns von der Gravitationsenergie, die während des Kollapses freigesetzt wird. Aber sobald die Temperatur im Kern des Sterns etwas über zehn Millionen Grad Celsius erreicht, beginnen die Kerne der Wasserstoffatome zu Heliumatomen zu verschmelzen. Dies tritt jedoch nur dann ein, wenn die Masse des Protosterns etwa ein Zehntel der Masse unserer Sonne übersteigt. Dagegen kühlen sich masseärmere Gasklumpen ab und bilden Objekte, die eher dem riesigen Planeten Jupiter gleichen (der etwa 0,1 Prozent der Masse unserer Sonne aufweist), nur dass sie noch wesentlich größer sind. Aus ihnen entwickeln sich die so genannten „Braunen Zwerge", die manchmal auch als „missglückte Sterne" bezeichnet werden.

Nebel wie der im Orion können genügend Gas und Staub für die Bildung von Millionen sonnenähnlicher Sterne enthalten. Doch nicht sämtliches Gas wird in Sterne umgewandelt, da in dem Moment, wenn sich die ersten Sterne bilden, das Licht und die Wärme des Sternentstehungsprozesses das restliche Material in den Weltraum schleudert. Diese Materie besteht fast vollständig aus Wasserstoff- und Heliumgas, welches noch aus der Zeit des Urknalls, der „Geburtsstunde" des Universums, stammt. In gerundeten Zahlen ausgedrückt, besteht die Materie, aus der die Sterne entstehen, aus knapp 75 Prozent Wasserstoff und knapp unter 25 Prozent Helium, so dass gerade einmal ein Prozent für alles andere übrig bleibt.

Sterne wie die Sonne

Bei Sternen mit ausreichend Masse setzt eine Kernfusion ein, wenn vier Wasserstoffkerne (Protonen) sich in einem schrittweisen Prozess zu einem neuen Heliumkern verbinden. Helium-Atomkerne werden manchmal auch „Alpha-Teilchen" genannt. Entscheidend dabei ist, dass ein Alpha-Teilchen etwas weniger Masse besitzt als die vier Protonen zusammengenommen. Die Masse, die dabei verloren geht, wenn auf diese Weise ein Alpha-Teilchen entsteht, wandelt sich in reine Energie um, gemäß Albert Einsteins berühmter Gleichung $E = mc^2$. Die dabei freigesetzte Wärme erzeugt einen Druck, der der nach innen gerichteten Anziehungskraft entgegen wirkt und eine weitere Kontraktion des Sterns verhindert. Auf diese Weise entsteht ein stabiler Stern, der bei einer konstanten Temperatur so lange gleichmäßig brennt, wie der nukleare Brennstoffvorrat reicht. Die Sterne, die wir heute im Orionnebel sehen, haben sich vor etwa 300 000 Jahren auf diese Weise stabilisiert, nach astronomischer Zeitrechnung also erst vor sehr kurzer Zeit.

Obwohl die Sterne in der Regel gemeinsam in einem Nebel entstehen, bleiben sie nicht während ihres gesamten Lebens zusammen. Wie alle anderen Objekte in der Scheibe unserer Galaxis kreisen auch der Orionnebel und die darin enthaltenen Sterne um das Zentrum der Milchstraße. Wenn sich der Nebel zerstreut und die Sterne auf ihren eigenen Umlaufbahnen weiterfliegen, bewegen sie sich mit leicht unterschiedlichen Geschwindigkeiten. Und obwohl sie sich zunächst scheinbar gemeinsam vorwärts bewegen – als so genannte „offene Sternhaufen" –, werden sie sich im Laufe von Hunderten von Millionen Jahren über die gesamte galaktische Scheibe verteilen. Da unsere Sonne vor etwa 4,5 Milliarden Jahren entstand, lässt sich heute nicht mehr feststellen, welche der hundert Milliarden Sterne in unserer Galaxis sich zusammen mit ihr im gleichen Sterngeburtsnebel bildeten.

WÄRME DURCH GRAVITATION

Wenn eine Gaswolke im All aufgrund ihrer Anziehungskraft kollabiert, wird Wärme freigesetzt. Diese Wärme ist umgewandelte Gravitationsenergie. Wenn man auf der Erde einen Gegenstand aus großer Höhe fallen lässt, bewegt sich dieses Objekt immer schneller, bis es auf eine Oberfläche auftrifft. Während des Falls wird Gravitationsenergie in kinetische Energie umgewandelt. Sobald das Objekt auf die Oberfläche auftrifft, wird die kinetische Energie in Wärmeenergie umgewandelt, wobei die Atome und Moleküle in dem Objekt immer schneller aneinander stoßen. Wärme ist eine Form der kinetischen Energie, die im Zusammenhang mit der Geschwindigkeit steht, mit der sich die Atome und Moleküle bewegen.

In einer kollabierenden Gaswolke versuchen alle Atome und Moleküle ins Zentrum der Wolke zu fallen und bewegen sich immer schneller und schneller, bis sie auf irgendetwas auftreffen. Das einzige, auf das sie treffen können, sind jedoch sie selbst. So kommt es, dass die Atome und Moleküle immer heftiger gegeneinander prallen, während die Wolke kollabiert. Und weil sie sich immer schneller bewegen, erhöht sich ihre kinetische Energie, mit dem Ergebnis, dass die Wolke immer heißer wird.

Die vier Sterne im Trapez liegen nur jeweils 0,1 Lichtjahre voneinander entfernt, lediglich zwei Prozent der Entfernung unserer Sonne zu ihrem nächsten Sternnachbarn.

STAUBIGER ANFANG

In Nebeln wie etwa dem Orionnebel entstehen nicht nur Sterne – um viele der momentan in der Milchstraße neu entstehenden Sterne bilden sich wahrscheinlich auch Planeten. Ihre Entstehung verdanken die Planeten dem rund einen Prozent Nebelmaterie, das nicht aus Wasserstoff und Helium besteht, sondern hauptsächlich aus anderen Gasen (wie etwa Kohlenmonoxid), aber auch sehr feinen Staubkörnern, welche sich aus Kohlenstoff, Silizium und anderen Substanzen zusammensetzen. Diese Materie wurde im Inneren früherer Sterngenerationen (▷ S. 67) gebildet und im Weltraum verteilt, als die betreffenden Sterne alterten und starben.

Ein wichtiges Merkmal unseres Sonnensystems ist die Tatsache, dass alle darin enthaltene Materie (mit nur wenigen Ausnahmen) das Zentrum in der gleichen Richtung umkreist. Die Sonne selbst dreht sich um ihre eigene Achse (einmal in etwa 25,4 Tagen), die Planeten umkreisen die Sonne in derselben Richtung, und auch die verschiedenen Monde unseres Sonnensystems umkreisen ihre Mutterplaneten in ebendieser Richtung.

Daraus lässt sich schließen, dass die Gas- und Staubwolke, aus der das Sonnensystem entstand, sich selbst ebenfalls in dieser Richtung drehte – was nicht weiter überrascht, denn es ist recht unwahrscheinlich, dass Gaswolken ohne jegliche Rotation einfach nur im

1

1. Junge Sterne in einem Verband, der als Rho Ophiuchi-Region bezeichnet wird.

Weltall schweben. Als die Wolke kollabierte, rotierte sie schneller, genau wie Pirouetten drehende Eiskunstläufer, die die Arme an den Körper ziehen. Diese Eigenschaft, die alle rotierenden Objekte besitzen, heißt Drehimpuls und hängt von der Masse des Objekts ab, aber auch davon, wie diese Masse verteilt ist und wie schnell sich das Objekt dreht. Befindet sich ein Großteil der Masse außerhalb des Zentrums, entsteht ein größerer Drehimpuls, als wenn sich die Masse im Zentrum konzentriert; und bei einem schnell rotierenden Objekt ist der Drehimpuls größer als bei einem langsamen Objekt. Wenn also ein rotierendes Objekt sich zusammenzieht, dreht es sich schneller, um den gleichen Drehimpuls beizubehalten.

Im Schleudergang

Die kollabierende Wolke, aus der sich die Sonne und ihre Planeten bildeten, verlor einen Teil ihres Drehimpulses, indem sie Materie in den Weltraum schleuderte. Trotzdem war der verbleibende Drehimpuls noch so groß, dass nicht der gesamte, um den jungen Stern herumwirbelnde Staub in diesen hineinfallen konnte. Während der Stern im Zentrum der kollabierenden Wolke zu leuchten begann, versammelten sich die übrigen Staubpartikel in einer Scheibe um den Stern herum – eine Scheibe, die nur einen kleinen Teil der Materie des Systems enthielt, aber dank ihrer Lage weit außerhalb des Zentrums einen Großteil des Drehimpulses.

Von Staub zu Kieseln

Die Bildung unserer Planeten setzte ein, noch bevor die Staubwolke sich in eine Scheibe verwandelt hatte. Während die Wolke kollabierte, stießen die winzigen Staubpartikel immer häufiger gegeneinander. Diese Kollisionen waren jedoch so sanft, dass die Körner aneinander haften bleiben und lockere Partikel von wenigen Millimetern Durchmesser bilden konnten. Diese Superkörner kollidierten wiederum miteinander und vereinigten sich zu größeren Par-

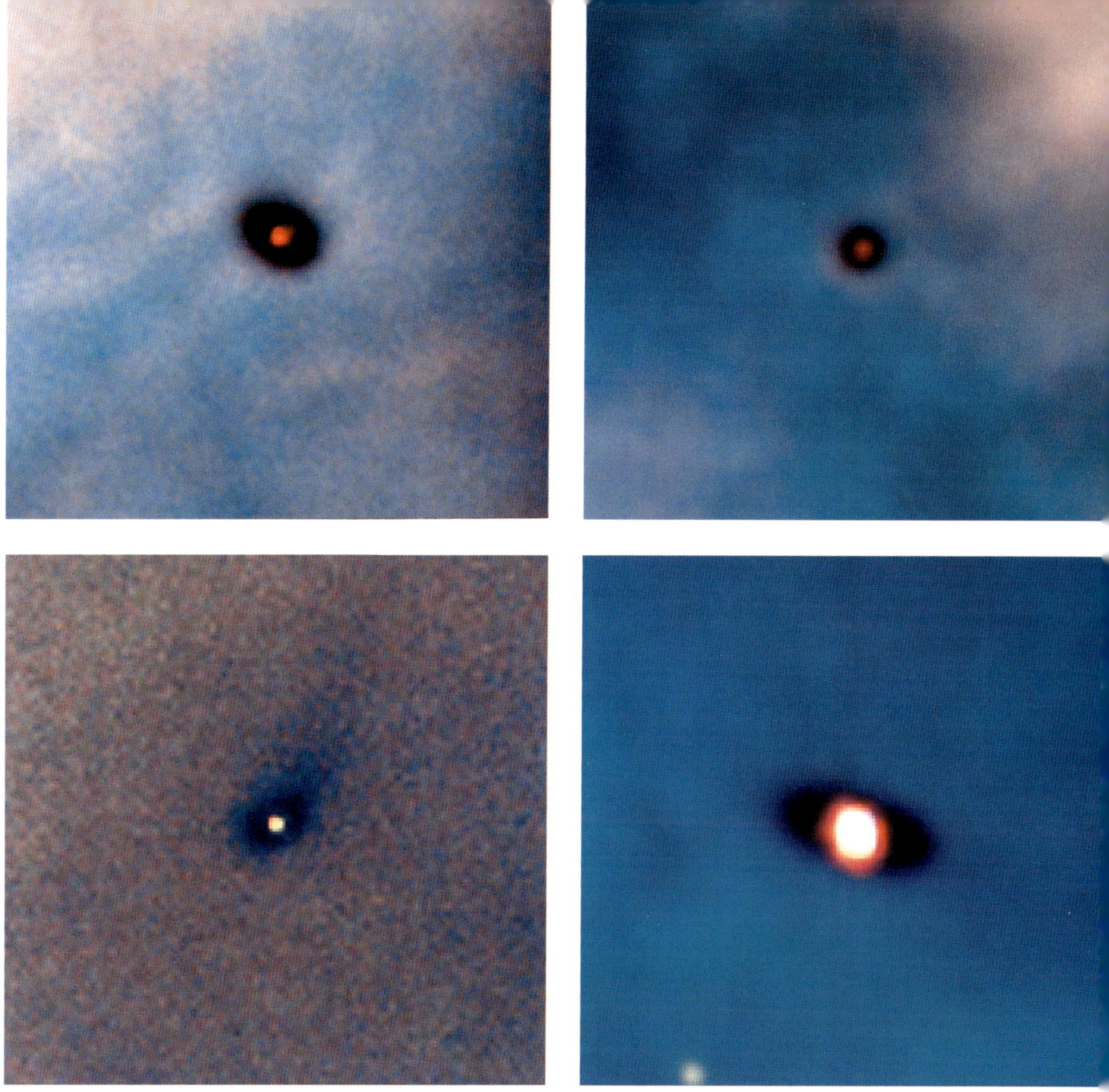

2

3

2. Scheiben aus staubförmiger Materie (protoplanetarische Scheiben) um junge Sterne im Orionnebel.

3. Wenn Sterne sich zusammenziehen, drehen sie sich immer schneller, wie etwa eine Eiskunstläuferin, die bei einer Pirouette die Arme an den Körper zieht.

DIE ENTSTEHUNG DES SONNENSYSTEMS

2. Während der Stern entsteht, sammelt sich Materie in einer Scheibe um ihn herum an.
3. Die Materie in der Scheibe verdichtet sich und bildet Klumpen.
4. Gesteinsbrocken bilden sich rund um den Stern.
7. Aus dem felsartigen Material entstehen Planeten wie unsere Erde.

1

1. Familienporträt der Planeten unseres Sonnensystems (mit Ausnahme von Pluto).

2. Das Sonnensystem enthält auch viele kleinere Materiebrocken, kosmisches Geröll wie etwa Kometen.

tikeln, die schließlich die Größe von Kieseln erreichten. Die Kiesel vereinigten sich zu immer größeren Gesteinsbrocken, und sobald sie groß genug waren, hielt die Schwerkraft sie zusammen. Die größten Brocken – von einigen Kilometern Durchmesser – begannen, die anderen zu dominieren: Aufgrund ihrer Schwerkraft zogen sie kleinere Geröllansammlungen zu sich heran und wurden immer größer.

Dabei kollidierten sie mit anderen Gesteinsbrocken. Aber da sich all diese Protoplaneten, zu denen sie sich inzwischen entwickelt hatten, in der gleichen Richtung um die Sonne herum bewegten, verliefen diese Kollisionen relativ sanft. Die größten Brocken in der Staubscheibe entwickelten sich zu Planeten, die einen Großteil des kosmischen Gerölls aufsammelten, das noch frei in der Scheibe herumschwebte. In unserem Sonnensystem finden wir heute noch ein Andenken aus dieser Zeit: Zwischen den

Umlaufbahnen von Mars und Jupiter befindet sich ein Band aus kosmischem Geröll, das als Asteroidengürtel bezeichnet wird; dieser enthält Objekte, von denen man annimmt, dass es sich um Überbleibsel aus der Zeit der Planetenentstehung handelt. Schätzungen vermuten über eine Million Gesteinsbrocken mit einem Durchmesser von über einem Kilometer sowie zahllose kleinere Brocken im Asteroidengürtel. Der größte Asteroid, Ceres, besitzt einen Durchmesser von 933 Kilometern, doch die Gesamtmasse all dieser Gesteinsbrocken beträgt nur 15 Prozent der Masse unseres Mondes.

Zwei Sorten von Planeten

Das Modell von der Entstehung der Planeten erklärt, warum es zwei Hauptgruppen von Planeten in unserem Sonnensystem gibt. In der Nähe der Sonne war die Hitze so groß, dass alles flüchtige Material fortgetrieben wurde. Übrig blieben feste Gesteinskugeln mit einer dünnen Atmosphäre, wie etwa Merkur, Venus, Erde und Mars. In größerer Entfernung war es jedoch kühl genug, dass gesteinsartige Planetenkerne größere Mengen Gas an sich binden konnten, was zur Entstehung der Riesenplaneten Jupiter, Saturn, Uranus und Neptun führte. Und noch weiter von der Sonne entfernt umkreisten eine Reihe von Eiskugeln unser Zentralgestirn – dort finden wir den Eisplaneten Pluto und die Kometen, die gelegentlich von den Randgebieten des Sonnensystems bis in unseren Bereich vordringen.

Vor kurzem kamen jedoch aufgrund der Entdeckung jupiterähnlicher Riesenplaneten in merkurähnlichen Umlaufbahnen bei anderen Sternen Zweifel an diesem einfachen Modell auf.

2

SCHEIBEN AUS STAUB

Die Erklärung für die Entstehung von Planetensystemen basiert auf Beobachtungen, die in den 1990er Jahren von Staubscheiben um junge Sterne gemacht wurden. Die am intensivsten untersuchte Staubscheibe gehört zu dem Stern Beta Pictoris (rechts); sie besitzt einen Durchmesser von mindestens 1.000 AE. Im Vergleich zu unserem Sonnensystem ist das eine gewaltige Ausdehnung (die Entfernung des äußersten Riesenplaneten, Neptun, zur Sonne beträgt nur 30 AE). Die Scheibe befindet sich also noch in einem frühen Entstehungsstadium, wobei ein Teil der Materie noch in den Weltraum geschleudert wird.

Das Alter des Beta-Pictoris-Systems wird auf nur 200 Millionen Jahre geschätzt, und die Masse der Materie in der Scheibe beträgt gegenwärtig etwa 1,5 Sonnenmassen. Ein Großteil dieser Materie wird verloren gehen, sobald sich das System stabilisiert hat. Der innere Bereich der Scheibe – in der Größe vergleichbar mit unserem Sonnensystem – ist verbogen und verzerrt, wahrscheinlich durch die Gravitationswirkung der Planeten, die sich dort bilden.

Das Hubble-Weltraumteleskop fand Hunderte solcher Scheiben um junge Sterne. Diese Entdeckung ist der Schlüssel für unser Verständnis von der Entstehung der Planeten. Und die Tatsache, dass so viele junge Sterne von Staubscheiben umgeben sind, spricht dafür, dass es sich bei der Entstehung von Planeten um einen ganz gewöhnlichen Vorgang handelt.

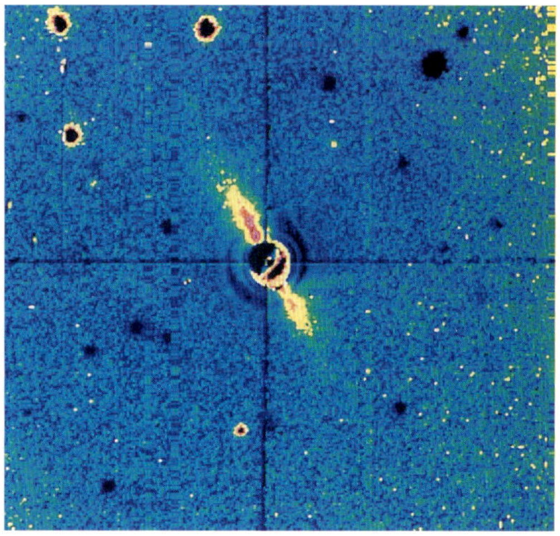

Bisher verstehen die Astronomen noch nicht genau, wie sich solche Systeme bilden können; dennoch gelten diese Entdeckungen als weiterer Beweis dafür, dass Sonnensysteme im Universum etwas ganz Gewöhnliches sind.

Unabhängig von Details ist jedoch die Tatsache wichtig, dass die Entstehung der Planeten eine natürliche Folge der Art und Weise darstellt, in der eine Staubwolke kollabiert und einen neuen Stern bildet. Allerdings bedeutet dies nicht notwendigerweise, dass alle Sterne Planeten besitzen. Systeme aus mehreren Sternen haben keine Schwierigkeiten, sich ihres Drehimpulses zu entledigen, da dieser in ihrer Umlaufbewegung umeinander gespeichert ist. Außerdem dürften in diesen komplizierteren Systemen stabile Planetenumlaufbahnen wohl kaum existieren können. Etwas mehr als die Hälfte aller Sterne scheinen zu Mehrfachsystemen zu gehören. Doch selbst wenn es sich bei nur knapp der Hälfte aller Sterne in der Milch-

1

1. Planetensysteme wie unser Sonnensystem scheinen ein natürlicher Bestandteil spiralförmiger Galaxien wie etwa unserer Milchstraße zu sein.

straße um Einzelsterne wie unsere Sonne handelt, bleibt immer noch Raum für über 100 Milliarden Sonnensysteme, die sich auf die oben beschriebene Weise in unserer Galaxis gebildet haben können.

DIE KOSMISCHE PRESSE

Die Astronomen verstehen inzwischen sehr genau, wie Sterne und Planeten beim Kollaps einer Gas- und Staubwolke entstehen. Dies hängt mit der Anwesenheit anderer Sterne in der galaktischen Scheibe zusammen.

Der Orionnebel ist Teil einer wesentlich größeren Gaswolke, einer so genannten „Riesen-Molekülwolke", die fast das gesamte Sternbild Orion am Nachthimmel umfasst. Solche gigantischen Molekülwolken werden von der Schwerkraft zusammengehalten – sie sind die massereichsten Gebilde in unserer Galaxis, mit einer bis zu zehnmillionenfach größeren Masse als unsere Sonne und einem Durchmesser von 46–72 Parsec (150–250 Lichtjahren). Explodiert an einem Ende einer solchen Wolke ein Stern zu einer Supernova, dann sendet er Stoßwellen aus, die durch die Wolke hindurchlaufen. Diese Stoßwellen häufen vor sich Materie an, wodurch ein Teil des Gases in der Wolke so stark komprimiert wird, dass es zu kollabieren beginnt und neue Sterne mit ganz unterschiedlich großen Massen bildet. Die größten Gasklumpen in diesen komprimierten Regionen kollabieren sehr rasch und bilden massereiche Sterne, die ihren Lebenszyklus sehr schnell durchlaufen (in weniger als einer Million Jahren). Dann explodieren auch sie und schicken weitere Wellen durch die Molekülwolke. Auf diese Weise kann sich eine Welle der Sternentstehung in einem Zeitraum von zehn oder 20 Millionen Jahren quer durch eine große Molekülwolke fortsetzen.

Galaxien und die Entstehung von Sternen

Das Bild ist aber noch immer nicht vollständig, da die Molekülwolken selbst mit den Spiralarmen einer Galaxie zusammenhängen. Diese entstanden, weil das dünne Gas zwischen den Sternen bei seinem Umlauf in der galaktischen Scheibe ebenfalls zusammengequetscht wurde. Obwohl das Bild der vom Zentrum einer Galaxie sich nach außen windenden Spiralarme auf den ersten Blick an das Muster erinnert, das entsteht, wenn man Milch in eine Tasse Kaffee rührt, besteht doch zwischen beiden ein entscheidender Unterschied. Das Spiralmuster der weißen Milch vor dem Hintergrund aus schwarzem Kaffee löst sich bald zu einem gleichmäßigen Braunton auf. Analog dazu müsste das Spiralmuster einer Spiralgalaxie im Laufe der Zeit verwischen, während die individuellen Sterne sich auf ihrer eigenen Umlaufbahn und in ihrem eigenen Tempo um das Zentrum herum bewegen – und zwar innerhalb von etwa einer Milliarde Jahren, ein Wimpernschlag in der Lebensdauer einer Galaxie. Doch die Spiralarme werden von der Rotation nicht aufgelöst, weil sie sich ständig erneuern.

Das charakteristische Muster, das sich auf Fotografien von Spiralgalaxien so deutlich zeigt, wird durch die Anwesenheit heißer junger Sterne an den Rändern der Spiralarme verursacht. Diese heißen jungen Sterne entstehen an dieser Stelle, weil ständig neue Gas- und Staubwolken durch das Spiralmuster ziehen und dort von einer großräumigen Stoßwelle zusammengepresst werden. Diese Stoßwelle stellt den mehr oder weniger dauerhaften Bestandteil der Struktur dar, der langsam über die galaktische Scheibe läuft und den Gas und Staub bei ihrem Umlauf um das galaktische Zentrum durchqueren. Ein anschauliches Beispiel liefert ein Blick auf eine viel befahrene Autobahn, auf der ein langer, schwerer Lastkraftwagen langsam vorwärts kriecht. Hinter diesem Verkehrshindernis stauen sich andere Fahrzeuge, bis sie schließlich den LKW langsam überholen und danach wieder Geschwindigkeit aufnehmen können. Der Verkehrsstau als solcher bewegt sich mit einer gleichbleibenden Geschwindigkeit auf der Autobahn vorwärts, doch die einzelnen Fahrzeuge, aus denen sich der Stau zusammensetzt, wechseln ständig, da von hinten neue Fahrzeuge herankommen und vorne an der Spitze des Staus andere Fahrzeuge sich von dem Hindernis entfernen. Im Fall der Spiralarme unserer Galaxis reist die großräumige Stoßwelle mit einer Geschwindigkeit von etwa 30 Kilometern pro Sekunde über die galaktische Scheibe, während die Sterne und die Gas- und Staubwolken sie mit einer Geschwindigkeit von etwa 250 Kilometern pro Sekunde überholen, sie passieren und dabei zusammengepresst werden. Auf diese Weise stauen sich auf der Innenseite der Spiralarme Gas- und Staubwolken, werden zusammengequetscht und lösen damit die Entstehung zahlreicher neuer Sterne aus, wie etwa in der Orion-Molekülwolke.

Sterne als Geburtshelfer von Sternen

Dieser gesamte Vorgang hält sich selbst in Gang: Die Stoßwelle wird unter anderem auch von den stellaren Explosionen am Rande der Spiralarme aufrecht erhalten, und die stellaren Explosionen werden dadurch verursacht, dass die Stoßwelle Gas und Staub zusammenpresst. Obwohl bei diesem Prozess in den großen Molekülwolken ständig neue Sterne entstehen, sorgt die Explosion anderer Sterne dafür, dass permanent Rohmaterial in den interstellaren Raum geschleudert wird, aus dem sich dann wieder neue Molekülwolken bilden – und damit das Rohmaterial für die nächsten Sternengenerationen. Auf diese Weise werden Jahr für Jahr lediglich ein paar Sonnenmassen an Materie innerhalb der Milchstraße wiederverwertet, aber im Laufe von wenigen Milliarden Jahren addiert sich dies zu einer ganzen Reihe neuer Sterne.

Die Gesamtmenge der Materie, die in Form von riesigen Molekülwolken das Zentrum unserer Galaxis umkreist, ist etwa drei Milliarden Mal größer als die Materie in unserer Sonne und entspricht damit etwa 15 Prozent der Gesamtmasse aller Sterne in der Scheibe selbst. Erstaunlicherweise bedarf es nur weniger stellarer Explosionen, um den Recyclingprozess in Gang zu halten. In jedem Jahrhundert ereignen sich nur zwei bis drei Supernovae in unserer Galaxis, und seit fast 400 Jahren hat sich keine in unserer unmittelbaren Nähe gezeigt (die uns nächste Supernova ereignete sich 1987 in einer kleinen, nahe gelegenen Galaxie, der Großen Magellanschen Wolke).

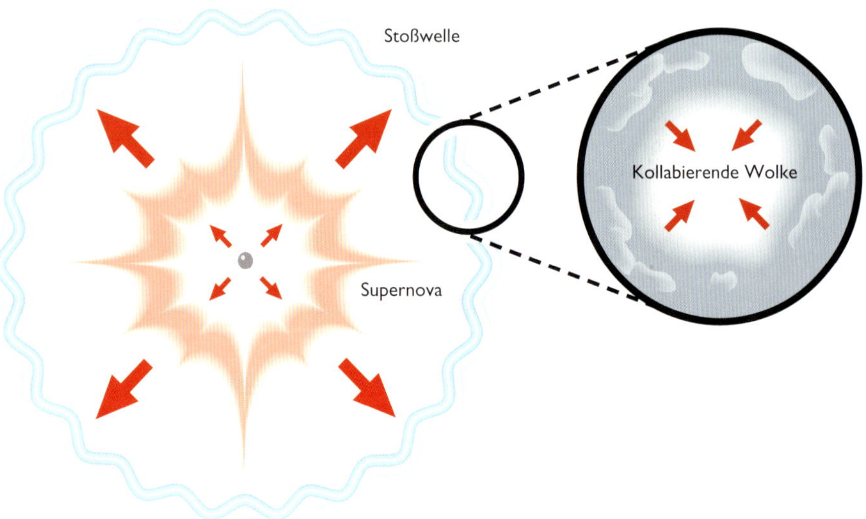

1

1. Die sich ausdehnende Stoßwelle eines explodierenden Sterns (großes Bild) quetscht die Gaswolken zusammen und fördert damit die Bildung neuer Sterne (kleines Bild).

2. Gegenüberliegende Seite: Die Große Magellansche Wolke zählt zu den nächsten Nachbarn unserer Galaxis. Sie ist 160 000 Lichtjahre entfernt und besitzt einen Durchmesser von 30 000 Lichtjahren.

UNSERE KOSMISCHEN NACHBARN

Die Sonne und ihre Planeten liegen am inneren Rand eines der Spiralarme unserer Galaxis, den sie auf ihrer endlosen Reise um die Milchstraße gerade durchqueren. Dieser Spiralarm wird manchmal auch als Orion-Arm bezeichnet, nach dem charakteristischen Sternbild Orion. Da aber auch alle die anderen hellen Sterne, die die traditionellen Sternbilder ergeben, in demselben Spiralarm liegen, ist dieser Name etwas irreführend. Aus diesem Grund bevorzugen viele Astronomen die Bezeichnung „Lokaler Arm" für unsere Region der Galaxis.

2

Der Blick von innen nach außen

Von unserem Standpunkt innerhalb des Lokalen Arms bietet sich den Astronomen in zwei entgegengesetzten Richtungen am Himmel der Blick auf eine Ansammlung von Sternen, Nebeln und Dunkelwolken. Von der Erde aus gesehen, erstreckt sich der Lokale Arm vom inneren Bereich der Galaxis, aus der Richtung des Sternbilds Cygnus (Schwan) kommend, an uns vorbei in Richtung der Sternenkonstellation Vela (Segel). Der Orionnebel und seine Sterngeburtsregion befindet sich etwas abseits dieser Hauptkurve des Lokalen Arms und liegen etwa 460 Parsec (1.500 Lichtjahre) von uns entfernt. Der hellste Stern am Himmel, Sirius, gehört zum Sternbild Canis Maior (Großer Hund) und wird auch als Alpha Canis Maioris bezeichnet, was bedeutet, dass er der hellste Stern in diesem Sternbild ist. Doch Sirius zeichnet sich nicht durch eine besonders große Leuchtkraft aus; er erscheint uns nur so hell, weil er so nahe liegt – 2,66 Parsec (8,7 Lichtjahre) entfernt. Damit ist er der siebtnächste Nachbarstern unserer Sonne.

1

Das Sternbild Canis Maior scheint Bestandteil eines riesigen, schwach leuchtenden Nebels zu sein, der einen Durchmesser von 100 Lichtjahren hat und manchmal als „Möwennebel" bezeichnet wird, nach seiner Ähnlichkeit mit einem Vogel. Doch der Schein trügt, da Objekte in unterschiedlichen Entfernungen einander am Himmel überlagern können. Tatsächlich liegt der Möwennebel weit hinter Sirius, etwa ein Kiloparsec (3.000 Lichtjahre) entfernt. Bei diesem Nebel handelt es sich um eine expandierende Materiehülle, die bei einer Supernova-Explosion vor etwa 500 000 Jahren entstand; er steht in engem Zusammenhang mit einer Gruppe junger Sterne (etwa 300 000 Jahre alt), deren Entstehung von der Stoßwelle der Supernova ausgelöst wurde.

Lokale Sterngeburtsregionen

Zwischen uns und dem Möwennebel liegen drei Regionen aktiver Sternentstehung; die uns nächste ist die Orion-Molekülwolke. Alle drei scheinen durch ein dünnes Gasband miteinander verbunden zu sein, das nur sechs Parsec (20 Lichtjahre) breit, aber über 300 Parsec (1.000 Lichtjahre) lang ist.

Neben den Sterngeburtsregionen (und den Sternen selbst) findet sich in unserer Nachbarschaft ein weiteres wichtiges Beispiel für die Stationen im Leben eines Sterns: Der Helixne-

3

1. Das Sternbild Canis Maior (Großer Hund) mit Sirius, dem hellsten Stern am Nachthimmel.

2. Der Helixnebel, auch als NGC 7293 bezeichnet.

3. Das Sternbild Orion.

Folgende Doppelseite: Der Trifid-Nebel im Sternbild Schütze. Bei dem rosafarbenen Bereich handelt es sich um eine Wolke aus Wasserstoffgas; die blauen Flächen reflektieren das Licht heller Sterne, während dunkle Staubbahnen das ausgestrahlte Licht verdecken.

bel. Er liegt in Richtung des Sternbild Aquarius (Wassermann) in ungefähr 140 Parsec (450 Lichtjahren) Entfernung und ist das uns nächstgelegene Beispiel für einen so genannten „Planetarischen Nebel“. Die Bezeichnung „Planetarischer Nebel“ rührt daher, dass diese Nebel, durch ein kleines Teleskop betrachtet, ein scheibchenförmiges Aussehen am Himmel zeigen, genau wie Planeten. Tatsächlich handelt es sich jedoch um riesige, expandierende Gashüllen, die von Sternen gegen Ende ihres Lebens ausgestoßen wurden. Oft zeigen sie verblüffend komplizierte Strukturen. Der Helixnebel ist so groß, dass er selbst bei einer Entfernung von 450 Lichtjahren die Hälfte des scheinbaren Durchmessers unseres Monds am Himmel bedeckt. Diese leuchtende Gashülle (mit einem Durchmesser von etwa einem Lichtjahr) wurde von ihrem Zentralstern vor ungefähr 10 000 Jahren abgestoßen.

In unserer unmittelbaren kosmischen Nachbarschaft finden wir Repräsentanten für jeden Abschnitt des stellaren Lebenszyklus', von der Entstehung bis zum Tod eines Sterns. Mithilfe dieser Informationen konnten Astronomen den Ablauf eines Sternenlebens rekonstruieren (was ohne unsere räumliche Lage in einem Spiralarm wahrscheinlich nicht möglich gewesen wäre).

ZUM THEMA

1.1 Wege durch das Universum
S. 20 Eine Insel im All

1.2 Ein Stern entsteht
S. 31 Der Orionnebel

1.3 Sternentwicklung
S. 51 Lebensdauer d. Sterne
S. 57 Rote Riesen und Weiße Zwerge

1.3 STERNENTWICKLUNG

Astronomen verwenden den Begriff „Sternentwicklung“ als Bezeichnung für den Lebenszyklus der Sterne, also die Veränderungen und verschiedenen Stadien, die ein Stern im Laufe seines Lebens durchläuft.

Sobald der nukleare Brennprozess in ihrem Inneren einmal eingesetzt hat, stabilisieren sich alle Sterne und leuchten mehr oder weniger beständig, so lange der nukleare Brennstoff vorhält. Während dieser stabilen Lebensphase besitzen die Sterne einen Durchmesser, der zwischen einem Zehntel und dem Zehnfachen des Sonnendurchmessers liegt. Die Größe und das äußere Erscheinungsbild solch eines stabilen Sterns – seine Leuchtkraft und Farbe – sowie die Länge des Zeitraums, über den er einen stetigen nuklearen Brennprozess aufrecht erhält, hängen nur von einem einzigen Faktor ab: seiner Masse. Größere Sterne verbrauchen ihren Brennstoff schneller, um zu verhindern, dass sie kollabieren, während kleinere Sterne sich durch eine langsamere Verbrennung am Leben halten können.

DIE HAUPTREIHE

Bei dem Prozess, der die Wärme erzeugt – welche ihrerseits den benötigten Druck liefert, um den Stern zu stützen und zu verhindern, dass er unter seinem eigenen Gewicht kollabiert –, handelt es sich um Kernfusion, und zwar um die Umwandlung von Wasserstoff zu Helium. Während dieses in mehreren Schritten ablaufenden Vorgangs wird ein Teil der ursprünglichen Masse in reine Energie umgewandelt. Je massereicher ein Stern, desto mehr Gewicht muss er tragen. Der einzige Weg, dies zu gewährleisten, besteht darin, den nuklearen Brennstoff schneller zu verbrennen, um in seinem Kern einen höheren Druck zu erzeugen. Das bedeutet aber auch, dass der Stern seine Brennstoffvorräte schneller verbraucht und dass mehr Energie in Form von Licht und Wärme von der Oberfläche des Sterns abgestrahlt wird. Daher ist ein massereicher Stern nicht nur kurzlebiger, sondern auch heller als ein masseärmerer Stern.

Besitzen zwei Objekte die gleiche Größe, aber eine unterschiedliche Temperatur, dann haben sie auch unterschiedliche Farben. So ist ein rot glühender Eisenklumpen beispielsweise kälter als ein weiß glühender. Wenn alle Sterne die gleiche Größe besäßen, dann würde auch für sie diese einfache Regel gelten und die Farbe eines Sterns würde uns sofort seine Temperatur und dadurch auch seine Masse verraten. Aber in der Welt der Astronomie verläuft nicht alles so einfach.

1

1. Die Farbe der Sterne hängt von ihrer Temperatur ab; die Helligkeit, mit der sie am Himmel erscheinen, von ihrer wahren Leuchtkraft und ihrer Entfernung.

Wenn ein Stern größer ist als ein anderer, dann besitzt er auch eine größere Oberfläche, von der Energie abgestrahlt wird. Daraus lässt sich die Schlussfolgerung ziehen: Selbst wenn jeder Quadratmeter der Oberfläche eines großen Sterns eine niedrigere Temperatur besitzt als jeder Quadratmeter Oberfläche eines kleineren Sterns, kann von der gesamten Oberfläche des größeren Sterns in jeder Sekunde die gleiche Menge an Energie abgestrahlt werden wie von dem kleinen Stern. Schließlich gibt es auf dem größeren Stern mehr Quadratmeter an Oberfläche, von der Energie abgestrahlt wird. Im Prinzip – und bei entsprechender Größendifferenz – kann ein roter Stern genauso viel Energie abgeben wie ein weißer Stern. Aber die *Geschwindigkeit,* mit der die Energie insgesamt abgestrahlt wird, verrät uns zum einen, wie viel Energie in der Kernregion des Sterns erzeugt wird und zum anderen, wie viel Masse er besitzt.

Der Schlüssel zur Astrophysik

Als sich die Astronomen im 20. Jahrhundert mit der Beziehung zwischen der Farbe eines Sterns und seiner wahren Leuchtkraft beschäftigten (die Energie, die er pro Sekunde abstrahlt), stellten sie fest, dass viele Sterne einer einfachen Regel folgen, die erkennbar wird, wenn man ihre Leuchtkraft in einem Diagramm gegen ihre Farbe aufträgt. Dieses so genannte „Farben-Helligkeits-Diagramm" wird oft auch Hertzsprung-Russell-Diagramm (HRD) genannt, nach den beiden Astronomen, die diese Beziehung entdeckten.

Das HRD ist so angelegt, dass die Leuchtkraft eines Sterns (ein Maß für die Leuchtkraft ist die „absolute Helligkeit", die Helligkeit, die ein Stern in einer Standardentfernung von zehn Parsec haben würde) zunimmt, je weiter man im Diagramm nach oben geht, und die Temperatur von links nach rechts abnimmt. Daher sind Sterne im unteren rechten Bereich des Diagramms schwach leuchtend, kalt und rot (mit Oberflächentemperaturen von unter 3.500 Kelvin), während Sterne in der oberen, linken Ecke hell leuchten, heiß sind und bläulich weiß strahlen (mit Oberflächentemperaturen von über 25 000 K). Die meisten sichtbaren Sterne liegen in einem Streifen des Diagramms (siehe gegenüberliegende Seite), der sich von links oben nach rechts unten erstreckt. Sämtliche Sterne, die wie unsere Sonne ihre Energie durch die Umwandlung von Wasserstoff in Helium erzeugen, befinden sich in diesem Streifen, den man als „Hauptreihe" bezeichnet.

Große Sterne sind heiße Sterne

Anhand anderer Indikatoren für die Masse eines Sterns (vor allem die Art und Weise, in

ABSOLUTE TEMPERATUR

Wie viele andere Wissenschaftler ziehen es auch die Astronomen vor, Temperaturen mit der absoluten Temperatur- oder Kelvinskala anzugeben. Im Gegensatz zu den im täglichen Gebrauch verwendeten Temperaturmaßeinheiten (wie die Celsius- und die Fahrenheit-Skala) basiert die Kelvin-Skala nicht auf einem willkürlich gewählten Nullpunkt, wie etwa dem Gefrierpunkt von Wasser, sondern auf dem absoluten Temperaturnullpunkt, der niedrigsten Temperatur, die jemals erreicht werden kann. Diese Temperatur berechnete der britische Physiker Lord Kelvin (links) im 19. Jahrhundert anhand thermodynamischer Prinzipien; sie liegt auf der Celsius-Skala bei -273,16°. Die Teilung der Kelvinskala entspricht der Celsiusskala, daher liegt der Gefrierpunkt von Wasser bei 273,16 Kelvin. Astronomische Temperaturen sind häufig so hoch, dass es keinen großen Unterschied macht, welche Einheit man benutzt. So beträgt die Oberflächentemperatur der Sonne beispielsweise 5.800 K oder 5.527° C, eine Differenz von unter fünf Prozent. Eine noch geringere Rolle spielt die gewählte Maßeinheit bei der Temperatur im Kern der Sonne – 15 Millionen Grad Celsius oder 15 Millionen Kelvin, was auf das Gleiche hinausläuft. Dagegen ist bei der Beschreibung der Temperatur kalter Objekte im Weltall die Angabe der Maßeinheit von großer Bedeutung, da dort die Temperatur bis auf wenige Kelvin über dem absoluten Nullpunkt fallen kann.

der Sterne in Doppelsternsystemen einander umkreisen) konnten die Astronomen genügend Sternmassen direkt bestimmen, um zu verstehen, was sich im Bereich der Hauptreihe abspielt. Kleine Sterne, die ihre Brennstoffvorräte nicht schnell verbrennen müssen, um ihren Kollaps zu verhindern, findet man am unteren Ende der Hauptreihe, während große Sterne mit schneller Brennstoffverbrennung am oberen Ende der Hauptreihe liegen. Unsere Sonne ist ein mittelgroßer Stern, der eine mittlere Menge an Wärme erzeugt und eine orangegelbe Farbe besitzt; sie liegt etwas unterhalb der Mitte der Hauptreihe.

Obwohl sich die meisten sichtbaren Sterne auf der Hauptreihe des HRDs befinden, gibt es dennoch Ausnahmen, insbesondere einige Sterne in der unteren linken Hälfte des Diagramms sowie einige in der oberen rechten. Die Sterne im unteren linken Bereich sind klein, schwach leuchtend und heiß, während die Sterne im oberen rechten Bereich groß, hell und kühl sind. Dabei handelt es sich um Sterne in den letzten Phasen ihres Lebens, die den Bereich der Hauptreihe verlassen haben.

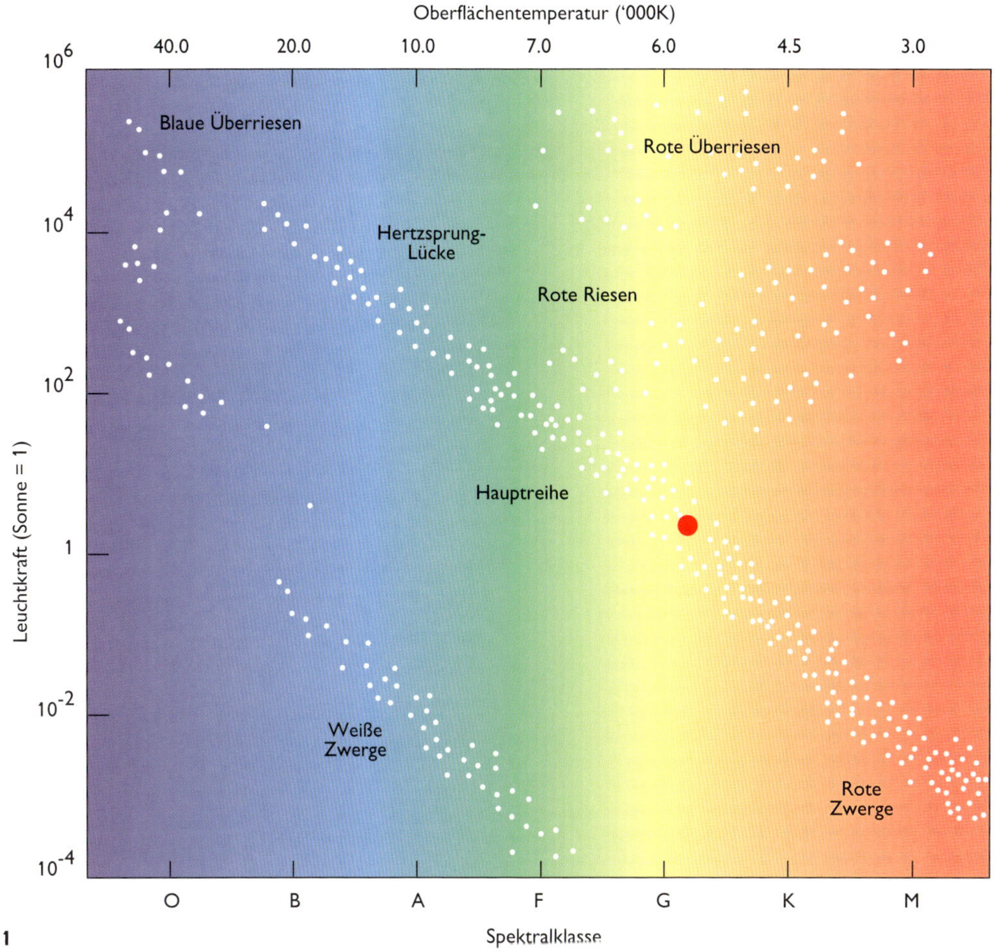

1

Lebensdauer der Sterne

Die Zeit, die ein Stern im Bereich der Hauptreihe verbringt, ist von seiner Masse abhängig, welche auch seine Position auf der Hauptreihe bestimmt. Daher führen die hellen Sterne am oberen Ende der Hauptreihe ein schnelles Leben und sterben früh. Unsere Sonne wird insgesamt etwa zehn Milliarden Jahre als Hauptreihenstern verbringen, während der sie in ihrem Kern gleichmäßig Wasserstoff verbrennt. Zurzeit hat sie knapp die Hälfte ihres Daseins als Hauptreihenstern hinter sich. Ein kühler Stern mit etwa einem Zehntel der Masse unserer Sonne kann am unteren Ende der Hauptreihe sitzen und mehrere 100 Milliarden Jahre ruhig vor sich hin brennen. Dagegen bleiben Sterne mit der fünffachen Sonnenmasse etwa 70 Millionen Jahre auf der Hauptreihe und Sterne mit der 25fachen Sonnenmasse nur drei Millionen Jahre. Die massereichsten Sterne auf

2

1. Schematische Darstellung des Hertzsprung-Russell-Diagramms. Die Position der Sonne ist durch einen roten Punkt gekennzeichnet.

2. Beteigeuze ist ein massereicher Roter Überriese, der 17 000-mal leuchtkräftiger ist als die Sonne und einen 300fachen Sonnendurchmesser besitzt.

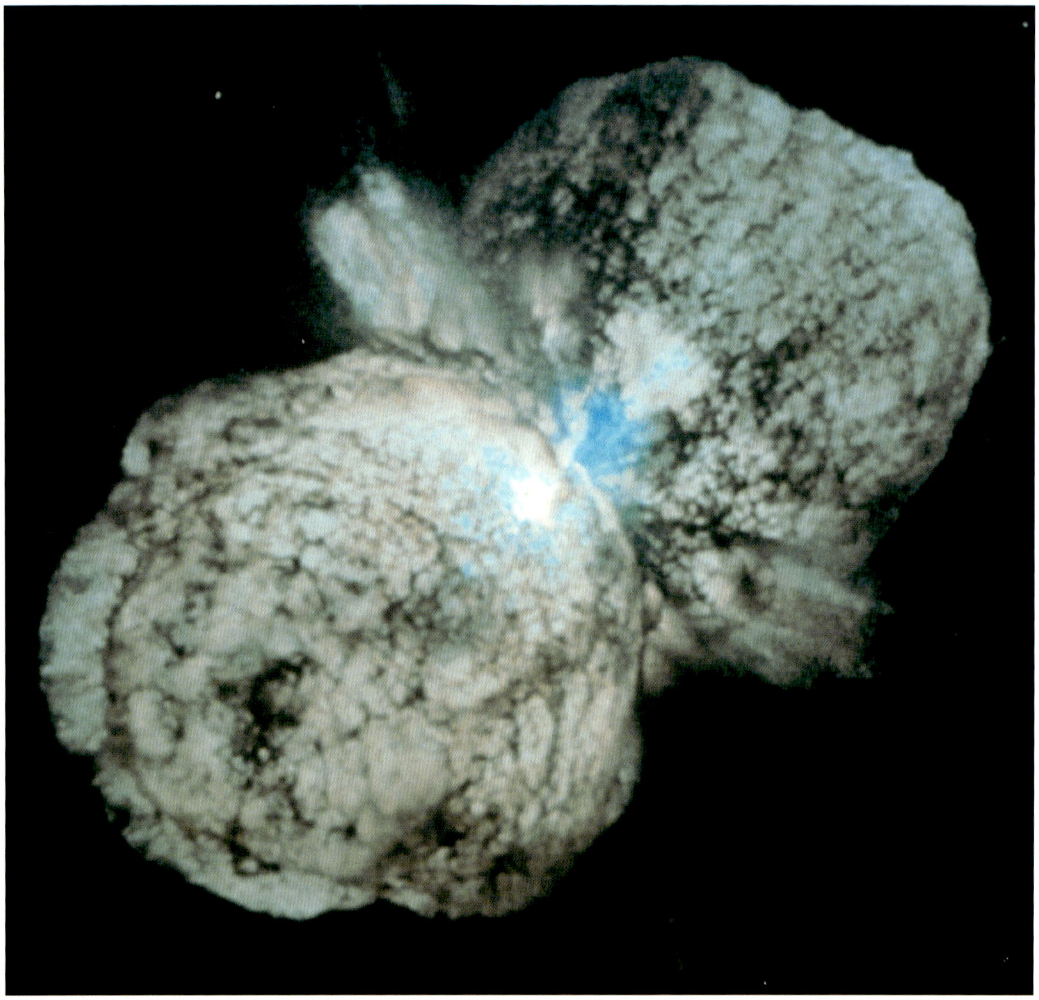

1

der Hauptreihe haben etwa 50 Sonnenmassen und etwa 20 Sonnendurchmesser, aber eine Lebensdauer von weniger als einer Million Jahren. Sämtliche größeren Objekte, die versuchen, ein Stern zu werden, erzeugen während ihres Kollapses so viel Wärme in ihrem Kern, dass sie sich selbst auseinander sprengen.

Erstellt man für eine Gruppe von Sternen gleichen Alters, aber unterschiedlicher Masse ein HR-Diagramm, so ist wegen der kürzeren Lebensdauer größerer Sterne die Hauptreihe unvollständig. Dies zeigt sich z. B. bei den Sternen in Kugelhaufen, die vor langer Zeit alle zusammen in einer einzigen Materiewolke entstanden. In solch einem Kugelhaufen haben die massereicheren Sterne die Hauptreihe bereits verlassen, daher ist der obere linke Teil der Hauptreihe abgeschnitten. Die exakte Stelle, an der die Hauptreihe endet, verrät uns die Masse der ältesten Sterne des Kugelhaufens, die sich noch heute auf der Hauptreihe befinden, und damit ihr Alter (da sie kurz davor stehen müssen, selbst die Hauptreihe zu verlassen). Und dies wiederum sagt uns, wie alt der Kugelsternhaufen ist.

Helligkeit und Entfernung

Das Hertzsprung-Russell-Diagramm kann auch zur Entfernungsbestimmung von Sternhaufen verwendet werden, da die Position der Hauptreihe im Diagramm im Zusammenhang mit der Leuchtkraft der Sterne steht. Trägt man die beobachtete scheinbare Helligkeit der Sterne eines Haufens unbekannter Entfernung in ein HRD ein, so scheint die beobachtete Hauptreihe um so weiter nach unten im Diagramm verschoben, je weiter der Sternhaufen entfernt liegt, weil die Sterne entsprechend schwächer leuchten. Astronomen können nun die Entfernung des Sternhaufens bestimmen, indem sie berechnen, wie viel heller die Sterne sein müssten, um auf der Standardhauptreihe zu liegen. Deshalb zählen das HRD und die Hauptreihe zu unseren wichtigsten Informationsquellen über die Sterne.

Obwohl der Kern der Sonne die zwölffache Dichte von Blei besitzt, beträgt ihre durchschnittliche Dichte nur das 1,4fache der Dichte von Wasser.

DIE ELEMENTSCHMIEDE

Alle Elemente unseres heutigen Universums, mit Ausnahme von Wasserstoff, Helium und sehr geringen Mengen leichter Elemente wie Lithium und Deuterium, wurden im Inneren von Sternen erzeugt und während einer späten Lebensphase dieser Sterne in den Weltraum abgestoßen – entweder als Gaswolke, die sanft von der Oberfläche des Sterns abgeblasen wurde, oder bei einer großen stellaren Explosion. Das Rohmaterial für die Herstellung dieser Elemente bilden Wasserstoff und Helium, die während des Urknalls, also bei der „Geburt" unseres Universums erzeugt wurden. Ein Teil des Wasserstoffs wird auch heute noch im Inneren von Hauptreihensternen in Helium umgewandelt. Doch den Löwenanteil der 25 Prozent Helium, die zur Zusammensetzung eines Sterns wie unserer Sonne beitragen, bildet die „Urmaterie", die noch vom Urknall übrig blieb. Sämtliche schwereren Elemente, wie etwa Sauerstoff, Kohlenstoff, Stickstoff, Eisen und alle Elemente unseres Körpers sind buchstäblich kosmischer Staub, der aus dieser Urmaterie geschaffen wurde.

Der Grundbaustein eines Elements ist natürlich das Atom. Alle Atome eines bestimmten Elements sind identisch und bestehen aus einem Atomkern, der Teilchen namens Protonen und Neutronen enthält und von einer Hülle aus Elektronen umgeben ist (pro Proton im Atomkern ein Elektron in der Hülle). Die Anzahl der Protonen im Atomkern bestimmt die „Art" des Atoms, also ob es sich um ein Bleiatom oder ein Schwefelatom oder sonst irgendein Atom handelt.

2

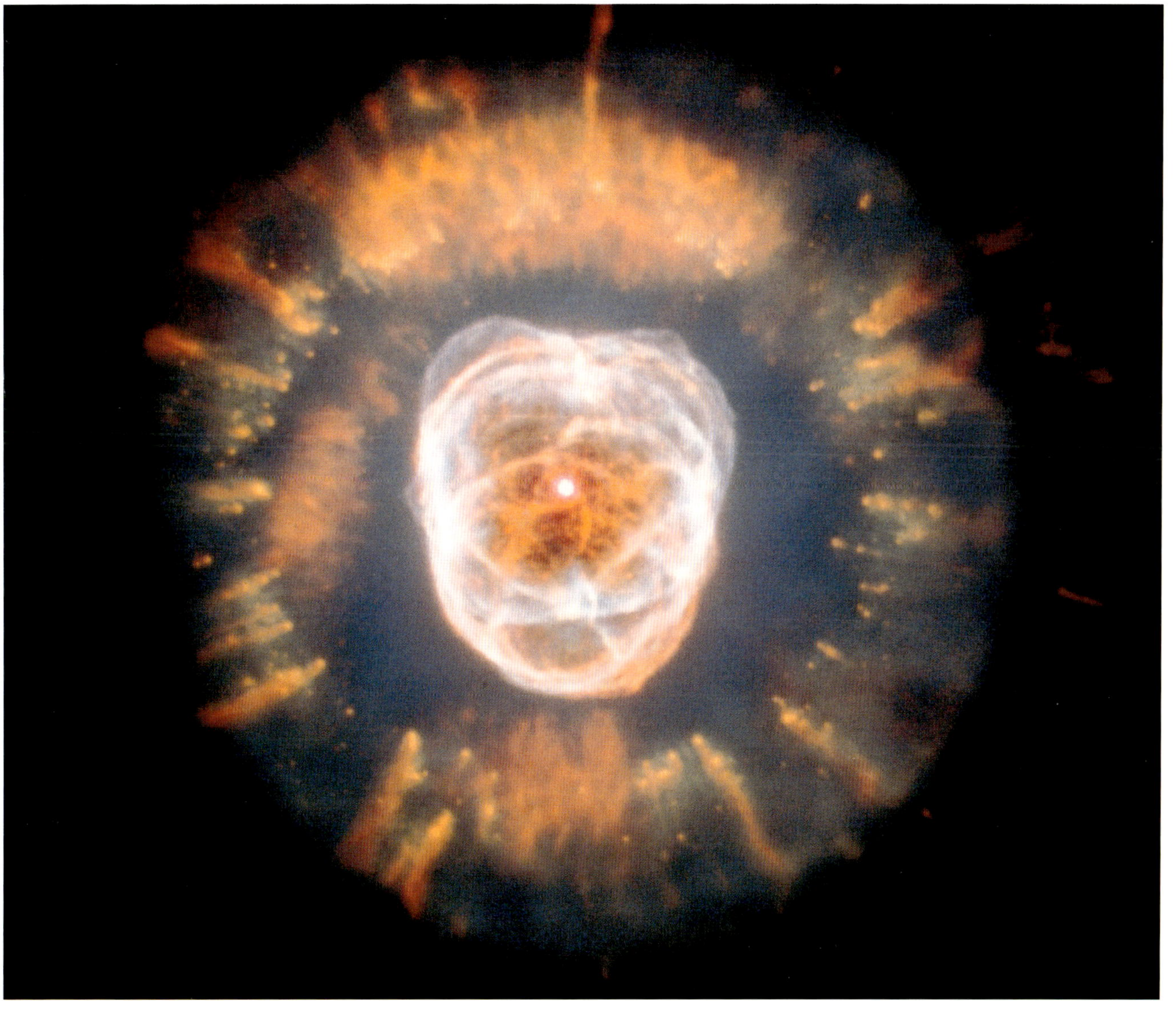

1. Eta Carinae ist ein Stern, der etwa die 100fache Masse unserer Sonne besitzt und Materie ins Weltall schleudert.

2. Der Eskimonebel zählt zu den schönsten Exemplaren planetarischer Nebel.

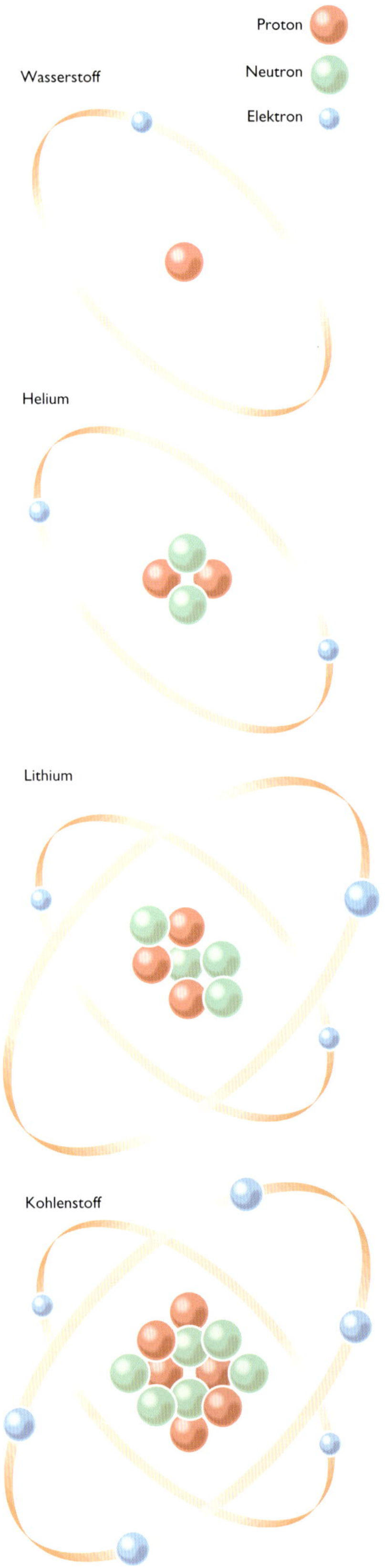

1

Der stellare Schnellkochtopf

Unter den extremen Bedingungen, die im Inneren von Sternen herrschen (Temperaturen von über 15 Millionen Kelvin und eine Dichte von mehr als der zehnfachen Dichte von Blei auf der Erde), werden die Elektronen von ihren Atomen losgelöst, so dass die Atomkerne sich frei durch ein Meer von freien Elektronen fortbewegen und mit anderen Atomkernen kollidieren können. In ganz seltenen Fällen reagieren die Atomkerne miteinander, wobei neue Atomkerne, d. h. neue Elemente entstehen – ein Vorgang, den man als „stellare Nukleosynthese" bezeichnet.

Der erste Schritt der stellaren Nukleosynthese besteht darin, aus Wasserstoff Helium zu erzeugen. Obwohl dies zum größten Teil bereits während des Urknalls geschah, spielt der stellare Prozess noch immer eine wichtige Rolle bei der Energieerzeugung der Sterne. Die Geschichte, wie im Inneren von Sternen Elemente zusammengeschmiedet werden, beginnt jedoch erst so richtig in einer späteren stellaren Lebensphase, wenn nämlich die Bedingungen so extrem werden, dass Heliumkerne miteinander verschmelzen und Kohlenstoffkerne bilden.

Das große Problem der Nukleosynthese besteht darin, dass Atomkerne nur schwer aneinander haften bleiben. Alle Atomkerne besitzen eine positive elektrische Ladung, weil Protonen positiv geladen sind und Neutronen keinerlei elektrische Ladung aufweisen. Wenn die Atomkerne einander nahe genug kommen, dann können sie miteinander reagieren und (manchmal) zu einem neuen Atomkern verschmelzen, wobei sie von einer starken Kernkraft zusammengehalten werden, die die elektrische Abstoßung überwindet, aber nur eine geringe Reichweite besitzt. Sich langsam bewegende Atomkerne stoßen einander elektrisch ab, bevor sie auf diese Weise miteinander reagieren können. Nur „schnelle" Atomkerne (d. h. heiße Kerne) können mit genügend Kraft kollidieren, um die elektrische Abstoßung zu überwinden. Je mehr Protonen sich in einem Atomkern befinden, desto stärker ist die Abstoßung und umso heißer müssen die Atomkerne werden, bevor sie miteinander reagieren.

Die zusätzliche Wärme, die erforderlich ist, um den zweiten Schritt der stellaren Nukleosynthese in Gang zu setzen, wird – so paradox es auch erscheinen mag – dann geliefert, wenn die Zentralregion des Hauptreihensterns ihren gesamten Wasserstoff verbraucht hat. Da die Region nun nicht länger in der Lage ist, durch die Umwandlung von Wasserstoff zu Helium Wärme zu erzeugen, sinken die dortige Temperatur und der Druck, und das Gewicht des Sterns, das auf die Zentralregion drückt, lässt sie kollabieren. Doch in dem Moment, in dem sie zu kollabieren beginnt, wird Gravitationsenergie freigesetzt, wodurch ihre Temperatur wieder ansteigt. Tatsächlich wird sie so heiß, dass die Heliumkerne sich schnell genug bewegen können, um bei ihrer Kollision zu Kohlenstoffkernen zu verschmelzen. Dabei wird Energie freigesetzt (entsprechend der Formel $E = mc^2$ ▷ S. 58) und der Kollaps so lange verzögert, bis auch der Heliumvorrat aufgebraucht ist.

Die Entstehung von Kohlenstoff

Jeder an diesem Prozess beteiligte Heliumkern enthält zwei Protonen und zwei Neutronen und wird daher als Helium 4 (He^4) bezeichnet. Nun könnte man annehmen, dass das natürliche Ergebnis einer Reaktion von zwei He^4-Kernen ein Atomkern sein müsste, der vier Protonen und vier Neutronen (Beryllium 8 (Be^8)) enthält. Aber es stellt sich heraus, dass dieser Atomkern sehr instabil ist und innerhalb von Sekundenbruchteilen (genauer gesagt zehn Millionstel eines Milliardstels einer Sekunde) nach seiner Entstehung zerfällt. Die einzige Möglichkeit, dass He^4-Kerne sich zu einem neuen stabilen Atomkern verbinden, besteht darin, dass sich drei He^4-Kerne nahezu gleichzeitig zusammenfügen und einen Kohlenstoff 12-Kern (C^{12}) bilden. Dieser Schritt wird durch die Tatsache erleichtert, dass der C^{12}-Kern genau die richtige Energie besitzt, um stabil zu sein. Die drei Heliumkerne formieren sich zunächst zu einem so genannten „angeregten"

2

1. Die atomare Struktur einiger einfacher Elemente.

2. Schwere Elemente wie Gold werden nur in sterbenden Sternen hergestellt.

C^{12}-Kern, der dann die überschüssige Energie abstrahlt und zu einem stabilen Atomkern wird. Dieser gesamte Vorgang wird als „Tripel-α-Prozess" (Drei-Alpha-Prozess) bezeichnet.

Genau wie ein He^4-Kern etwas weniger Masse besitzt als die Gesamtmasse seiner Einzelbestandteile, so hat auch ein C^{12}-Kern etwas weniger Masse als die drei He^4-Kerne, aus denen er entsteht. Und genau dieser „Massendefekt" liefert die Energie, die den Stern während dieser Phase des Heliumbrennens am Leben erhält.

Die Entstehung schwerer Elemente

Sobald erst einmal Kohlenstoff (C^{12}) gebildet wurde, ist die Erzeugung der restlichen Elemente ganz einfach. Wenn der Heliumvorrat in der Kernregion eines Sterns sich seinem Ende nähert, zieht sich die Region erneut ein wenig zusammen; daraufhin wird Gravitationsenergie freigesetzt, die Temperatur der Kernregion steigt wieder an und eine weitere Kernfusionswelle setzt ein. Dieses Mal verbinden sich Alpha-Teilchen mit C^{12}-Kernen zu Sauerstoff 16 (O^{16}). In weiteren Schritten werden die Elemente Neon 20 (Ne^{20}), Magnesium 24 (Mg^{24}) und Silizium 28 (Si^{28}) gebildet – zumindest bei Sternen, die genügend Masse besitzen, um die erforderlichen Temperaturen in ihren Kernregionen zu erzeugen. Andere Elemente entstehen, wenn die Atomkerne Protonen entweder absorbieren oder aussenden oder Neutronen in Protonen umgewandelt werden oder umgekehrt.

In jeder Sekunde verwandelt die Sonne fünf Millionen Tonnen Materie in reine Energie.

1
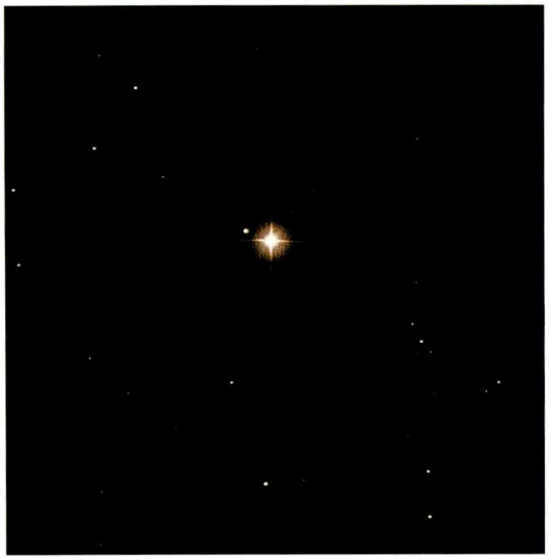

2

1. Der veränderliche Stern Mira zum Zeitpunkt seiner maximalen Helligkeit.

2. Alpha Herculis, ein typisches Beispiel für einen Roten Riesen.

Das Ende dieser Fusionskette ist jedoch erreicht, wenn zwei Si^{28}-Kerne sich zu Eisen 56 (Fe^{56}) und verwandten Elementen wie Kobalt 56 (Co^{56}) und Nickel 56 (Ni^{56}) verbinden. Bei jedem dieser Schritte ist durch die Verschmelzung leichterer Atomkerne zu schwereren Energie freigesetzt worden. Doch jenseits der Eisengruppe muss Energie zugeführt werden, damit sich die Atomkerne zu Kernen noch schwererer Elemente verbinden. Durch die Verschmelzung von Elementen der Eisengruppe lässt sich also keine Energie mehr gewinnen, so dass jeder Stern, der diese Phase erreicht, keine nukleare Energiequelle mehr zur Verfügung hat.

Natürlich gibt es noch weitere Elemente, die schwerer sind als Eisen, wie etwa Gold, Blei und Uran. Diese müssen irgendwo entstanden sein, und ihre Geschichte zählt zu den dramatischsten in der Astronomie. Aber in bezug auf die stellare Nukleosynthese markiert Eisen den Endpunkt. Viele Sterne sind nicht massereich genug, um die Nukleosynthese bis zu dieser Phase durchzuführen. Dennoch haben all diese Vorgänge im Innersten eines Sterns erhebliche Auswirkungen auf seine äußeren Schichten, und sogar ein Stern wie die Sonne wird ihr äußeres Erscheinungsbild drastisch verändern, sobald in ihrer Kernregion die verschiedenen Phasen der nuklearen Brennprozesse ablaufen.

ROTE RIESEN UND WEIßE ZWERGE

Ein Stern verbleibt, ohne auffällige äußerliche Veränderungen, so lange auf der Hauptreihe, wie er in seinem Inneren Wasserstoff in Helium verwandelt. Doch sobald das Wasserstoffbrennen sich seinem Ende nähert, ändert sich auch das Erscheinungsbild des Sterns auf eindrucksvolle Weise.

In diesem Stadium seines Lebens zieht sich die Kernregion des Sterns zusammen und wird heißer, bis das Heliumbrennen einsetzt. Die zusätzliche Wärme aus dem Inneren des Sterns bewirkt, dass sich seine äußeren Hüllen aufblähen und ausdehnen. Deshalb gewinnt der Stern insgesamt an Größe, obwohl seine Kernregion geschrumpft ist. Da der Stern jetzt aber viel größer ist, besitzt er auch eine viel größere Oberfläche, von der die aus seinem Inneren stammende Wärme entweichen kann. Das bedeutet, dass die pro Quadratmeter abgegebene Wärmemenge sinkt, obwohl insgesamt mehr Wärme ausgestrahlt wird. Die Oberfläche kühlt sich also ab, auch wenn sein Inneres heißer wird und der Stern heller leuchtet. Ein Stern wie unsere Sonne, der als Hauptreihenstern gelborange leuchtet, kühlt ab, sobald er sich ausdehnt, und nimmt dann eine dunkelrote Farbe an. Er wird zu einem so genannten „Roten Riesen", einem der hellen, aber kühlen Sterne im oberen rechten Bereich des HRD (▷ S. 51).

Unstete Sterne

Wenn wir lange genug leben würden, um einen einzelnen Stern bei seinem Alterungsprozess zu beobachten, dann könnten wir feststellen, dass dieser Stern durch das HRD wandert. Zunächst entfernt er sich von der Hauptreihe nach rechts oben, nimmt danach aber im Bereich der Roten Riesen einen Zickzackkurs auf, sobald sich die Zustände in seiner Kernregion verändern und unterschiedliche nukleare Brennstoffe verbraucht werden. So kann ein solcher Stern, die richtige Masse vorausgesetzt, während einer bestimmten Periode seines Daseins als Roter Riese rhythmische Pulsationen erfahren, wenn seine Atmosphäre sich aufgrund der Veränderungen in seinem Inneren aufbläht und wieder zusammenzieht. Und genau dieses periodische Aufblähen und Zusammenziehen macht einige Rote Riesen zu Cepheiden (▷ S. 28–29).

In einem anderen Bereich des Hertzsprung-Russell-Diagramms zeigen Rote Riesen ein ähnliches und fast genauso wertvolles Aktivitätsmuster – man bezeichnet sie als „RR Lyrae-Sterne", die sich ebenfalls gut zur Entfernungsbestimmung eignen, obwohl sie etwas schwächer leuchten als die Cepheiden.

Ein stabiler Roter Riese besitzt eine Kernregion, in der durch den Tripel-α-Prozess Helium in Kohlenstoff verwandelt wird. Diese Kernre-

DAS SCHICKSAL DER ERDE

Obwohl ein Stern wie die Sonne (rechts) sich während seiner Zeit auf der Hauptreihe im Grunde kaum verändert, können selbst kleinste Schwankungen der Energieabgabe der Sonne eine große Auswirkung auf die Erde haben. Computersimulationen deuten darauf hin, dass die Sonne seit ihrer Entstehung vor etwa fünf Milliarden Jahren etwas wärmer geworden ist. Bisher wurde dies auf der Erde durch die Atmosphäre kompensiert. Doch wenn die Erwärmung auf diese Weise fortschreitet, kann die Erde in ungefähr einer Milliarde Jahren unbewohnbar sein. Schauen wir noch weiter in die Zukunft, dann wird sich die Sonne in fünf bis sechs Milliarden Jahren in einen Roten Riesen verwandeln. Zu diesem Zeitpunkt wird sie sich auf das 150- bis 200fache ihrer derzeitigen Größe aufblähen und 2000-mal heller sein. Und da sie bis dahin ein Viertel ihrer Masse eingebüßt und ihre Anziehungskraft auf die Planeten gelockert hat, wird die Erde in eine weiter entfernte Umlaufbahn abdriften. Dennoch wird sie der Sonne immer noch so nahe sein, dass ihre Oberflächenschichten schmelzen. Während die Sonne ihre Atmosphäre abstößt, die sich in einen planetarischen Nebel verwandelt, und sich langsam zu einem Weißen Zwerg entwickelt, wird von der Erde nur noch ein Klumpen erstarrter Schlacke ohne jede Atmosphäre übrig sein, der den sterbenden Stern in großer Entfernung umkreist.

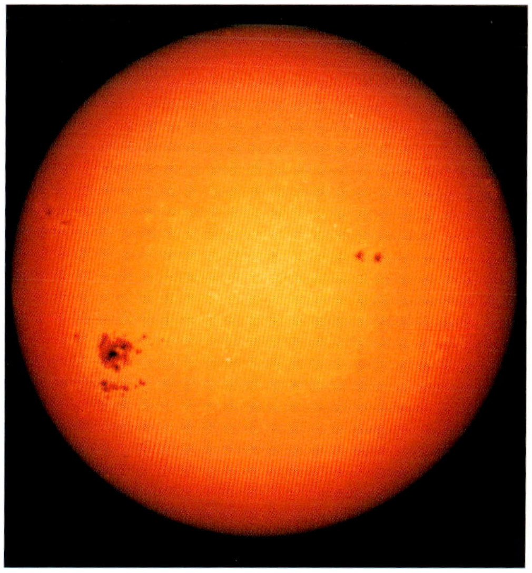

WARUM STERNE LEUCHTEN

Sterne auf der Hauptreihe (▷ S. 51) leuchten, weil sie in ihren Kernregionen Wasserstoff in Helium umwandeln. Diesen Vorgang bezeichnet man als „Kernfusion". Der Kern eines Wasserstoffatoms besteht aus einem einzigen Proton. Der Kern eines Heliumatoms setzt sich aus zwei Protonen und zwei Neutronen zusammen, die durch die „starke Kernkraft" zusammengehalten werden. Um aus Wasserstoff einen Heliumkern zu bilden, nimmt man vier Protonen, „überredet" zwei von ihnen, sich in Neutronen zu verwandeln und heftet die resultierenden vier Teilchen zusammen. Das ist nicht ganz einfach, aber die Natur hat zwei Wege gefunden, dies zu bewerkstelligen – im Inneren von Sternen.

Eine Kettenreaktion

Der erste dieser beiden Prozesse wird als „Proton-Proton-Kette" bezeichnet und stellt die Hauptenergiequelle der Sonne und anderer Sterne auf der unteren Hälfte der Hauptreihe im Hertzsprung-Russell-Diagramm dar. Er setzt ein, wenn zwei Protonen einander so nahe kommen, dass sie trotz ihrer gleichen elektrischen Ladung (welche sonst zu einer Abstoßung führt) miteinander in Wechselwirkung treten. Bei dieser Reaktion gibt eines der Protonen ein „Positron" ab (das positiv geladene Gegenstück zum Elektron) sowie ein besonders leichtes Teilchen, das „Neutrino" genannt wird, und verwandelt sich so in ein Neutron.

Da die positive elektrische Ladung eines der ursprünglichen Protonen von dem Positron fortgeleitet wird, stoßen sich das Neutron und das Proton nicht länger gegenseitig ab und bilden ein Teilchen namens „Deuteron". Nun kann ein drittes Proton mit dem Deuteron kollidieren und sich zu einem Atomkern von Helium 3 (He^3) verbinden, der zwei Protonen und ein Neutron enthält, welche durch die starke Kernkraft zusammengehalten werden. Schließlich kollidieren zwei He^3-Kerne, bilden einen einzelnen Helium 4-Kern und geben zwei Protonen ab.

Jedes Mal, wenn sich auf diese Weise (oder irgendeine andere Weise!) vier Protonen zu einem He^4-Kern verbinden, werden 0,7 Prozent der ursprünglichen Masse als Energie freigesetzt. Seit der Entstehung der Sonne hat sie etwa vier Prozent ihres ursprünglichen Wasserstoffvorrats in diesem Prozess verbraucht.

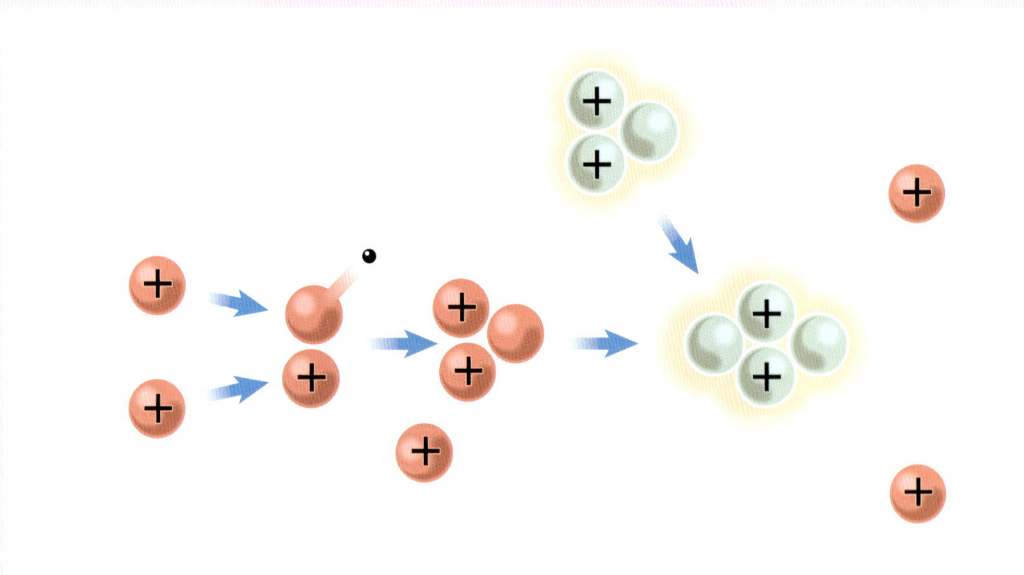

1

Stellare Zyklen

Sterne mit einer größeren Masse als unsere Sonne besitzen in ihrem Inneren eine etwas höhere Temperatur und erzeugen ihre Energie mithilfe eines anderen Prozesses namens „Kohlenstoff-Stickstoff-Zyklus", auch „Bethe-Weizsäcker-Zyklus" genannt. (Auch ein kleiner Teil der Energie der Sonne entstammt diesem Bethe-Weizsäcker-Zyklus, doch der größte Teil wird mithilfe der Proton-Proton-Kette produziert.)

Der Bethe-Weizsäcker-Zyklus funktioniert nur, weil die heutigen Sterne aus den Überbleibseln vorhergehender Sternengenerationen entstanden und Spuren schwerer Elemente (Kohlenstoff!) enthalten, die durch die stellare Nukleosynthese gebildet wurden. Der Prozess setzt ein, sobald sich ein Proton mit dem Kern eines Kohlenstoff 12-Atoms verbindet, der aus sechs Protonen und sechs Neutronen besteht. Der daraus resultierende Atomkern (Stickstoff 13) ist instabil und gibt ein Positron und ein

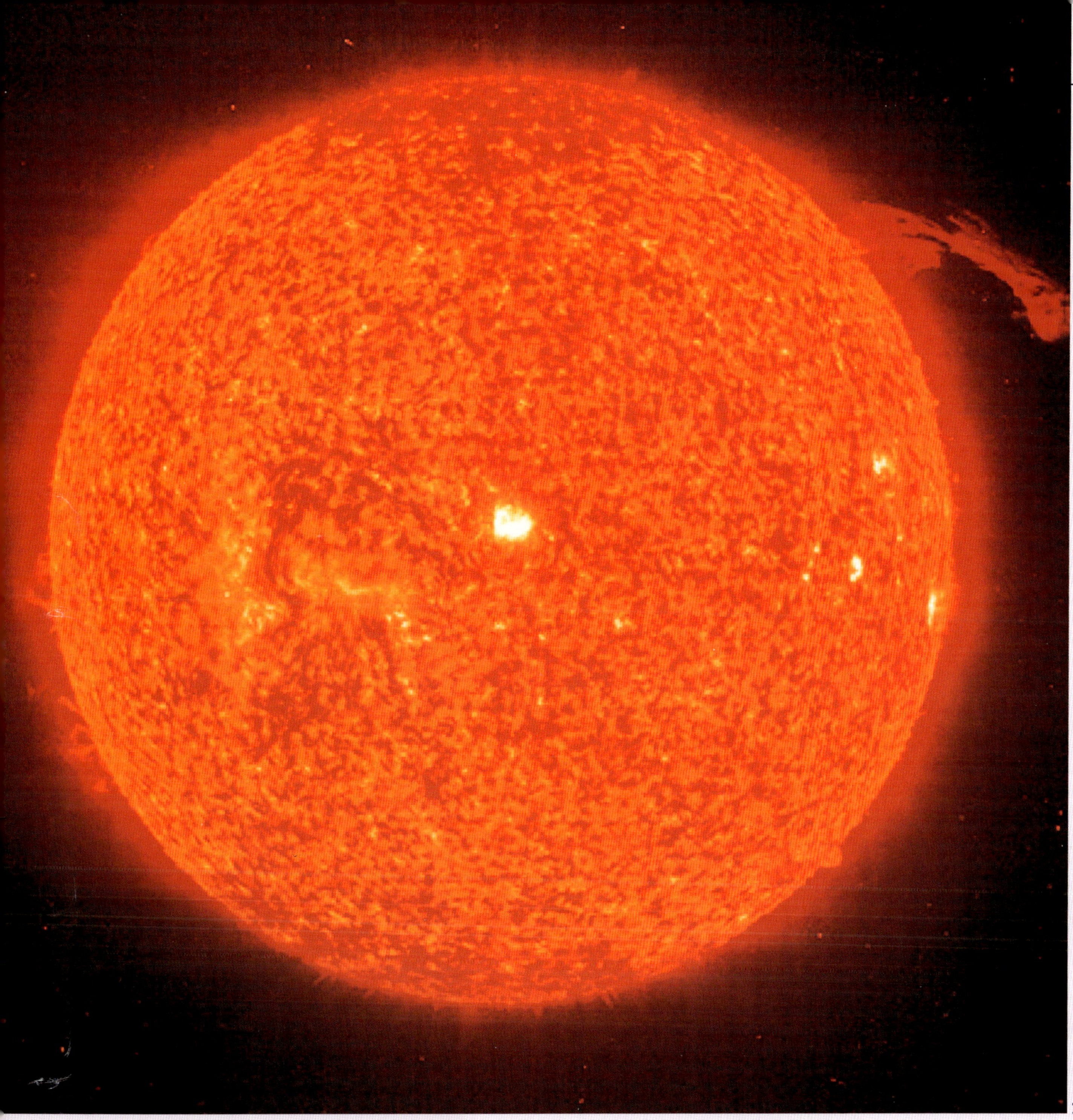

2

1. Die Proton-Proton-Kette, die Energie im Inneren der Sonne freisetzt.

2. Eine SOHO-Ultraviolettaufnahme der Chromosphäre unserer Sonne, mit einer Sonneneruption im oberen rechten Bildbereich.

Neutrino ab, während eines seiner Protonen sich in ein Neutron verwandelt. Dadurch wird der Atomkern selbst in Kohlenstoff 13 (C^{13}) umgewandelt. Verbindet sich nun ein zweites Proton mit diesem C^{13}-Kern, entsteht Stickstoff 14. Ein drittes Proton verwandelt diesen wiederum zu Sauerstoff 15, der instabil ist und ein Positron und ein Neutron abgibt, während er sich in Stickstoff 15 (N^{15}) verwandelt.

Und jetzt kommt der kritische Moment: Wenn ein Proton sich mit einem solchen N^{15}-Kern verbindet, wird ein ganzes Alpha-Teilchen (ein He^4-Kern) abgegeben und übrig bleibt ein C^{12}-Kern – identisch mit dem Kohlenstoff 12-Kern, mit dem der ganze Zyklus begann. Netto wurden also vier Protonen in einen He^4-Kern verwandelt, wobei Energie freikam. Genau wie bei der Proton-Proton-Kette wird jedes Mal, wenn ein Alpha-Teilchen entsteht, 0,7 Prozent der Masse der ursprünglichen vier Protonen in Energie umgewandelt.

ZUM THEMA

1.2 Ein Stern entsteht
S. 41 Die kosmische Presse

1.4 Das große Finale
S. 65 Eine ungeheure Detonation
S. 69 Schwarze Löcher und Neutronensterne

gion ist von einer Schale umgeben, in der Wasserstoff in Helium umgewandelt wird – genau wie bei einem Hauptreihenstern –, und diese Schale ist wiederum von einer stark aufgeblähten Atmosphäre umgeben, die überwiegend aus Wasserstoff und Helium besteht. Rote Riesen können die zehnfache Masse unserer Sonne aufweisen und einen bis zu hundertmal größeren Durchmesser. Da sie so groß sind, ist die Anziehungskraft an der Oberfläche solcher Sterne relativ gering, so dass Materie mühelos in den Weltraum entweichen kann. Dies gilt besonders, wenn die Atmosphäre sich regelmäßig aufbläht und wieder zusammenzieht wie etwa bei den Cepheiden.

Das Schicksal der Sonne

In ungefähr fünf Milliarden Jahren wird sich unsere Sonne in einen Roten Riesen verwandeln und sich dabei so weit aufblähen, dass sie Merkur verschlingen und bis an die Umlaufbahn der Venus heranreichen wird. Manchmal hört oder liest man auch, dass die Sonne sogar die Erde verschlingen würde, aber diese Vorhersage ist nicht korrekt, weil dabei die Tatsache außer Acht gelassen wird, dass die Sonne in diesem Stadium ihres Lebens etwa 25 Prozent ihrer ursprünglichen Masse verloren haben wird und zwar dadurch, dass sie Materie in den Weltraum schleudert.

Der gesamte Zeitraum, den ein Stern als Roter Riese verbringt, ist wesentlich kürzer als seine Verweildauer auf der Hauptreihe – je nach Masse zwischen fünf und 20 Prozent seiner Zeit als Hauptreihenstern. Unsere Sonne wird nur etwa eine Milliarde Jahre lang ein Roter Riese sein und das Stadium des Heliumbrennens nicht überschreiten. Dagegen können größere Sterne mehrere aufeinander folgende Phasen nuklearer Brennprozesse durchlaufen und mit einem Aufbau vergleichbar einer Zwiebel enden – wobei in jeder Schicht unterschiedliche Formen nuklearer Brennprozesse (und Nukleosynthese) stattfinden.

Erlöschende Sterne

Bei Sternen mit bis zu einigen wenigen Sonnenmassen finden die nuklearen Brennprozesse nach dem Heliumbrennen ein Ende. Der Stern stößt seine äußeren Schichten ab (die ihrerseits einen planetarischen Nebel bilden), während die Kernregion kollabiert und sich zu einem festen Materieklumpen stabilisiert. Dieser zurückbleibende, dichte Kern ist zunächst sehr heiß, dank der Restwärme, die noch aus seinen Zeiten als Stern stammt, und der Wärme, die bei seinem endgültigen Kollaps erzeugt wurde, doch dabei auch recht klein (etwa die Größe der Erde). Der Stern verwandelt sich in einen so genannten „Weißen Zwerg", einen der heißen, aber schwach leuchtenden Sterne im unteren linken Bereich des Hertzsprung-Russell-Diagramms.

Ein Weißer Zwerg kann etwa die halbe bis eineinhalbfache Masse unserer Sonne besitzen, zusammengepackt in einem massiven Klumpen etwa von der Größe der Erde. Jeder Kubikzentimeter seiner Materie hat die Masse von etwa einer Tonne – eine millionenfach höhere Dichte als Wasser.

1. Das Sternbild Canis Maior (Großer Hund) mit Sirius, dem hellsten Stern am nächtlichen Himmel.

1.4 DAS GROSSE FINALE

Wenn alle Sterne still erlöschen würden, wie es das Schicksal der Sonne ist, dann gäbe es nur wenige schwere Elemente im Universum, nur wenige Planeten (wenn überhaupt) und keine Lebensformen wie die unsere. Doch einige Sterne beenden ihr Leben mit einem Ereignis, das sowohl bei der Entstehung schwerer Elemente als auch bei deren Rückführung in das interstellare Medium eine Schlüsselrolle spielt.

Denn Sterne mit mehr als acht Sonnenmassen verwandeln sich in Supernovae. Stern-Explosionen, das plötzliche helle Aufleuchten eines Sterns, hat man schon vor zweitausend Jahren beobachtet. Aber erst seit den 1920er Jahren kennt man ihre wahre Natur, und auch dann dauerte es noch eine ganze Weile, bevor man ihre Bedeutung erkannte.

Erst im letzten Jahrzehnt des Jahrhunderts fanden Astronomen im Detail heraus, auf welche Weise Nova- und Supernova-Explosionen diese schwersten Elemente erzeugen, in ihrem Todeskampf in den Weltraum schleudern und somit das Rohmaterial für die Entstehung neuer Planetensysteme freigeben.

IN TÖDLICHER UMARMUNG GEFANGEN

Es gibt zwei Arten stellarer Explosionen, und die häufigste zeigt sich bei der am weitesten verbreiteten Art von Sternen – nämlich den Doppelsternen, in denen zwei Sterne einander umkreisen.

Die Anwesenheit eines Begleitsterns wirkt sich nur unwesentlich auf die frühe Entwicklung eines Sterns wie der Sonne aus, so dass er sein Hauptreihenstadium ganz normal durchlaufen kann. Doch in dem Moment, in dem einer der beiden Sterne die Hauptreihe verlässt und sich zu einem Roten Riesen entwickelt, wird die Sache kompliziert. Die Verwandlung zu einem Roten Riesen setzt bei dem massereicheren der beiden Sterne zuerst ein, da massereiche Sterne ihre Brennstoffvorräte schneller verbrennen und die Hauptreihe früher verlassen.

Austausch von Materie zwischen Partnern

Wenn die beiden Sterne nahe genug beieinander stehen (was häufig, aber nicht immer der Fall ist) und der massereichere Stern sich zu einem Roten Riesen ausdehnt, beginnt er, Materie aus seiner aufgeblähten Atmosphäre auf den Partner abzustoßen, wodurch sich dessen Masse erhöht und dessen eigene Entwicklung schneller vorangetrieben wird. In dem Moment, in dem sich der erste der beiden Sterne (der ehemalige Hauptstern) in einen Weißen Zwerg verwandelt hat, kann er leichter als sein Begleiter sein, der inzwischen an Masse zugelegt hat, sich nun seinerseits in einen Roten Riesen verwandelt und nun wiederum Materie zu dem Weißen Zwerg zurückschickt.

Dieser Vorgang kann eine Vielzahl interessanter Phänomene verursachen wie explosionsartige Aussendung von Röntgenstrahlung an der Stelle, wo die „herabfallende" Materie auf der Oberfläche des Weißen Zwergs einen „heißen Fleck" erzeugt. Doch die wichtigste Konsequenz dieser Art der Wechselwirkung zwischen Doppelsternen besteht darin, dass sie wiederkehrende explosionsartige Ausbrü-

1 

1. Künstlerische Darstellung eines Doppelsterns, bei dem ein Roter Riese Materie an seinen kleineren Begleiter verliert.

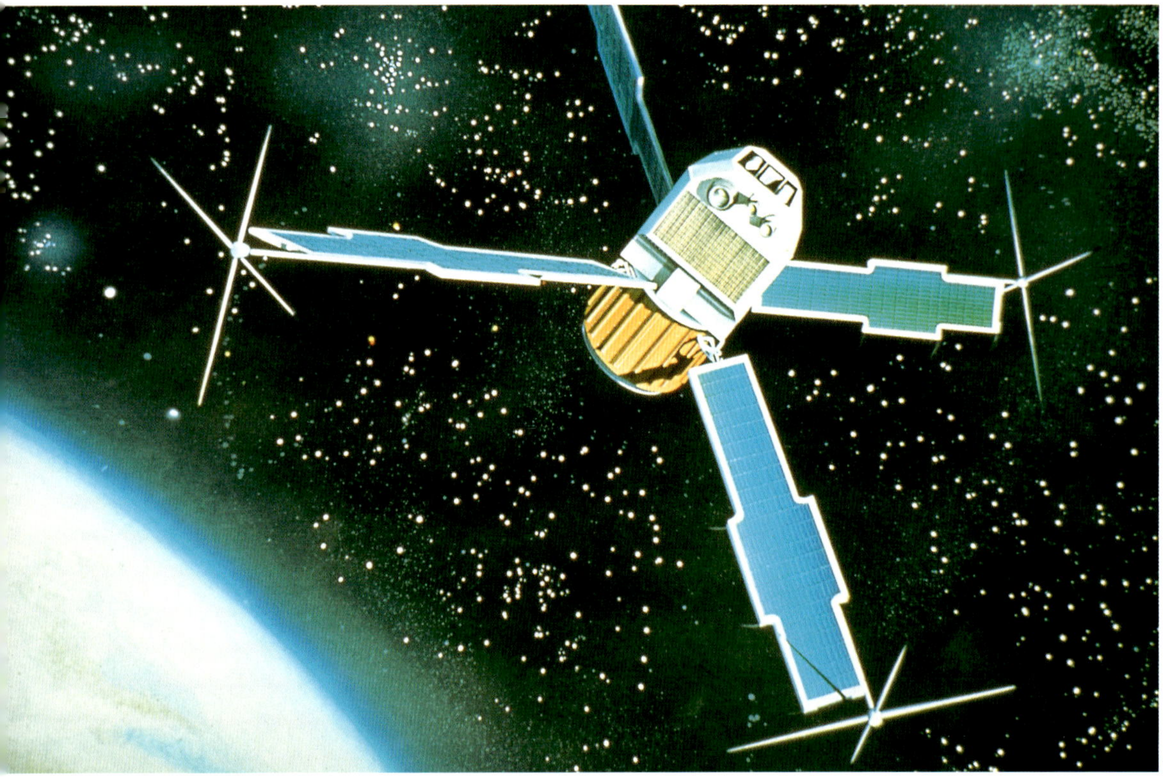

1

1. Der erste Röntgenastronomie-Satellit Uhuru, der Hinweise auf Schwarze Löcher in unserer Galaxis entdeckte.

che verursachen kann, bei denen Materie in den Weltraum geschleudert wird.

Diese Explosionen ereignen sich in Systemen, in denen ein mehr oder weniger steter Gasstrom vom Roten Riesen zum Weißen Zwerg fließt. Bei dieser Materie handelt es sich überwiegend um Wasserstoff aus der Atmosphäre des Riesensterns, der sich auf der Oberfläche des Weißen Zwergs anhäuft. Sobald sich auf diese Weise eine ausreichend dicke Schicht Wasserstoff gebildet hat, löst der Druck am Boden der Schicht eine nukleare Explosion aus, die Materie in den Weltraum schleudert und den Stern für kurze Zeit grell aufleuchten lässt. Danach beginnt der ganze Prozess von vorne, sobald nämlich wieder Gas vom Riesenstern auf den Weißen Zwerg überfließt.

„Neue" Sterne

Ein solches Aufleuchten eines Sterns bezeichnet man als „Nova" (was „neu" bedeutet). Diese Bezeichnung rührt daher, dass Weiße Zwerge in ihrer Ruhephase zu schwach leuchten, als dass man sie mit einem kleinen Teleskop sehen könnte. Und als die ersten Novae beobachtet wurden, glaubte man, dass buchstäblich ein neuer Stern entstanden sei. Während einer Nova kann die Helligkeit eines Sterns innerhalb weniger Tage auf das 100 000fache ansteigen; danach verblasst er über einen Zeitraum von mehreren Monaten wieder zu seiner ursprünglichen Helligkeit. Während des Ausbruchs steigt die Oberflächentemperatur des Sterns auf etwa 100 Millionen K an, und der Stern schleudert etwa ein Zehntausendstel der Sonnenmasse an Materie in den Weltraum – und zwar in Form schwerer Elemente, die die interstellare Materie bereichern.

In einer Spiralgalaxie wie unserer Milchstraße ereignen sich pro Jahr etwa 25 Novae. Man geht davon aus, dass alle Novae durch Akkretion (Anlagerung) von Materie in Doppelsternen – wie oben beschrieben – verursacht werden und dass alle solchen wiederkehrenden Ausbrüchen unterworfen sind. Tatsächlich konnte man wiederkehrende Novae beobachten, wie den Stern T Coronae Borealis, der sowohl im Jahr 1866 als auch 1946 ausbrach. Man nimmt an, dass alle Novae nach einem ähnlichen Muster ablaufen, aber die Abstände zwischen den Ausbrüchen sind so groß, dass wir sie selten mehr als einmal explodieren sehen können.

Einige Weiße Zwerge in Doppelsternsystemen erleiden ein extremeres Schicksal. Ein Weißer Zwerg besteht aus Atomkernen, die in einem Meer aus freien Elektronen durcheinander drängeln. Doch die Gesetze der Quantenphysik sagen uns, dass es eine noch dichtere Form von Materie gibt, die erreicht werden könnte, indem jedes Proton ein Elektron absorbiert und sich in ein Neutron verwandelt. In diesem Fall würde sich die gesamte Materie zu einer Kugel aus Neutronen zusammenziehen, wie ein einziger riesiger Atomkern.

Materie im Extremzustand

Dazu ist ein enorm hoher Druck erforderlich, der jedoch erreicht wird, wenn die Masse des

Weißen Zwergs die der Sonne um das 1,4fache übertrifft. Wenn also ein Weißer Zwerg Materie von seinem Begleitstern ansammelt und dadurch seine Masse irgendwann diesen Grenzwert überschreitet, kollabiert das Innere des Sterns zu einer Neutronenkugel. Während der Stern kollabiert, wird eine gewaltige Menge Gravitationsenergie in Form von Wärme freigesetzt, welche eine Welle von Kernreaktionen in der Sternmaterie auslöst, so dass der Stern explodiert. Ein solches Ereignis bezeichnet man als „Supernova", da es das Ausmaß einer Nova bei weitem übertrifft. Bei einer Supernova-Explosion kann ein einzelner Stern für einen kurzen Zeitraum die Helligkeit einer ganzen Galaxie mit Milliarden herkömmlicher Sterne erreichen.

Die Form der Supernova, die bei der Explosion eines Weißen Zwergs in einem Doppelsternsystem entsteht, bezeichnet man als „Typ-I-Supernova". Da alle Supernovae dieses Typs auf die gleiche Weise erzeugt werden, nämlich aus Weißen Zwergen mit der exakt gleichen Masse, besitzen sie auch alle die gleiche Leuchtkraft und eignen sich daher hervorragend als so genannte „Standardkerzen" zur Bestimmung der Entfernung anderer Galaxien. Der andere wichtige Aspekt bei den Supernovae vom Typ I besteht darin, dass sie gewaltige Mengen schwerer Elemente über den Weltraum verteilen. Eine Typ-I-Supernova durchsetzt die interstellare Materie mit etwa einer halben bis einer ganzen Sonnenmasse Eisen sowie mit 0,12 – 0,15 Sonnenmassen Sauerstoff und etwas weniger an schweren Elementen.

EINE UNGEHEURE DETONATION

Die zweite Art von Supernovae, Typ II, ereignet sich in massereichen, jungen Sternen. Diese Sternexplosionen finden überwiegend in den Spiralarmen von Spiralgalaxien (▷ S. 21) statt, weil die betroffenen Sterne so massereich sind,

DER STERN VON BETHLEHEM

Eines wissen wir mit Sicherheit über die Geburt Jesu Christi: Sie fand nicht im Jahr 1 statt. Erst im 6. Jahrhundert setzte sich der Vorschlag des römischen Gelehrten Dionysius Exiguus durch, die Zeit ab der Geburt Jesu zu zählen. Doch dabei unterlief ihm ein Fehler. Wir wissen dies, weil König Herodes aus der Weihnachtsgeschichte im Jahr 4 vor der Zeitwende starb. Aber während Herodes eine historisch überprüfbare Tatsache darstellt, bleibt doch die Frage: Wie steht es mit dem Stern von Bethlehem?

Zufälligerweise führten chinesische Astronomen zur damaligen Zeit Buch über ungewöhnliche Ereignisse am Himmel und vermeldeten einen „Gaststern" im Sternbild Steinbock, und zwar im März des Jahres, das wir heute als 5 v. Chr. bezeichnen.

Das Datum passt exakt zu der biblischen Erzählung. Nicht nur das Jahr (bevor Herodes starb), sondern auch die Jahreszeit (im März ist die Wahrscheinlichkeit groß, dass sich die Hirten während der Lammzeit im Freien bei ihren Schafen aufhalten). Faszinierenderweise zeigte sich 1925 im gleichen Himmelsbereich eine schwache Nova, und da man annimmt, dass alle Novae wiederkehren, wäre es denkbar, dass es sich dabei um den Stern handelt, den die Drei Weisen aus dem Morgenland beobachteten. Doch unabhängig davon müsste die expandierende Hülle der Überreste der von den chinesischen Astronomen vermerkten Nova mit den neuesten Teleskopen bald zu sehen sein, wodurch sich ihre exakte Position feststellen ließe. Aber selbst ohne diese Bestätigung sind einige Astronomen schon heute davon überzeugt, dass das Beweismaterial ausreicht, um den Geburtstermin Jesu Christi neu zu bestimmen: Nicht der 25. Dezember des Jahres 1, sondern Ende März im Jahr 5 vor der Zeitenwende.

1

2

1. und 2. Die Supernova 1987 A (links) im Vergleich mit dem gleichen Stern vor seiner Explosion (rechts).

dass sie nicht genügend Zeit haben, um sich vor ihrem Tod weit von ihrer Geburtsstätte zu entfernen. Darüber hinaus ereignen sich diese stellaren Spektakel aber auch in Regionen, in denen die Entstehung neuer Sterne auf andere Weise ausgelöst wurde, beispielsweise durch die Gezeitenkräfte einer nahe vorbeiziehenden anderen Galaxie. Typ-II-Supernovae setzen sogar noch mehr Energie frei als Supernovae vom Typ I, allerdings zu einem Großteil in Form von unsichtbaren Teilchen namens „Neutrinos". Eine Typ-II-Supernova erzeugt innerhalb weniger Minuten etwa 100-mal mehr Energie, als unsere Sonne während ihres gesamten Lebens von etwa zehn Milliarden Jahren ausstrahlt.

Je massereicher ein Stern, desto schneller verbrennt er seine Brennstoffe und desto kürzer ist seine Lebensspanne. Die Vorläufer von Typ-II-Supernovae können mehr als die zigfache Masse unserer Sonne besitzen. Als Beispiel wollen wir uns mit der Entwicklung eines Sterns beschäftigen, der etwas weniger als die 20fache Sonnenmasse aufweist, denn diese Masse hatte vermutlich die Supernova, deren Explosion 1987 in der Großen Magellanschen Wolke beobachtet und die als SN 1987 A bezeichnet wurde.

Das Ende der Brennstoffvorräte

Solch ein Stern muss, um einen Kollaps zu verhindern, seinen nuklearen Brennstoff so rapide verbrennen, dass er 40 000-mal heller als unsere Sonne leuchtet und nur zehn Millionen Jahre auf der Hauptreihe verweilt. Das Heliumbrennen versorgt ihn während seiner Zeit als Roter Riese für etwa weitere ein Millionen Jahre mit Energie, aber danach durchläuft er die restlichen möglichen Kernverschmelzungsprozesse mit zunehmend größerer Geschwindigkeit. Das Kohlenstoffbrennen liefert Energie für 12 000 Jahre, Sauerstoffbrennen für weitere 16 Jahre und das Siliziumbrennen für etwa eine Woche. Während dieser letzten Lebenswoche erinnert die innere Kernregion des Riesen an eine Zwiebel, wo jede dieser Kernfusionen in der nächst inneren Schale abläuft.

Sobald das Silizium in der Zentralregion zu Elementen der Eisengruppe umgewandelt ist, existiert plötzlich keinerlei Energiequelle mehr für die Erzeugung des Drucks, den der Stern benötigt, um sein eigenes Gewicht tragen zu können. Daher kollabiert er auf spektakuläre Weise und verwandelt die Gravitationsenergie in Wärme, die solch hohe Temperaturen erreicht, dass die schweren Atomkerne auseinander brechen. Dadurch wird wiederum ein derart großer Druck erzeugt, dass die Elektronen sich mit Protonen verbinden und Neutronen bilden. Der innere Kern des Sterns kolla-

3

3. Die Überreste einer Supernova, die vor langer Zeit in der Großen Magellanschen Wolke explodierte. Die Farbe deutet auf das Vorhandensein großer Mengen an Sauerstoff hin.

1

1. Eine der uns am nächsten gelegenen irregulären Galaxien, NGC 1313.

2. Die relative Größe von Sternen. Zur Orientierung: Ein Weißer Zwerg besitzt ungefähr die gleiche Größe wie die Erde.

biert innerhalb weniger Sekunden von einer Kugel aus Sternmaterie größer als unsere Sonne zu einer Neutronenkugel mit einem Durchmesser von etwa 20 Kilometern. Das wiederum lässt die äußeren Schichten des Sterns schlagartig nach innen stürzen, und zwar mit etwa 0,25facher Lichtgeschwindigkeit. Doch die Entstehung des Neutronensterns erzeugt eine Stoßwelle, die in einer Art Rückstoß von der Kernregion nach außen läuft. Es folgt eine Neutrino-Explosion, bei der für jedes Proton, das sich mit einem Elektron zu einem Neutron verbindet, ein Neutrino freigesetzt wird.

Die Kombination von Stoßwelle und Neutrino-Explosion stülpt die kollabierenden äußeren Sternschichten von innen nach außen und schleudert sie in den Weltraum, wo sie eine rasch expandierende, leuchtende Gaswolke bilden – einen Supernova-Überrest.

Eine gigantische Sauerstoffexplosion

Während Typ-I-Supernovae große Mengen an Eisen in die interstellare Materie schleudern, wird bei einer Typ-II-Supernova der größte Teil des Eisens im Laufe des Kollaps der Kernregion in Neutronen umgewandelt. Die von einer Typ-II-Supernova fortgeschleuderte Materie ist sehr reich an Sauerstoff, möglicherweise bis zur 1,5fachen Sonnenmasse an Sauerstoff bei einer Supernova von 20 Sonnenmassen. Doch sie enthält auch alle durch stellare Nukleosynthese entstandenen schweren Elemente sowie Spuren von Elementen, die noch schwerer sind als Eisen, erzeugt durch die extremen Zustände während der Supernova-Explosion selbst. Und dies ist der Ursprung von Gold, Zink, Uran und aller anderen Elemente, die schwerer als Eisen sind.

Doch im Vergleich zu der Menge an Wasserstoff und Helium im Universum ist die Menge der so erzeugten, sehr schweren Elemente winzig. Wir erinnern uns, dass sämtliche andere nukleare Materie, die nicht aus Wasserstoff oder Helium besteht, zusammengenommen weniger als ein Prozent der gesamten Materie ausmacht. Von diesem knapp einen Prozent beträgt die Summe aller Atomkerne der Elemente, die schwerer sind als Eisen, weniger als eintausendstel der Materie, die alle Atomkerne von Lithium (dem drittleichtesten Element) bis zu den Eisengruppenelementen zusammengenommen ergeben.

SCHWARZE LÖCHER UND NEUTRONENSTERNE

Die Überreste einer solchen Supernova sind mindestens so interessant wie die Supernova selbst: Es bleibt ein Stern zurück, der fast vollständig aus Neutronen besteht, ein Neutronenstern. Seine Materie ist so fest zusammengepresst, dass seine Dichte der eines Atomkerns entspricht. Ein Neutronenstern mit der Masse unserer Sonne hätte einen Durchmesser von nur 10–20 Kilometern. Das ist noch viel kleiner als ein Weißer Zwerg, der eine Sonnenmasse Materie in eine Kugel etwa so groß wie die Erde packt. Die Dichte der Materie in einem Neutronenstern übertrifft die eines Weißen Zwergs etwa um das Einmillionfache. Könnte man einen Kubikzentimeter Neutronensternmaterie auf die Erde transportieren und dabei seinen superdichten Zustand erhal-

Ein Fingerhut voll Neutronensternmaterie würde genauso viel Masse enthalten wie die Körper aller Menschen auf der Erde zusammengenommen.

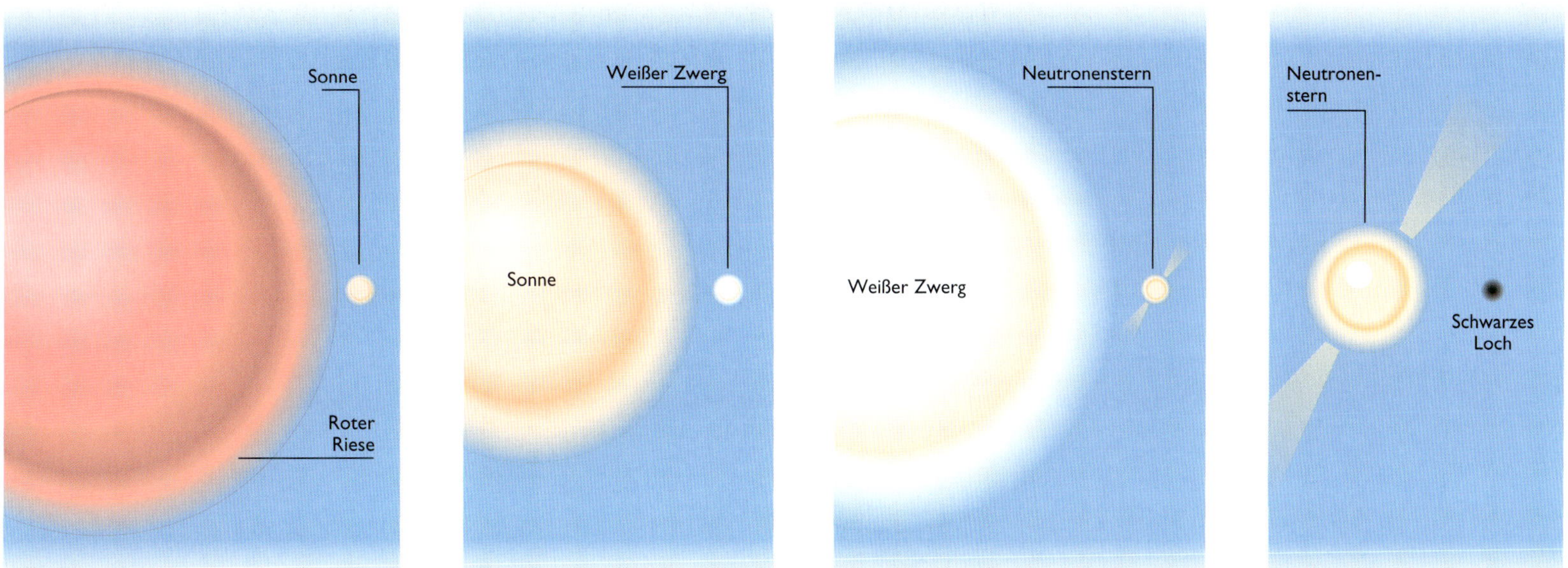

2

1. Diese Detailansicht des Krebs-Nebels zeigt, dass der Nebel noch immer von der Aktivität des zentralen Neutronensterns beeinflusst wird.

2. Das Magnetfeld eines rotierenden Neutronensterns bewirkt, dass dieser Strahlung in zwei engen Bündeln aussendet, vergleichbar den Lichtstrahlen eines Leuchtturms. Solch ein aktiver, rotierender Neutronenstern wird als Pulsar bezeichnet.

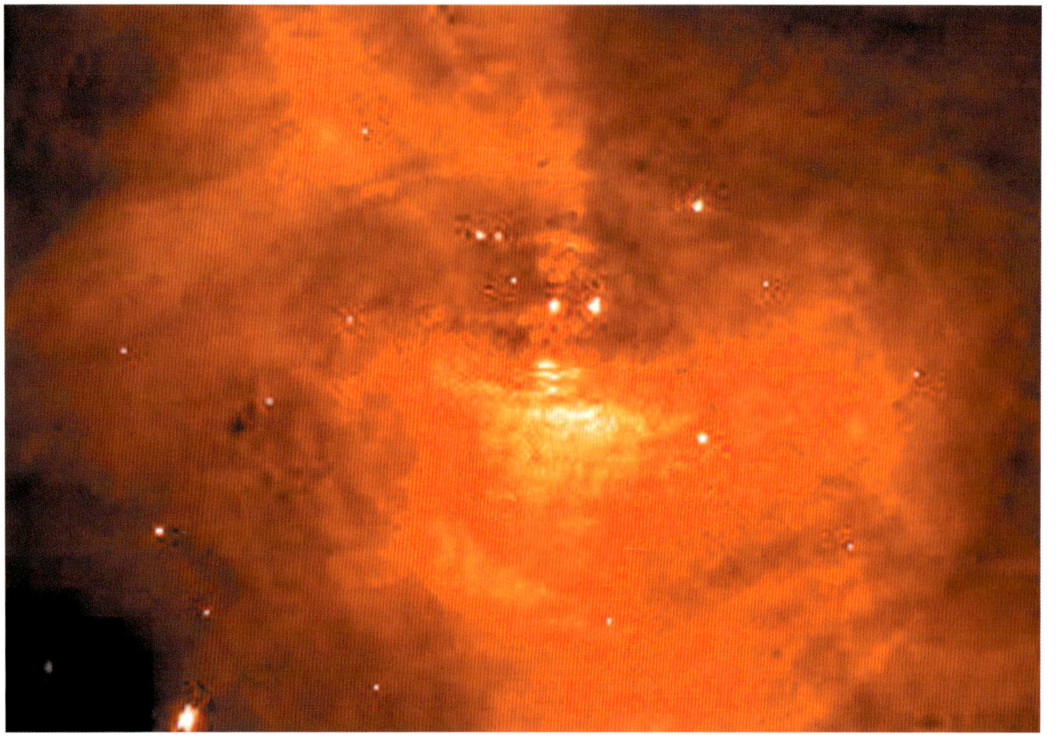
1

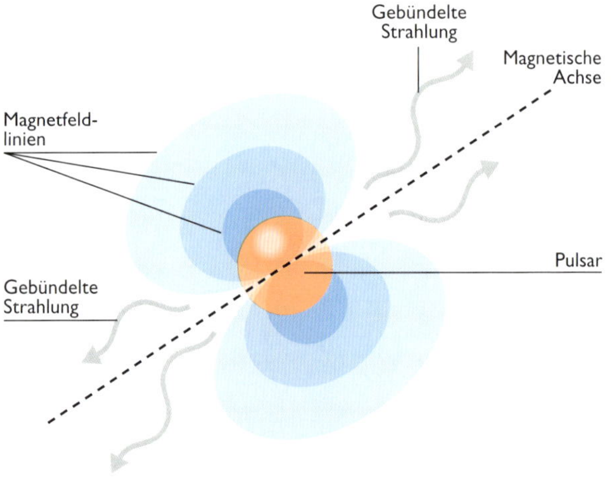

2

PULSARE

Ein rotierender, magnetischer Neutronenstern erzeugt zwei enge Strahlungsbündel, die um den Stern herum fegen. Wenn diese Strahlungsbündel die Erde streifen, verursachen sie regelmäßige, rasche Strahlungspulse. Solche stellaren Objekte bezeichnet man als „Pulsare". Die ersten Pulsare wurden 1967 von einem Team der University of Cambridge entdeckt. Die Wissenschaftler hatten ein neuartiges Radioteleskop errichtet, um die Radiostrahlung von Quasaren zu beobachten. Als man erkannte, dass es sich bei Pulsaren um rotierende Neutronensterne handeln musste, folgten zahlreiche weitere Untersuchungen sehr dichter Objekte (Neutronensterne und Schwarze Löcher). Ein klassisches Beispiel dafür, wie Beobachtung und Theorie bei der Erforschung des Universums ineinander greifen.

Bis heute wurden etwa 1000 Pulsare entdeckt, und ihre Zahl wächst ständig. Das Magnetfeld eines Pulsars ist etwa eine Milliarde Mal stärker als das Magnetfeld der Erde. Die meisten Pulsare rotieren einmal pro Sekunde, wobei der langsamste eine Periode von vier Sekunden aufweist und der bis dato schnellste sich über 600-mal in der Sekunde um seine eigene Achse dreht. Man stelle sich eine Kugel aus Materie von der Größe des Mount Everest vor, die aber so viel Masse besitzt wie unsere Sonne und alle 1,6 Millisekunden um ihre Achse rotiert, und man bekommt eine ungefähre Ahnung einem Pulsar.

ten, würde er ungefähr 100 Millionen Tonnen wiegen.

Unter den extremen Druckbedingungen im Zentrum einer Typ-II-Supernova können Neutronensterne mit einer Masse bis hinab zu einem Zehntel der Masse unserer Sonne entstehen. Aber alle bei einer solchen Explosion gebildeten Neutronensterne mit noch weniger Masse würden sich ausdehnen, sobald der Druck nachließe und sich in einen ungewöhnlich massearmen Weißen Zwerg verwandeln (wobei einige der Neutronen sich zu Protonen umwandeln würden).

Im Reich der Spekulation

Schon bald nach der Entdeckung der Neutronen stellten in den 1930er Jahren einige Wissenschaftler Theorien über die Existenz von Neutronensternen auf. Ein Gelehrtenteam – Walter Baade und Fritz Zwicky – vermutete 1934 sogar, dass die einzige Erklärung für den Energieausstoß einer Supernova darin bestünde, dass sich ein herkömmlicher Stern in einen Neutronenstern verwandelt, wobei riesige Mengen Gravitationsenergie freigesetzt würden. Doch obwohl zu dieser Zeit bereits Weiße Zwerge identifiziert worden waren, hatte noch kein Mensch einen Neutronenstern gesehen, und die meisten Astronomen konnten einfach nicht glauben, dass solche superdichten Objekte tatsächlich existierten. Drei Jahrzehnte lang wurden Baades und Zwickys Voraussagen von ihren Kollegen nicht ernst genommen, bis zur zufälligen Entdeckung von Pulsaren, die als rasch rotierende, magnetische Neutronensterne erklärt wurden.

Singularitäten

Die Entdeckung der Pulsare bedeutete, dass die Gleichungen, die die Existenz von Neutronensternen voraussagten, ernst genommen werden mussten und damit auch eine weitere, noch merkwürdigere Voraussage dieser Gleichungen: Gegen Ende der 1930er Jahre hatten Julius Robert Oppenheimer und George Volkoff gezeigt, dass diese Gleichungen eine Obergrenze für die Masse von Neutronensternen postulieren. Der Wert dieser Obergrenze liegt ungefähr bei der dreifachen Sonnenmasse. Was aber geschähe mit einem Neutronenstern, der sich mit einer größeren Masse zu bilden versuchte oder mit einem Neutronenstern, der mit einer geringeren Masse diesen Prozess begann, dann aber diesen Grenzwert aufgrund der ihm von seinem Begleiter zugeflossenen Materie überschreitet? Die Gleichungen besagen, dass

Die Erde müsste auf die Größe einer dicken Erbse zusammengepresst werden, damit aus ihr ein Schwarzes Loch werden könnte.

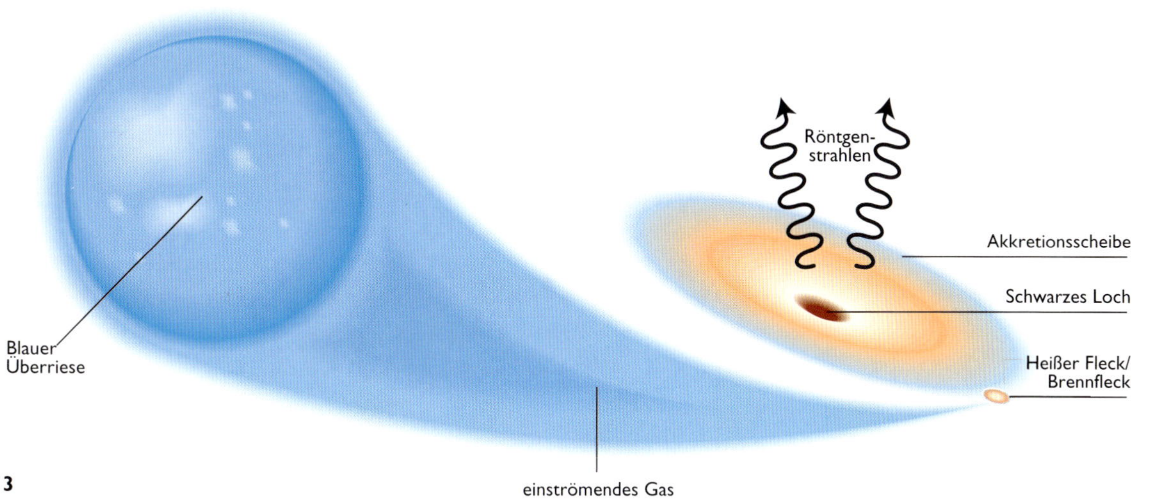

3

3. Wenn Materie von einem Riesenstern zu einem ihn begleitenden Schwarzen Loch überfließt, erhitzt sich das Gas und sendet Röntgenstrahlen aus.

DIE SUCHE NACH SCHWARZEN LÖCHERN

Selbst nachdem die Entdeckung der Pulsare die Astronomen dazu veranlasst hatte, über die mögliche Existenz von Schwarzen Löchern nachzudenken, gab es lange Zeit keinerlei Beweise dafür. Doch zu Beginn der 1970er Jahre lokalisierte ein Satellit namens „Uhuru" die Position eines Röntgensterns mit der Bezeichnung Cygnus X-l. Die Daten des Satelliten waren so genau, dass die Astronomen den Stern mit ihren optischen Teleskopen identifizieren konnten. Cygnus X-l trägt seinen Namen, weil er der hellste Röntgenstern in Richtung des Sternbilds Cygnus (Schwan) ist.

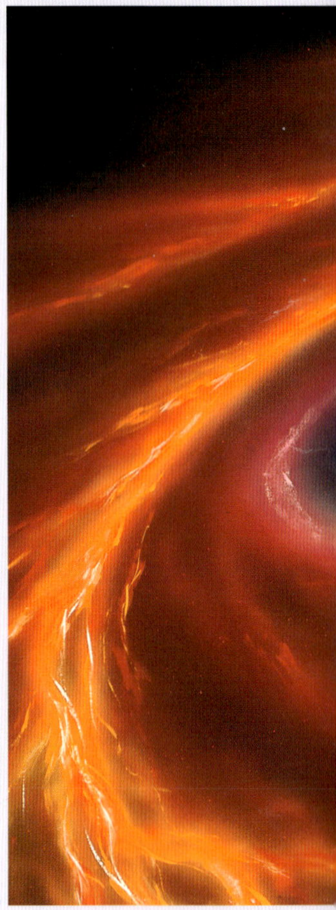

3

Ein sterbender Schwan

Als Astronomen die Quelle der Röntgenstrahlung von Cygnus untersuchten, stellten sie fest, dass die Röntgenstrahlen von einem Punkt in der Nähe eines blauen Sterns namens HDE 226 868 stammten, aber nicht von dem Stern selbst. Der Stern und die Röntgenstrahlenquelle umkreisen einander einmal in 5,6 Tagen, und die Umlaufbahn entspricht einem Objekt mit etwa 20 Sonnenmassen. Es konnte also weder ein Weißer Zwerg noch ein Neutronenstern sein; und ein herkömmlicher Stern dieser Größe müsste so hell leuchten, dass man ihn sehen könnte. Es konnte sich nur um ein Schwarzes Loch handeln. Inzwischen sind mehrere ähnliche Objekte bekannt, die als „stellare Schwarze Löcher" bezeichnet werden.

2

Stellare Schwarze Löcher sind nur zu entdecken, wenn sie einen anderen Stern umkreisen und ihm Materie entziehen. Ein isoliertes Schwarzes Loch ist in der Tat schwarz. Roger Blandford vom California Institute of Technology hat jedoch die Theorie aufgestellt, dass möglicherweise 100 Millionen isolierte Schwarze Löcher über unsere Galaxis verteilt sind und dass das uns am nächsten liegende vielleicht nur knapp15 Lichtjahre von uns entfernt ist.

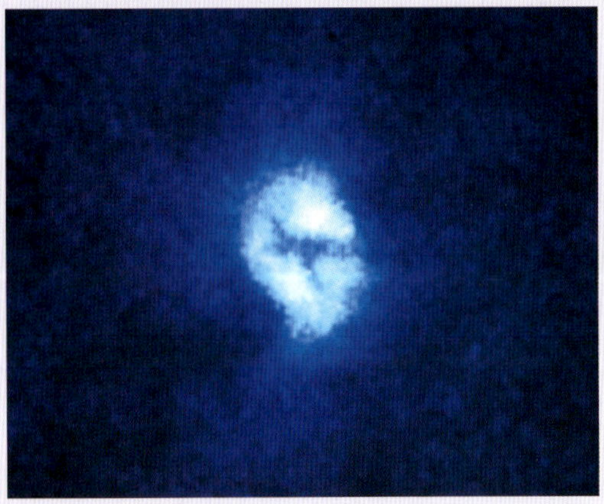

1

Noch größere Schwarze Löcher

Seit Ende der 1960er Jahre nimmt man an, dass Quasare „supermassive Schwarze Löcher" mit 100 Millionen Sonnenmassen enthalten. Denn die Strahlungsmenge eines Quasars kann nur durch ein gigantisches Schwarzes Loch erklärt werden, das Materie aus der umliegenden Galaxie aufsaugt. Dies konnte in den 1990er Jahren bewiesen werden, als das Hubble-Weltraumteleskop Aufnahmen von Materienscheiben lieferte, welche um einige dieser Schwarzen Löcher herumwirbeln. Die Größe dieser Scheiben und ihre Rotationsgeschwindigkeit(offenbart durch den Doppler-Effekt ▷ S. 120) verrät uns die Größe der Schwarzen Löcher in den Zentren dieser Galaxien.

Die Galaxie NGC 7052 z. B. enthält eine

4

1. Echte Aufnahme des Zentrums eines Sternensystems, vergleichbar den auf diesen Seiten künstlerisch dargestellten Systemen. Es handelt sich um ein Schwarzes Loch im Zentrum der Galaxie M51, das vom Hubble-Weltraumteleskop aufgenommen wurde.

2. Illustration eines supermassiven Schwarzen Lochs, das von seinen Polen aus Materiestrahlen („Jets") aussendet.

3. und 4. Detailansichten der Aktivitäten eines Schwarzen Lochs (künstlerische Darstellung).

Materienscheibe mit einem Durchmesser von 1.100 Parsec (3700 Lichtjahren), die um ein Schwarzes Loch mit 300 Millionen Sonnenmassen herumwirbelt.

Gekrümmter Raum

Die Allgemeine Relativitätstheorie erklärt die Gravitation als Folge der Krümmung des Raums durch die Anwesenheit von Materie. Ein treffender Spruch der Physiker besagt, dass die Materie dem Raum mitteilt, wie er sich zu krümmen hat, und dass der Raum der Materie mitteilt, wie sie sich zu bewegen hat. Das bedeutet im Wesentlichen: Objekte, die sich unter dem Einfluss der Schwerkraft bewegen, rollen entlang der Täler in einer hügeligen Landschaft aus gekrümmter Raum-Zeit. In diesem Bild erscheint die ebene Raum-Zeit, ohne jede darin enthaltene Materie, wie ein gedehntes flaches Gummituch. Legt man ein schweres Gewicht auf das gedehnte Tuch, bekommt dieses eine leichte Delle; und alle Objekte, die über das Tuch rollen, folgen einem gekrümmten Weg rund um die Delle. Bei einem besonders schweren Objekt wird das Material so sehr gedehnt, dass eine tiefe Delle mit vertikalen Seitenwänden entsteht, aus der nichts mehr entkommen kann – ein Schwarzes Loch.

ZUM THEMA

1.4 Das große Finale
S. 69 Schwarze Löcher und Neutronensterne
S. 75 Probieren geht über Studieren

2.1 Der Urknall
S. 87 Die Anfangssingularität

4.3 Auf zu unbekannten Welten
S. 217 Jenseits des Schwarzen Lochs
S. 230 Die Evolution von Universen

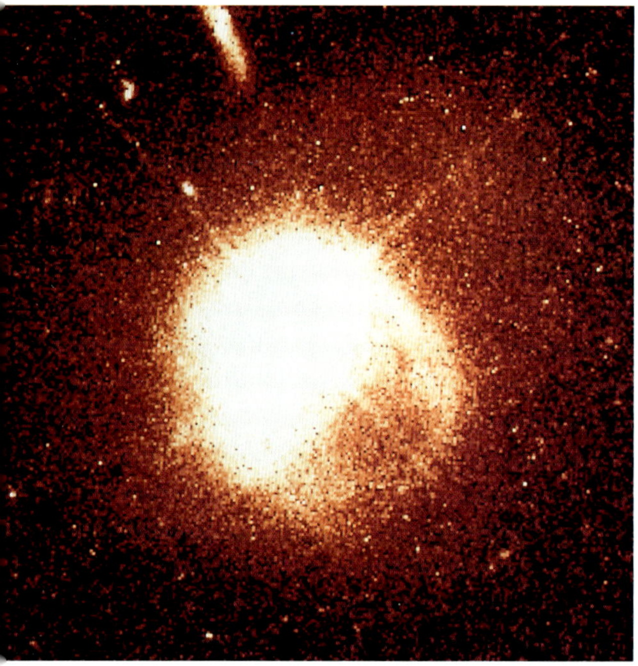
1

er sich unendlich zusammenziehen würde, bis zu einem einzigen Punkt – einer Singularität.

Doch auf dem Weg zur Singularität würde ein kollabierendes Objekt unsichtbar, weil die Anziehungskraft an seiner Oberfläche so groß würde, dass nicht einmal Lichtstrahlen ihm entkommen können.

Tatsächlich waren derartige kollabierte Objekte bereits beschrieben worden und zwar von Karl Schwarzschild, der in den 1920er Jahren die Gleichungen von Albert Einsteins Allgemeiner Relativitätstheorie dazu einsetzte. Vom Ansatz der Relativitätstheorie aus betrachtet, verschwindet das kollabierende Objekt aus unserem Universum, weil der Raum selbst (genau genommen die Raum-Zeit) um das Objekt herum gekrümmt wurde, wodurch ein Loch im Raum entstand. Das Innere dieses Lochs stellt praktisch ein separates, in sich geschlossenes Universum dar. Diese Objekte erhielten ihren Namen „Schwarze Löcher" erst im Jahr 1967, kurz nachdem die Entdeckung der Pulsare dazu geführt hatte, dass die Astronomen dieses Gedankenspiel allmählich ernst nahmen.

Die Beschäftigung mit Schwarzen Löchern

Jedes Objekt verwandelt sich in ein Schwarzes Loch, wenn man es auf ein ausreichend kleines Volumen zusammenpresst. Für eine bestimmte Masse wird der kritische Grenzradius, bei dem dies eintritt, als „Schwarzschild-Radius" bezeichnet, der praktisch auch den Radius des Schwarzen Lochs darstellt. Wird ein Objekt unter seinen Schwarzschild-Radius zusammengepresst, dann kollabiert es zu einer Singularität und hinterlässt ein Schwarzes Loch mit diesem Radius. Bei der Sonne beträgt dieser Schwarzschild-Radius gerade einmal 2,9 Kilometer, was zeigt, wie kurz Neutronensterne (mit einem Radius von etwa zehn Kilometern) davor stehen, sich in Schwarze Löcher zu verwandeln. Für die Erde liegt dieser Grenzwert bei 0,88 Zentimetern. Doch Schwarze Löcher sind nicht notwendigerweise mit sehr hohen Dichten verbunden. Ein Objekt mit der gleichen Dichte wie unsere Sonne wäre ein Schwarzes Loch, wenn es etwa den Durchmesser unseres Sonnensystems hätte.

Inzwischen gibt es direkte Beweise für die Existenz von Schwarzen Löchern. Denn obwohl nichts einem Schwarzen Loch entkommt, kann in einem Bereich unmittelbar außerhalb des Schwarzschild-Radius' (der auch als „Ereignishorizont" bezeichnet wird) sehr viel Aktivität herrschen. Wenn ein Schwarzes Loch mit einem Radius von wenigen Kilometern einen anderen Stern umkreist, ihm Materie entzieht und diese in sich hineinsaugt, dann wird ein heftig wirbelnder Strudel von Materie in einer Scheibe um das Schwarze Loch kreisen und schließlich von ihm verschlungen werden. Während die Materie in das Schwarze Loch hineinstürzt, wird Gravitationsenergie freigesetzt, die die Scheibe so sehr erhitzt, dass sie Röntgenstrahlen aussendet. Solche Röntgensterne wurden als Begleiter herkömmlicher Sterne entdeckt, und ihre Masse, die manchmal zehn Sonnenmassen überschreitet, hat man aufgrund von Untersuchungen ihrer Umlaufbahnen berechnen können. Es gibt keinen Zweifel daran, dass es sich bei einigen dieser Röntgensterne um Schwarze Löcher handelt.

Darüber hinaus geht man davon aus, dass im Zentrum einiger Galaxien noch wesentlich massereichere Schwarze Löcher existieren, und zwar dort, wo die freigesetzte Energie der aufgesaugten Materie das Gas rings um ein solches supermassives Schwarzes Loch heller aufleuchten lässt als alle Sterne der gesamten restlichen Galaxie zusammengenommen. Diese Objekte bezeichnet man als „Quasare". Man erhält eine Vorstellung von der enormen Menge an Energie, die beim Sturz von Materie in ein Schwarzes Loch freigesetzt wird, wenn man bedenkt, dass der gesamte Energieausstoß eines Quasars dadurch aufrecht erhalten werden kann, dass er nur eine Sonnenmasse an Materie pro Jahr verschlingt.

Gammastrahlenausbrüche wurden erstmals Ende der 1960er Jahre von amerikanischen Satelliten festgestellt.

Probieren geht über Studieren

Der beste Beweis für die Existenz von Schwarzen Löchern wurde in den 1990er Jahren erbracht, als Astronomen die Quellen intensiver Gammastrahlenausbrüche identifizierten, die Instrumente an Bord von Satelliten in der Erdumlaufbahn registriert hatten. Diese Gammastrahlenausbrüche waren zwar schon lange bekannt, aber erst 1997 gelang den Astronomen die Identifizierung der Quelle einer dieser Ausbrüche mithilfe herkömmlicher Teleskope. Es stellte sich heraus, dass diese Quelle in einer Galaxie lag, die über zehn Milliarden Lichtjahre von der Erde entfernt ist. Um aber einen Gammastrahlenausbruch zu erzeugen, der von unseren Instrumenten entdeckt werden konnte, musste dieses Objekt ein paar Sekunden lang so viel Energie ausstrahlen wie alle Sterne in allen Galaxien im sichtbaren Universum zusammengenommen. Die einzige Möglichkeit, einen solch gigantischen Ausstoß an Energie in solch kurzer Zeit zu erzeugen, besteht darin, dass es sich um eine Art Super-Supernova handelt, bei der der Kollaps der Kernregion sich weiter fortsetzt bis zum Schwarzen Loch. Die Energie eines Quasars (so leuchtkräftig wie mehrere hundert Milliarden Sonnen) stammt daher, dass er etwa eine Sonnenmasse an Materie pro Jahr schluckt; die Quelle eines Gammastrahlenausbruchs (auch „Gamma-Burster" genannt) bezieht ihre Energie daher, dass sie mehrere Sonnenmassen an Materie in wenigen Sekunden schluckt. Hierbei handelt es sich um die ultimative Form des Sternentods.

2

1. Der Quasar PKS 2349, vom Hubble-Weltraumteleskop aufgenommen.

2. Die Strahlung aus einer Region im Weltraum, in der ein Schwarzes Loch kollabiert ist, erinnert an das verblassende Grinsen der Grinsekatze.

2

DAS SCHICKSAL DES UNIVERSUMS

2.1 DER URKNALL

Zu den größten geistigen Errungenschaften der Menschheit gehörte die Entdeckung im 20. Jahrhundert, dass das Universum seinen Ursprung zu einem ganz bestimmten Zeitpunkt in einem heißen, extrem dichten Zustand hatte und dass es sich seitdem ständig ausdehnt, so dass wir den Beginn der Zeit berechnen können – er liegt etwa 14 Milliarden Jahre zurück. Das mithilfe der Kosmologie bestimmte Alter des Universums stimmt ziemlich genau mit dem Alter der ältesten Sterne überein, welches durch die Astrophysik berechnet werden konnte.

Es gibt eine Fülle von Beweisen, die sowohl die Theorie vom Urknall untermauern als auch die zeitliche Bestimmung dieses Ereignisses ermöglichen. Doch statt sich auf ihren Lorbeeren auszuruhen, versuchen die Kosmologen heute, Antworten auf die anderen großen Fragen zum Universum zu finden: In welche Richtung entwickelt sich das Universum, und wie wird es einmal enden? Die ersten Hinweise darauf, dass wir diese Fragen möglicherweise schon bald beantworten können, fanden sich noch vor der Jahrtausendwende.

Vorhergehende Seite: Das so genannte „Hubble Deep Field“, die bislang am weitesten reichende Aufnahme eines Himmelfeldes mithilfe des Hubble-Weltraumteleskops. Das Licht der sichtbaren Galaxien verließ diese vor über zehn Milliarden Jahren.

HUBBLE UND SEIN GESETZ

Das Wichtigste, was wir über das Universum wissen, ist die Tatsache, dass es sich stetig ausdehnt und dass sich die Galaxien im Laufe der Zeit immer weiter voneinander entfernen. Wir können den Abstand zwischen ihnen jedoch nicht wachsen sehen, weil die entsprechenden Entfernungs- und Zeitskalen riesig groß sind. Selbst wenn wir das Universum eine Million Jahre lang beobachten würden, wären wir wohl kaum in der Lage, die Expansion des Universums direkt wahrzunehmen. Aber wir wissen mit absoluter Sicherheit, dass sich das Universum ausdehnt, weil wir sowohl die Entfernung zu vielen Galaxien messen können als auch die Geschwindigkeit, mit der sie sich von uns zu entfernen scheinen.

Die wichtigste Entdeckung dabei lautet, dass es eine ganz einfache Beziehung zwischen diesen beiden Größen gibt, die uns verrät, dass die scheinbare „Fluchtgeschwindigkeit" proportional zur Entfernung der Galaxie ist. Dies nennt man auch das „Hubble-Gesetz", und die Proportionalitätskonstante in diesem Gesetz wird als „Hubble-Konstante" oder „Hubble-Parameter" bezeichnet und mit dem Buchstaben H symbolisiert. Das Hubble-Gesetz bedeutet jedoch nicht, dass wir im Zentrum des Universums liegen. Es handelt sich vielmehr um das einzige Geschwindigkeits/Entfernungs-Gesetz, das im gesamten Universum gilt, ganz egal, wo man sich befindet.

Sämtliche Objekte im All entfernen sich voneinander, wie Rosinen in einem Teig, der beim Backen aufgeht. Unabhängig davon, in welcher Galaxie man sich auch befindet – es

Für Kosmologen ist eine Galaxie – wie unsere Milchstraße mit ihren 100 Milliarden Sternen – das *kleinste* Objekt im Universum, das sich bei Berechnungen zu berücksichtigen lohnt.

1

1. Die Andromeda-Galaxie (auch als M31 bezeichnet) ist die unserer Milchstraße am nächsten gelegene große Spiralgalaxie.

sieht immer so aus, als würden alle anderen Galaxien sich mit einer proportional zu ihrer Entfernung wachsenden Geschwindigkeit vom Beobachter entfernen.

Jenseits der Lokalen Gruppe

Die ersten Entfernungsbestimmungen zu den Galaxien jenseits der Milchstraße wurden gegen Ende der 1920er Jahre mithilfe der Perioden-Leuchtkraft-Beziehung der Cepheiden (▷ S. 28–29) durchgeführt. Doch selbst mit den besten Teleskopen, die der Astronomie vor 1990 zur Verfügung standen, war es nicht möglich, Cepheiden in mehr als einer Hand voll der uns am nächsten gelegenen Galaxien aufzufinden. Dennoch genügten diese Daten, um nachzuweisen, dass die Milchstraße und die Andromeda-Galaxie (auch als M31 bekannt) die beiden größten Mitglieder in einer kleinen Gruppe von Galaxien sind, zu der auch die Große und die Kleine Magellansche Wolke gehören und die wir als „Lokale Gruppe" bezeichnen. Die Lokale Gruppe ist nur ein sehr kleiner Galaxienhaufen, andere enthalten Hunderte oder sogar Tausende individueller Galaxien. In einem solchen Haufen werden die einzelnen Mitglieder durch die Schwerkraft zusammengehalten; sie bewegen sich im Haufen wie einzelne Bienen in einem Schwarm. Doch der Galaxienhaufen als Ganzes nimmt an der Expansion des Universums teil (so wie sich auch der Bienenschwarm als Einheit fortbewegt).

Bis zur Mitte der 1990er Jahre war die Bestimmung der Entfernung zu Galaxien jenseits dieser Lokalen Gruppe von so genannten „Sekundärindikatoren" abhängig, die innerhalb der Lokalen Gruppe geeicht worden waren. Da die Entfernungen zu Galaxien in der Lokalen Gruppe (insbesondere zur Andromeda-Galaxie) dank der Cepheiden-Methode bekannt sind, können die Astronomen die scheinbaren Helligkeiten hell leuchtender Objekte in diesen nahe gelegenen Galaxien messen und mithilfe der bekannten Entfernungen die wahren Leuchtkräfte dieser Objekte berechnen. Auf diese Weise können die Leuchtkräfte von

DIE ÄLTESTEN OBJEKTE IM UNIVERSUM

Noch bis zur Mitte der 1990er Jahre mussten die Astronomen eingestehen, dass ihre besten Schätzungen des Alters des Universums etwas unter denen des Alters der ältesten Sterne lagen. Eigentlich ist klar, dass das Universum älter sein muss als seine Sterne, aber Messungen der Hubble-Konstante mithilfe erdgebundener Teleskope ergaben, dass das Universum etwa 10–12 Milliarden Jahre alt sein musste, während man das Alter der ältesten Sterne auf 14–15 Milliarden Jahre schätzte. Allerdings sind beide Messungen schwierig durchzuführen und von vielen Unsicherheitsfaktoren bestimmt, so dass sie korrigiert werden mussten, sobald man in der Lage war, Teleskope jenseits des störenden Einflusses der Erdatmosphäre zu platzieren.

Tatsächlich wurden beide Schätzungen korrigiert, und zwar in die „richtige" Richtung. In der zweiten Hälfte der 1990er Jahre zeigten vom Hubble-Weltraumteleskop (links) gesammelte Daten, dass die Hubble-Konstante etwas kleiner ist als vermutet. Daraus ergab sich ein Alter des Universums von 14 Millionen Jahren. Gleichzeitig zeigte der HIPPARCOS-Satellit, dass einige der zur Eichung des stellaren Alters herangezogenen Sterne etwas weiter entfernt lagen als angenommen. Daher mussten sie auch eine größere Leuchtkraft besitzen, damit sie so hell erscheinen konnten, wie wir sie sehen. Also verbrauchen sie ihre Brennstoffvorräte schneller als angenommen und haben ihren gegenwärtigen Zustand innerhalb eines kürzeren Zeitraums erreicht, sind also jünger: nur 12–13 Milliarden Jahre.

1

1. Die Art und Weise, mit der sich offene Sternhaufen durch den Weltraum bewegen, ist mit einem Bienenschwarm vergleichbar, der durch die Luft schwirrt.

2

2. Der Kugelhaufen 47 Tucanae.

Kugelhaufen, Supernovae oder gigantischen Sterngeburtswolken, so genannten „HII-Regionen", geeicht werden. Identifiziert man nun derartige Objekte in Galaxien jenseits der Lokalen Gruppe und misst ihre scheinbare Helligkeit, dann kann man durch den Vergleich mit ihren Gegenstücken z. B. in der Andromeda-Galaxie die Entfernung dieser weiter entfernten Galaxien abschätzen.

Der entscheidende Schritt war dabei die Berechnung der Entfernung zum Virgo-Haufen, der etwa 2.500 Galaxien enthält und dessen Zentrum etwa 55 Millionen Lichtjahre von uns entfernt liegt. Der Virgo-Haufen enthält so viele verschiedene Galaxien, dass er genügend Sekundärindikatoren liefert, die zur Entfernungsbestimmung noch weiter entfernter Galaxien herangezogen werden können.

Doch die Entfernung zum Virgo-Haufen selbst konnte erst in den 1990er Jahren präzise gemessen werden, als Astronomen dank des Hubble-Weltraumteleskops zum ersten Mal in der Lage waren, einzelne Cepheiden in einigen Galaxien des Haufens zu identifizieren. Aus diesem Grund ließen sich auch die Entfernungen zu Galaxien jenseits der Lokalen Gruppe erst im letzten Jahrzehnt des 20. Jahrhunderts definitiv bestimmen. Und das wiederum bedeutete, dass sie mit den Geschwindigkeitsmessungen verglichen werden konnten, um die Hubble-Konstante und damit das Alter des Universums zu berechnen – welches von der Hubble-Konstante abhängig ist.

Galaxien in Bewegung

Die „Geschwindigkeiten" von Galaxien, die mit der Expansion des Universums zusammenhängen, werden anhand der Rotverschiebung gemessen und verhalten sich in mancherlei Hinsicht wie Doppler-Verschiebungen. Doch in Wirklichkeit handelt es sich weder um einen Doppler-Effekt noch um echte Geschwindigkeiten.

Rotverschiebungen im Licht einiger anderer Galaxien wurden erstmals im zweiten Jahrzehnt des 20. Jahrhunderts beobachtet. Doch erst in den 1920er und 1930er Jahren untersuchten Edwin Hubble und Milton Humason am Mount-Wilson-Observatorium in Kalifornien dieses Phänomen systematisch und stellten es in einen kosmologischen Kontext. Diese bei-

1

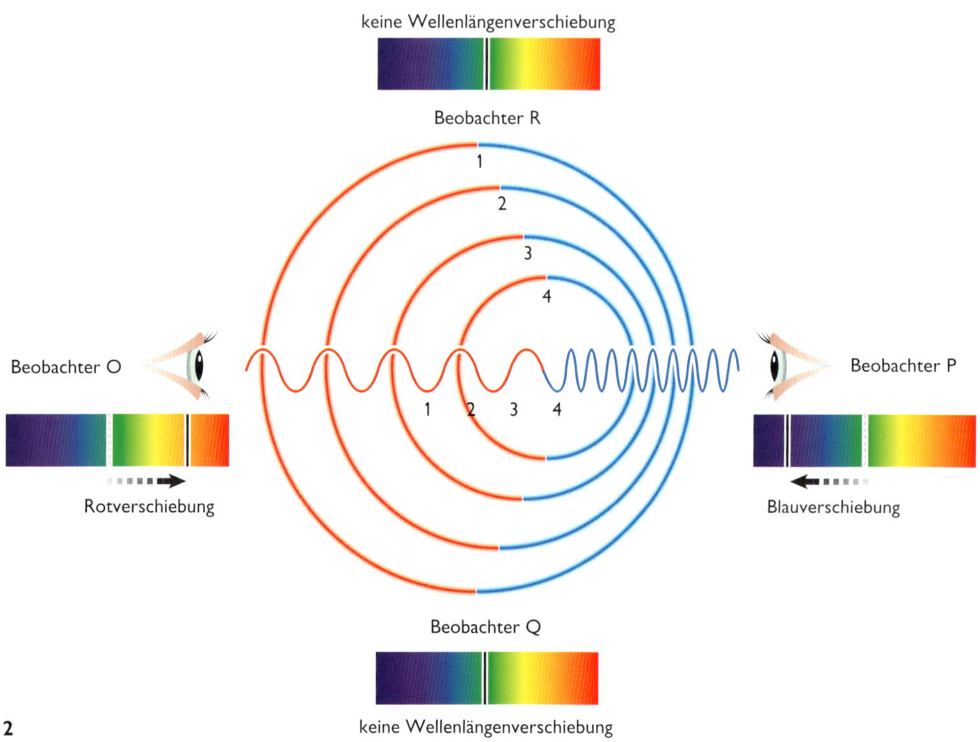

2

den Wissenschaftler entdeckten Beweise dafür, dass die Rotverschiebung einer Galaxie (vorausgesetzt, sie liegt jenseits der Lokalen Gruppe) proportional zu ihrer Entfernung zu uns ist.

Da eine Doppler-Rotverschiebung bedeuten würde, dass sich ein Objekt von uns fortbewegt, nahm man zunächst an, diese kosmologische Rotverschiebung würde auftreten, weil sich die Galaxien voneinander entfernten, wie Teile eines Sprenggeschosses nach der Explosion einer gigantischen Bombe. Aber das Auseinanderdriften der Galaxien konnte schon bald darauf mit Albert Einsteins Allgemeiner Relativitätstheorie erklärt werden, die das Verhalten von Raum und Zeit unter dem Einfluss der Materie beschreibt. Einsteins Theorie besagt, dass der Raum selbst (genau genommen die Raum-Zeit) flexibel ist und sich dehnen und zusammendrücken lässt.

Wenn man mithilfe der Gleichungen aus Einsteins Theorie eine Beschreibung des gesamten Universums erstellt (was Kosmologen als „Weltmodell" bezeichnen), so folgt, dass sowohl eine Dehnung als auch ein Zusammendrücken möglich ist – aber es ist dem Universum *nicht* möglich, stillzustehen. Da wir sehen, wie andere Galaxien sich von uns entfernen, muss eine Dehnung des Raums vorliegen. Der Raum zwischen den Galaxien dehnt sich aus und führt die Galaxien dabei mit sich fort. Die Galaxien selbst bewegen sich nicht durch den Raum; deshalb kann man eigentlich auch nicht von Geschwindigkeit sprechen. Doch da der Raum sich ausdehnt, während das Licht weit entfernter Galaxien durch ihn hindurchwandert, werden auch die Wellenlängen des Lichts gedehnt, es wird rotverschoben. Und diese Rotverschiebung sieht aus wie der Doppler-Effekt.

Die Entfernungen zwischen den Galaxien vergrößern sich beständig, und zwar mit einer Geschwindigkeit, die wir messen können. Das bedeutet, dass die Galaxien früher enger beieinander standen. Wenn wir diese Expansion nur lange genug gedanklich zurückverfolgen, dann gelangen wir an einen Punkt, an dem alle Galaxien in einem einzigen heißen Klumpen

3

1. Diese Falschfarbenaufnahme eines Bereichs des Virgo-Haufens hebt die Kerne der Galaxien rot hervor und ihre äußeren Regionen blau.

2. Beim Doppler-Effekt wird das Licht eines Objekts, das sich auf einen Beobachter zu bewegt, zusammengedrückt, während das Licht sich entfernender Objekte gedehnt wird. Betrachtet man das Objekt jedoch von der Seite, tritt dieser Effekt nicht auf.

3. Das Hale-Teleskop des Mount-Palomar-Observatoriums in Kalifornien.

zusammengequetscht sind. Das ist der Ursprung der Vorstellung, dass das Universum zu einem bestimmten Zeitpunkt in einem heißen Urknall entstand. Aus dem Hubble-Gesetz können wir berechnen, wann dieses Ereignis stattfand: vor etwa 14 Milliarden Jahren. Aber gibt es irgendwelche anderen Beweise dafür, dass der Urknall tatsächlich stattgefunden hat?

Mikrowellen von der Geburtsstunde der Zeit

Die Entdeckung, die viele als Bestätigung für den Urknall ansahen, fand im Jahr 1965 statt, als zwei Forscher der Bell Laboratories in Amerika, Arno Penzias und Robert Wilson, ein schwaches Rauschen entdeckten, das aus allen Richtungen des Weltraums kam.

Diese „kosmische Hintergrundstrahlung" war von George Gamow und seinen Kollegen bereits gegen Ende der 1940er Jahre vorhergesagt worden. Davon wussten Penzias und Wilson jedoch nichts, als sie beim Test eines neuen Radioteleskops zufällig auf dieses Phänomen stießen.

Laut Urknalltheorie ist der am weitesten zurückgelegene Zeitpunkt, den wir mithilfe elektromagnetischer Strahlung überhaupt „sehen" können, der Moment, als das gesamte Universum so heiß war wie die heutige Sonnenoberfläche. Davor lagen die Temperaturen so hoch, dass die Elektronen von ihren Atomen gelöst waren und eine Mischung aus negativ geladenen Elektronen und positiv geladenen Atomkernen („Plasma" genannt) bildeten. Da elektromagnetische Strahlung mit elektrisch geladenen Teilchen wechselwirkt, werden elektromagnetische Wellen unter solchen Bedingungen wild durcheinander gewirbelt und vollständig miteinander vermischt. Das ist der Grund, warum wir nicht in die Sonne hineinschauen können. Und aus dem gleichen Grund können wir nicht weiter zurückblicken als bis zu dem Zeitpunkt, als das gesamte Universum so heiß war wie die heutige Sonnenoberfläche.

Der Ausdruck „Big Bang" („Urknall") wurde in den 1940er Jahren von dem britischen Kosmologen Fred Hoyle während einer Radiosendung geprägt.

1. Künstlerische Darstellung des COBE-Satelliten in der Erdumlaufbahn.

2. George Gamow, einer der Begründer der Urknall-Theorie.

1

Das erste Licht

Als sich das gesamte Universum auf die Temperatur der heutigen Sonnenoberfläche abgekühlt hatte, verbanden sich Elektronen und Atomkerne zu neutralen Atomen. Diese reagieren nur dann mit Licht, wenn die Wellenlängen des Lichts genau mit den Stufen ihres spektroskopischen Energieniveaus übereinstimmt (▷ S. 18–19). Das bedeutet, dass das Licht vom Urknall sich schließlich frei im ganzen Universum ausbreiten konnte. Diese kritische Temperatur (etwa 6.000 K) wurde rund 300 000 bis 500 000 Jahre nach dem Urknall erreicht. Das ist der Moment des ersten Lichts, als Materie und Strahlung sich voneinander „entkoppelten".

Seit dieser Zeit hat sich das Universum enorm ausgedehnt, wobei die das Universum erfüllende elektromagnetische Strahlung gedehnt und dementsprechend rotverschoben wurde. Die Wirkung, die dies auf die Strahlung hat, ist leicht zu berechnen. Licht, wie das der Sonne und anderer Sterne, wird in wesentlich langwelligere Radiowellen verwandelt und ähnelt damit der elektromagnetischen Strahlung in einem Mikrowellenofen.

Und das ist genau die Strahlung, die Penzias und Wilson zufällig entdeckten und die andere Radioastronomen kurz darauf bestätigten: Ein Rauschen aus Mikrowellenstrahlung, das aus allen Richtungen des Weltraums kommt (aus den Lücken zwischen den Galaxien). Diese Strahlung hat von den 500 000 Jahren nach dem Urknall an mit nichts mehr reagiert, bis zu dem Moment, als sie in die Radioteleskope fiel, die man zu ihrer Aufspürung verwendete.

In den darauf folgenden zwei Jahrzehnten wurde die kosmische Hintergrundstrahlung von vielen verschiedenen Radioteleskopen bei unterschiedlichen Wellenlängen identifiziert. Sie alle bestätigten: Die Strahlung besitzt exakt die richtigen Eigenschaften, so dass es sich tatsächlich um das stark rotverschobene erste Licht vom Urknall selbst handelt. Die Messungen stellten auch die Temperatur dieser Strahlung genau fest (2.735 K). Die Beweise, dass man es hierbei wirklich mit dem „Widerhall des Urknalls" zu tun hatte, waren so zwingend, dass Penzias und Wilson 1978 für ihre Arbeit den Nobelpreis erhielten.

Ein glatter Start

Der wichtigste Aspekt der kosmischen Hintergrundstrahlung – abgesehen von ihrer tatsächlichen Existenz – ist jedoch ihre Gleichmäßigkeit. Egal aus welchem Teil des Himmels sie kommt: Die Strahlung besitzt überall exakt die gleiche Temperatur (mit einer Genauigkeit von drei Stellen hinter dem Komma, also genauer als 0,01 Prozent). Bis zu dem Moment des ersten Lichts waren Materie und Strahlung unentwirrbar miteinander vermischt. Das bedeutet, dass das heiße Gas – das später Sterne und Galaxien bildete – im Augenblick der Entkopplung von Materie und Strahlung ebenfalls sehr gleichmäßig über das Universum verteilt war, mit Unregelmäßigkeiten von unter 0,01 Prozent.

Dies zeigt, dass der Urknall ein sehr gleichmäßiges Ereignis darstellte – und damit stellt sich die Frage, wie sich aus einem solch glatten Startzustand jemals Objekte wie Sterne und Galaxien zusammenklumpen konnten.

Die Geburt des Universums

In den zehn Jahren nach Einsteins Aufstellung der Allgemeinen Relativitätstheorie im Jahr 1916 spielten die Mathematiker mit seinen Gleichungen und erkundeten die Möglichkeiten, die ihnen die Gesetze der Physik boten. Doch erst als Hubble und Humason das Hubble-Gesetz entdeckten, erkannten die Wissenschaftler plötzlich, dass Einsteins Gleichungen möglicherweise das expandierende Universum beschreiben, in dem wir leben. Der Erste, der diese Gleichungen zur Berechnung für den Ursprung des Universums einzusetzen versuchte, war der belgische Astronom Georges Lemaître. Und das war der Anfang der Urknall-Kosmologie.

Das kosmische Ei

Lemaître entwickelte in den 1930er und 1940er Jahren seine Vorstellung vom Beginn des Universums, das, was wir heute als Urknall bezeichnen. Da sich die Galaxien immer weiter voneinander entfernen, muss es vor langer Zeit einen superdichten Zustand gegeben haben, bei dem alle Objekte im heutigen sichtbaren Universum in einem einzigen Klumpen Materie zusammengepresst waren. Und da dieser Klumpen Materie die gleiche Dichte wie ein

Ein eingeschalteter, aber nicht auf Empfang gestellter Fernsehapparat zeigt zahlreiche weiße Punkte, die über den Bildschirm tanzen. Einige dieser Punkte (etwa ein Prozent) werden durch die kosmische Hintergrundstrahlung erzeugt.

2

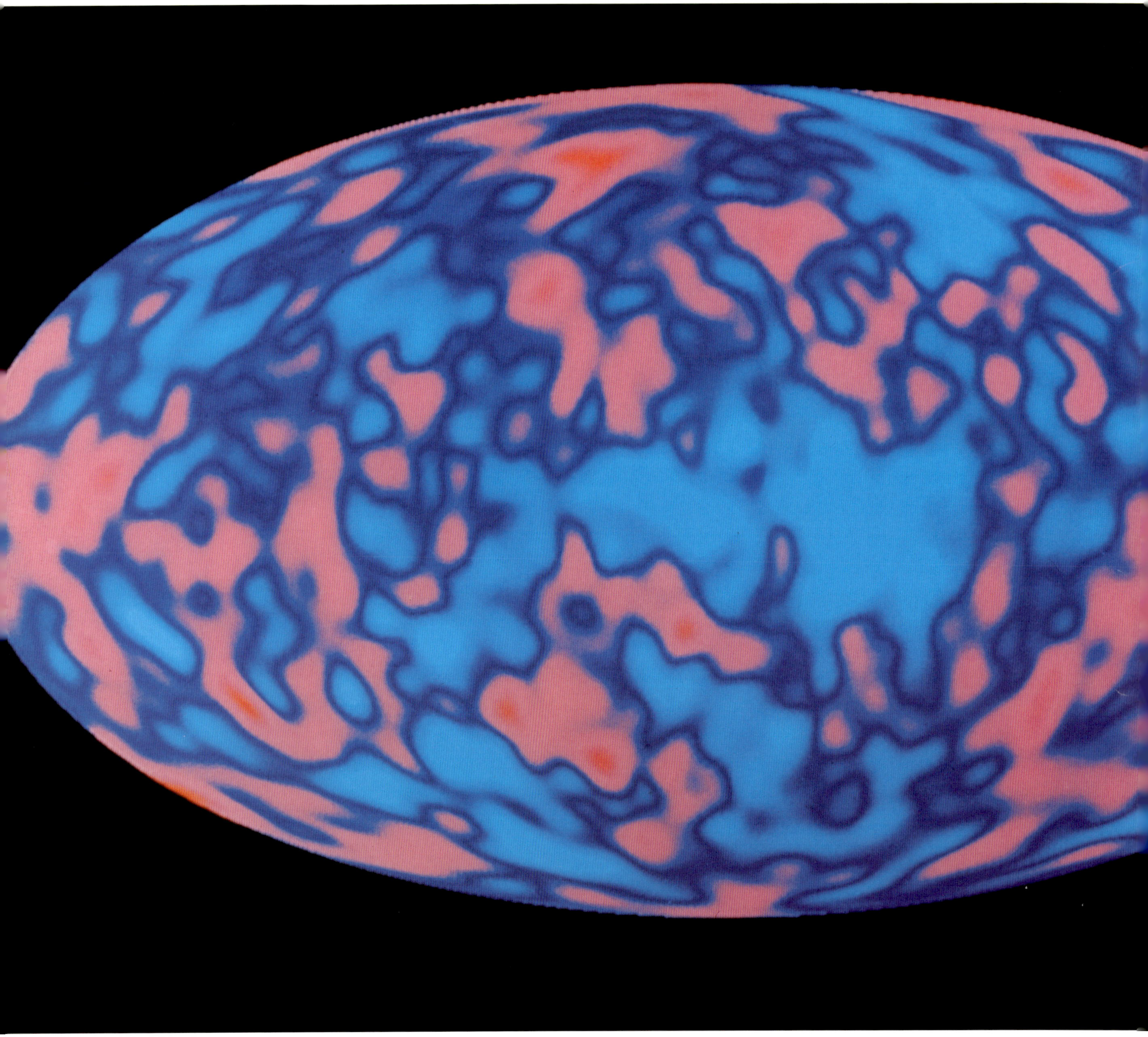

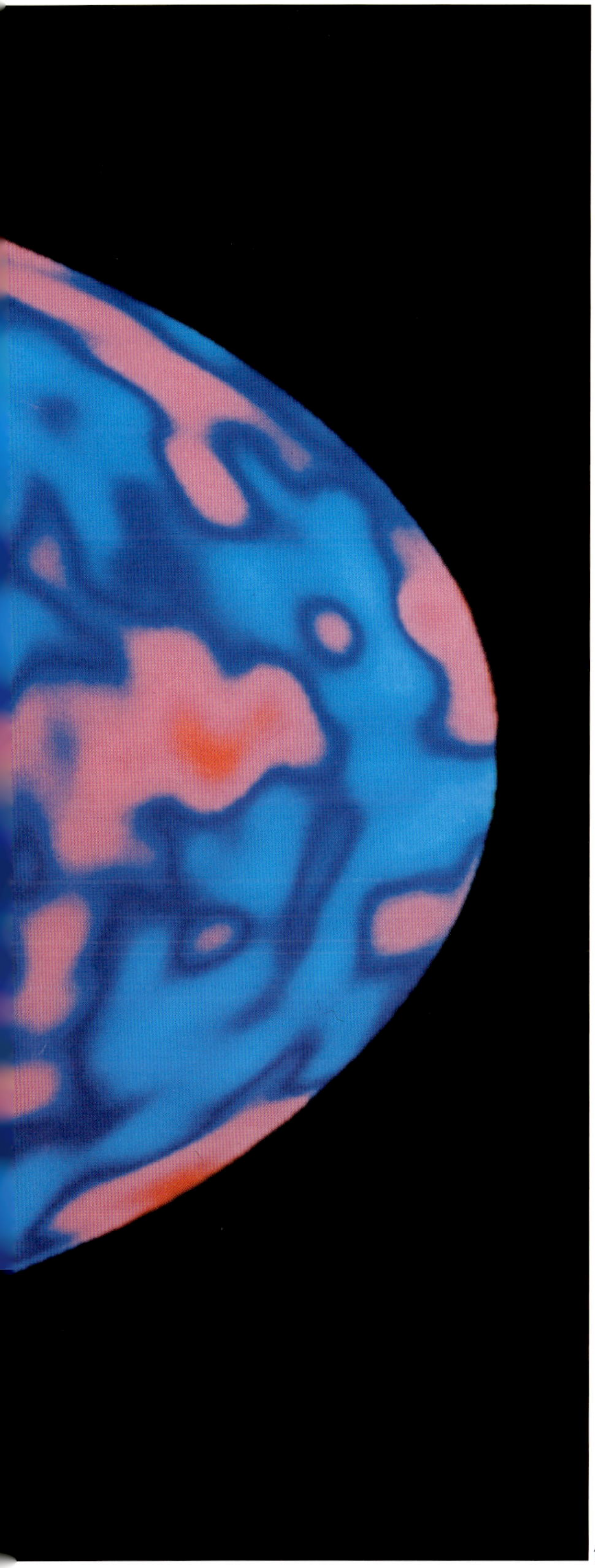

Atomkern besessen haben muss, bezeichnete Lemaître ihn als „Ur-Atom" oder manchmal auch als „Kosmisches Ei". Das Erstaunliche an Lemaîtres Berechnungen ist die Tatsache, dass das kosmische Ei nur einen etwa 30fachen Sonnendurchmesser besaß und damit wesentlich kleiner war als unser Sonnensystem. Dies vermittelt uns eine Vorstellung davon, wie viel leerer Raum zwischen Sternen und Galaxien besteht.

Lemaître bemühte sich nicht um eine Erklärung dafür, woher dieses kosmische Ei stammte. Er glaubte, dass es einem gigantischen instabilen Atomkern glich und sich „aufgeteilt" hatte oder zerfallen war – so wie ein instabiler Atomkern eines Elements wie Uran 235 (U^{235}) in leichtere Elemente zerfällt. Es ist kein Zufall, dass Lemaître diese Vorstellungen ungefähr zum gleichen Zeitpunkt entwickelte, als Physiker erstmals den natürlichen Zerfall von Elementen wie U^{235} erforschten. Und das ist auch der Grund, warum Lemaître, der die Wissenschaft breiteren Kreisen zugänglich machen wollte, von einem Ur-Atom sprach.

Allerdings handelt es sich dabei um eine etwas unglücklich gewählte Analogie, weil sie den Eindruck vermittelt, dass das kosmische Ei für eine unbestimmte Zeit irgendwo im leeren Raum schwebte und dann nach außen in den Raum hinein explodierte. Doch Einsteins Gleichungen verraten uns, dass es keinen leeren Raum gab, in den das Ei hinein explodieren konnte. Das Ei enthielt alle Materie im Universum und sämtlichen leeren Raum. Die Urmaterie – woraus sie auch immer bestanden haben mag – dehnte sich nach außen aus, weil der Raum selbst sich ausdehnte.

Die Anfangssingularität

Einsteins Gleichungen verraten uns auch, woher Lemaîtres kosmisches Ei stammt. Die Dichte von Atomkernen stellt zwar den extremsten Dichtezustand dar, den Materie heutzutage aufweisen kann, aber komprimiert man sie noch weiter, fällt sie zu einem Punkt zusammen und wird dadurch zu einem Schwarzen Loch (▷ S. 69). Im Jahr 1965 bewies der Mathematiker Roger Penrose mithilfe von Einsteins Gleichungen Folgendes: Wenn sich ein Schwarzes Loch bildet, muss die gesamte darin enthaltene Materie zu einem einzigen Punkt im Inneren des Schwarzen Lochs zusammenfallen, einem Punkt von unendlich hoher Dichte und mit einem unendlich kleinen Volumen, der als „Singularität" bezeichnet wird.

Dies könnte vermieden werden, wenn in dem Moment, in dem die Materie in die Singularität fällt, die Zustände so extrem werden, dass die nun folgenden Vorgänge nicht mehr mit der Allgemeinen Relativitätstheorie beschrieben werden können. Dies muss eintreten, bevor die Dichte unendlich groß wird. Dennoch haben viele Tests bewiesen, dass sich mithilfe der Allgemeinen Relativitätstheorie immer noch recht gut beschreiben lässt, was bis zu dem Moment geschieht, in dem alles im Schwarzen Loch zu einem winzigen Volumen zusammengepresst wird, das kleiner ist als ein subatomares Teilchen wie etwa ein Proton oder ein Neutron. Und dies reicht völlig aus, um uns über das kosmische Ei hinaus zu dem Moment zurückzuführen, in dem die Zeit begann. Entscheidend dabei ist, dass ein Objekt, das im Inneren eines Schwarzen Lochs in die Singularität zusammenfällt, große Ähnlichkeit mit einem Objekt aufweist, das sich von der Singularität nach außen ausdehnt, wenn man die Zeit umkehrt. Die Schlussfolgerung, dass das kosmische Ei möglicherweise aus einer Singularität expandiert ist – eine Art Spiegelbild des Weges, den die kollabierende Materie im Inneren eines Schwarzen Lochs geht –, lässt sich leicht ziehen. Doch der Beweis dafür, dass das Universum tatsächlich auf diese Weise entstand, ist sehr viel schwieriger zu finden. Trotzdem hatte Penrose 1970 (in Zusammenarbeit mit Stephen Hawking) seine früheren Berechnungen verfeinert und den Beweis für die Rich-

1 1. Diese Falschfarbenaufnahme des COBE-Satelliten zeigt den gesamten Himmel im Mikrowellen-„Licht". Rosa kennzeichnet die heißeren Regionen, Blau die kühleren.

Die Radioantenne, mit der die kosmische Hintergrundstrahlung entdeckt wurde, war ursprünglich für erste Experimente zur Übertragung von TV-Signalen per Satellit gebaut worden.

tigkeit dieser These geliefert. Die Art und Weise, in der sich das Universum heute ausdehnt, beweist, dass es seinen Anfang in einer Singularität nahm – oder zumindest von einem Punkt aus, der so klein und dicht ist, dass die Allgemeine Relativitätstheorie an dieser Stelle versagt: ein Punkt, der noch kleiner ist als ein Proton oder Neutron. Zu dem Zeitpunkt, als es die Größe von Lemaîtres Ur-Atom erreicht hatte, expandierte das Universum bereits mit großer Geschwindigkeit, indem der Raum sich dehnte. Und die einfachste Beschreibung des Universums, das wir um uns herum sehen, lautet: Es handelt sich um das Innere eines rapide expandierenden Schwarzen Lochs.

Aber die Kosmologie umfasst viel mehr als nur solch eine einfache Beschreibung. Zu den Forschungsbereichen mit den größten Fortschritten im letzten Jahrzehnt gehört die Untersuchung, wie die sehr frühen Stadien der Expansion des Universums die Struktur erzeugt haben, die wir heute um uns herum sehen. Inzwischen kann die Existenz von Galaxienhaufen als vereinbar mit den Vorhersagen unseres Modells der allerersten Phasen des Universums betrachtet werden.

SCHWARZKÖRPER-STRAHLUNG

Da ein rot glühendes Objekt kühler ist als ein orangefarben leuchtendes, welches wiederum kühler ist als ein bläulichweißes, kann man die Temperatur der Sterne an ihrer Farbe ablesen. Es gibt eine mathematische Formel, die sehr genau beschreibt, wie das von einem Objekt bei unterschiedlichen Wellenlängen ausgestrahlte Energiespektrum von seiner Temperatur abhängt. Diese Strahlung bezeichnet man als „Schwarzkörper-Strahlung". Es mag merkwürdig erscheinen, ein glühendes Objekt als „Schwarzkörper" zu bezeichnen, aber diese Bezeichnung rührt daher, dass die gleiche mathematische Formel auch beschreibt, wie Strahlung von einem idealen schwarzen Objekt absorbiert wird. Die Strahlung der Sonnenoberfläche entspricht der Strahlung eines Schwarzkörpers mit einer Temperatur von 5.800 K. Diese Temperatur wird mithilfe der Schwarzkörper-Strahlungskurve gemessen, die mit dem Energiespektrum der Sonne übereinstimmt. Auf die gleiche Weise können Astronomen die Temperatur eines Tausende von Lichtjahren entfernten Sterns messen, indem sie sein Lichtspektrum mit der entsprechenden Schwarzkörper-Kurve vergleichen.

Doch Schwarzkörper müssen nicht notwendigerweise heiß sein. Das Spektrum der aus allen Richtungen des Weltraums kommenden kosmischen Hintergrundstrahlung (entdeckt von der Hornantenne der Bell Laboratories, links) besitzt eine Kurve, die nahezu perfekt (mit einer Genauigkeit von etwa 1:100000) mit der Strahlung eines Schwarzkörpers mit einer Temperatur von 2,7 K übereinstimmt. Dabei handelt es sich um die abgekühlte Reststrahlung des Urknalls.

1

2

1. Künstlerische Darstellung einer Singularität in der Raum-Zeit. Mit dieser Darstellung könnten sowohl ein kollabierendes Schwarzes Loch als auch das expandierende Universum beschrieben werden.

2. Der Belgier Georges Lemaître war nicht nur Astronom, sondern auch Priester der katholischen Kirche.

DIE ERSTEN VIER MINUTEN

Der Prozess der stellaren Nukleosynthese beschreibt, wie im Inneren von Sternen alle Elemente, mit Ausnahme des primordialen Wasserstoffs und Heliums, aus diesen beiden Urelementen entstanden (▷ S. 54). Dieser Vorgang war Ende der 1950er Jahre fast vollständig enträtselt. Lediglich ein wichtiges Puzzleteil fehlte noch: Woher stammten Ur-Wasserstoff und Ur-Helium? Zu den größten Triumphen der Kosmologie der 1960er Jahre zählte die Erklärung, wie beim Urknall in den ersten vier Minuten die Ur-Elemente erzeugt wurden, und zwar im gleichen Verhältnis, wie wir es noch heute bei den ältesten Sternen beobachten.

1

1. Fred Hoyle, dessen Erkenntnisse zu einem tieferen Verständnis von der Entstehung der Elemente führte.

Materie aus Strahlung

Die Geschichte der Urknall-Nukleosynthese beginnt kurz nach dem Beginn der Zeit. Zum Zeitpunkt Null betrugen die Temperaturen überall 100 Milliarden K, so dass der größte Teil der Energie des Universums aus elektromagnetischer Strahlung bestand, wobei ständig Protonen und Neutronen gemäß Einsteins Formel $E = mc^2$ gebildet und von der Strahlung wieder zerstört wurden.

Als die Temperatur 0,1 Sekunden später auf 30 Milliarden K fiel, begann die Materie „auszufrieren“. Zu diesem Zeitpunkt war die Dichte des Universums etwa 30 millionenmal dichter als Wasser, doch die Energie existierte immer noch überwiegend in Form von Strahlung. Diese Strahlung konnte jedoch nicht mehr so leicht wie zuvor Teilchen erzeugen und zerstören. Zu Anfang erzeugte die Strahlung die gleiche Zahl von Protonen und Neutronen (und zusätzlich jede Menge Elektronen), aber da Neutronen schnell in Protonen und Elektronen zerfallen, wenn sie nicht in einem Atomkern gebunden sind, nahm die Zahl der Protonen beständig zu.

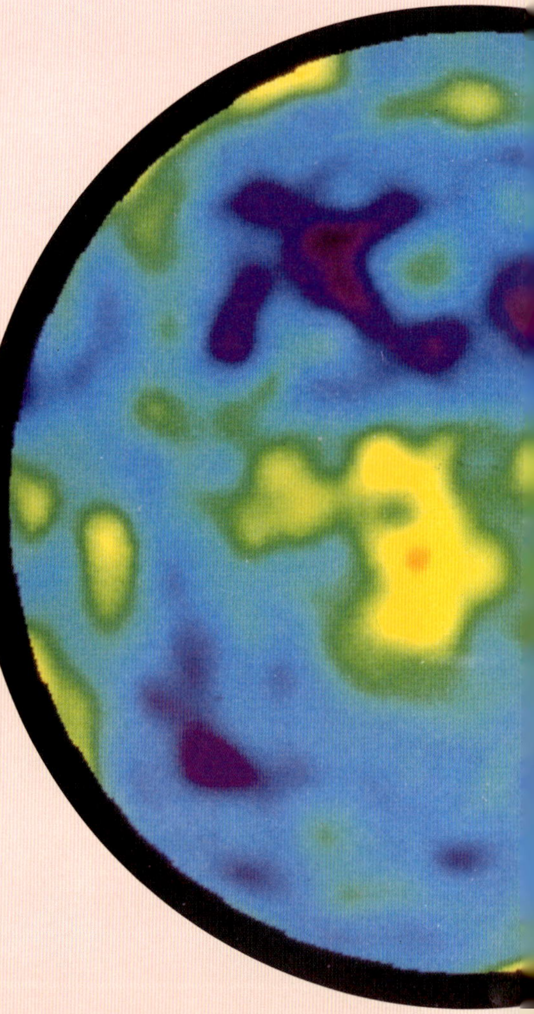

Ausfrieren bei drei Milliarden Grad

Als die Temperatur 13,8 Sekunden nach dem Zeitpunkt Null auf drei Milliarden K gefallen war, konnten sich vorübergehend Deuterium-Atomkerne bilden (ein Proton und ein Neutron). Diese wurden jedoch bald darauf bei Kollisionen mit anderen Teilchen auseinander gerissen. Drei Minuten und zwei Sekunden nach Null war die Temperatur auf eine Milliarde K gefallen, und das Verhältnis von Neutronen zu Protonen war auf knapp 14 Prozent gesunken. Doch die Neutronen wurden zumindest davor bewahrt, vollständig zu verschwin-

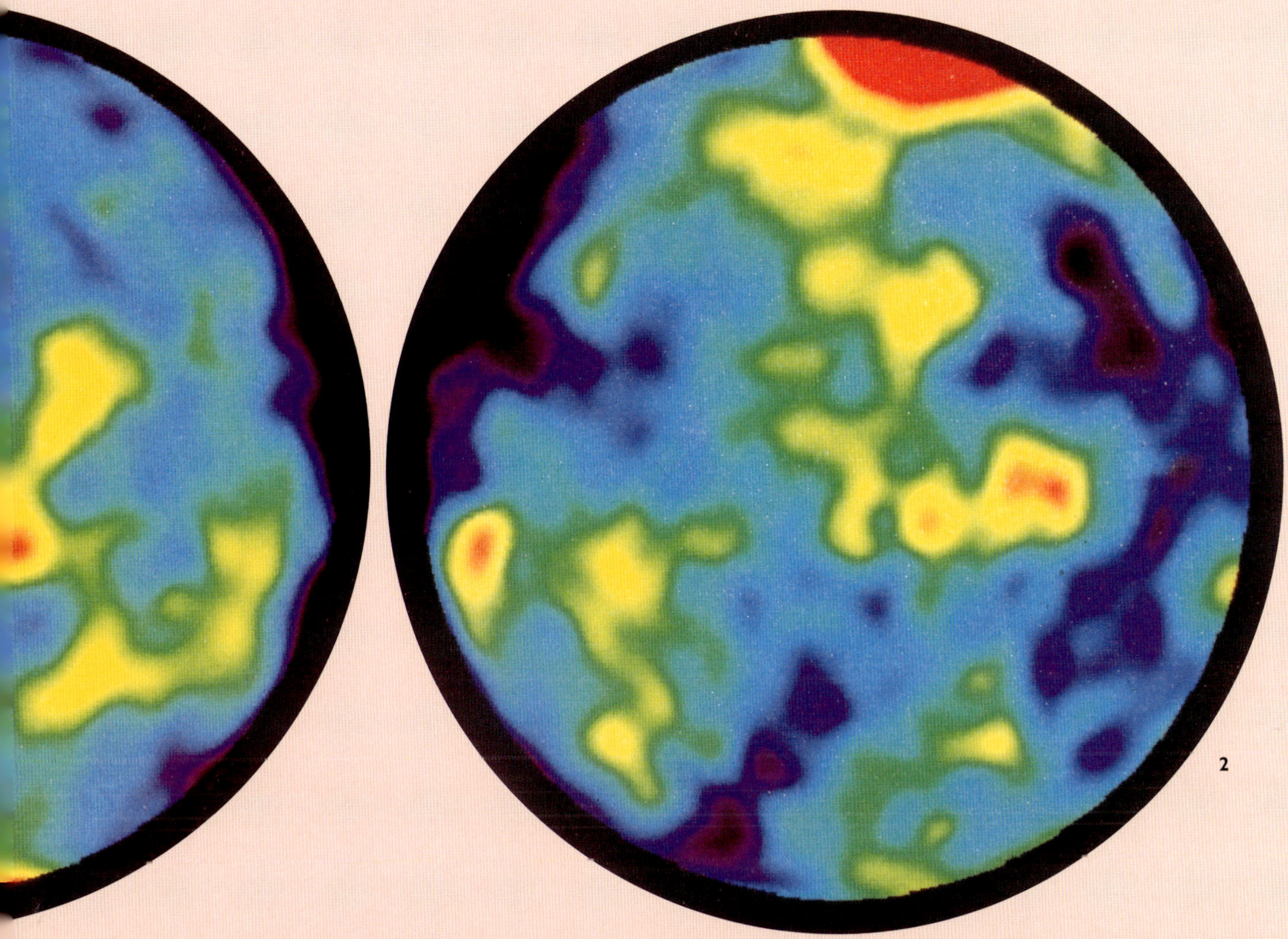

2

2. Detaillierte Karte der Temperaturunterschiede zu der Zeit, als das Universum etwa eine halbe Million Jahre alt war – basierend auf den vom COBE-Satelliten über einen Zeitraum von vier Jahren gesammelten Daten.

den. Denn endlich war es „kühl“ genug, dass Deuterium-Atomkerne und andere leichte Atomkerne sich permanent miteinander verbinden konnten.

Rettet die Neutronen

In einer Welle nuklearer Reaktionen innerhalb der nächsten paar Sekunden wurden fast sämtliche restlichen Neutronen im Universum zusammen mit Protonen in Helium 4-Kernen gebunden, wodurch eine Mischung aus etwa 25 Prozent Helium (in Bezug auf die Masse), nahezu 75 Prozent Wasserstoff und Spuren sehr leichter Elemente wie Deuterium und Lithium entstand. Dieser Prozess der Urknall-Nukleosynthese endete etwa drei Minuten und 46 Sekunden nach dem Beginn des Universums.

Die Standard-Urknalltheorie sagt exakt die Häufigkeiten der leichten Elemente voraus, die wir bei den ältesten Sternen auch tatsächlich vorfinden.

ZUM THEMA

1.3 Sternentwicklung
S. 53 Die Elementschmiede

2.2 2.2 Kosmologie für Anfänger
S. 94 Die Steady-State-Theorie

2.4 Die beschleunigte Expansion des Universums
S. 132 Quantenfluktuationen
S. 134–135 Ballons u. d. kosmische Hintergrundstrahlung

2.2 KOSMOLOGIE FÜR ANFÄNGER

Die Kosmologie begann als Spielerei von Mathematikern, die gerne mit den Gleichungen der Allgemeinen Relativitätstheorie experimentierten, welche das Verhalten von Raum, Zeit und Materie beschreibt. Diese Spielereien begannen kurze Zeit, nachdem Albert Einstein 1916 die Allgemeine Relativitätstheorie entdeckt hatte; davor beruhten alle Vorstellungen der Menschen bezüglich des Ursprungs des Universums und seines letztendlichen Schicksals ausschließlich auf philosophischen oder religiösen Erwägungen und besaßen keinerlei wissenschaftliche Basis.

Nach Einsteins Entdeckung wurden eine Vielzahl von Ideen zur Entstehung des Universums vorgestellt – Ideen, die allesamt auf seinen Gleichungen aufbauten. Aber es ließ sich unmöglich feststellen, welche dieser Vorstellungen mit dem tatsächlichen Universum übereinstimmten: Erst gegen Ende des 20. Jahrhunderts waren die Kosmologen in der Lage, ihre Berechnungen anhand genauer Beobachtungen des „Verhaltens" des echten Universums zu überprüfen.

EINE VIELZAHL VON WELTMODELLEN

Die Gleichungen der Allgemeinen Relativitätstheorie liefern mathematische Beschreibungen von unterschiedlichen Möglichkeiten der Wechselwirkungen zwischen Raum, Zeit und Materie, d. h. sie zeigen, wie *irgendein* Universum sich im Laufe der Zeit verändern könnte. Kosmologen ziehen es vor, den Begriff „das Universum" nur für die tatsächliche Version der Raum-Zeit zu verwenden, in der wir leben. Ihre hypothetischen mathematischen Versionen bezeichnen sie als „Weltmodelle". Mithilfe von Einsteins Gleichungen lassen sich sehr viele (wenn nicht sogar unendlich viele) Weltmodelle beschreiben, und das große Kunststück besteht jetzt darin, eines zu finden, das genau wie unser eigenes Universum aussieht.

Glücklicherweise ist unser Universum sehr simpel und mit einer sehr einfachen Version der Gleichungen zu beschreiben. Einstein selbst war nicht wenig erstaunt darüber und erklärte: „Das Unverständlichste am Universum ist im Grunde, dass wir es verstehen können."

Aber wie verständlich ist das Universum denn nun tatsächlich?

Einfache Modelle von Raum und Zeit

Die einfachste Unterteilung kosmologischer Modelle lässt sich im Hinblick auf die Expansion des Universums vornehmen. Das Universum dehnt sich zwar aus, aber die Anziehungskraft aller Materie im Universum versucht, die Expansion abzubremsen.

Der Unterschied zwischen den beiden Hauptmodellen lässt sich am leichtesten anhand eines geschlagenen Baseballs und einer startenden Rakete darstellen. Niemand könnte einen Ball so hart schlagen, dass er der Erdanziehungskraft entkommen kann. Letztendlich wird er abgebremst, bis er ganz zum Stillstand kommt und schließlich wieder zur Erde zurückkehrt. Doch eine ausreichend große Rakete kann mit solch einer hohen Geschwindigkeit

1

2

1. und 2. Kein Baseballspieler kann den Ball so hart schlagen, dass er nicht mehr zurück auf die Erde fällt. Um der Erdanziehungskraft zu entkommen, bedarf es schon einer sehr großen Rakete.

starten, dass sie der Erdanziehungskraft entkommt, die Erde verlässt und nie mehr zurückkehrt. Sie hat dann die so genannte „Flucht-“ oder „Entweichgeschwindigkeit“ erreicht, eine Geschwindigkeit, die nur von der Masse der Erde abhängt.

Nun stellt sich folgende Frage: Dehnt sich das Universum schnell genug aus, um seiner eigenen Schwerkraft zu entfliehen – wird es ewig expandieren oder aber eines Tages langsamer werden, zum Stillstand kommen und erneut kollabieren? Wie schnell sich das Universum ausdehnt, ist relativ leicht festzustellen; doch die Menge der Masse im Universum zu berechnen, war gar nicht so einfach. Daher hat es auch so lange gedauert, bis die Wissenschaft die Antwort fand.

Zwei Komplikationen

Dieses einfache Bild ist tatsächlich nicht ganz so einfach aufgebaut.

Zunächst einmal sehen Einsteins Gleichungen auch ein Glied vor, die so genannte „kosmologische Konstante“, die sich auf die Expansionsgeschwindigkeit auswirkt. In seinen Gleichungen wird sie durch den griechischen Buchstaben Lambda (Λ) repräsentiert, aber nichts in diesen Gleichungen verrät uns, welchen Wert Lambda besitzt. Abhängig von seiner Größe könnte Lambda als eine Art Anti-Schwerkraft agieren, die das Universum schneller expandieren lässt, oder aber als ein zusätzlicher Schwerkrafteinfluss, der die Expansion abbremst. Studien der Expansion des wirklichen Universums zeigen: Selbst wenn das Lambda-Glied tatsächlich existiert, muss es sehr klein sein. Daher setzten die Astronomen bis Mitte der 1990er Jahre den Wert dieser Konstante einfach gleich Null.

Bei der anderen Komplikation handelt es sich eigentlich eher um eine Kuriosität. Wenn man einen Ball *exakt* mit Fluchtgeschwindigkeit nach oben werfen könnte und sich ihm nichts in den Weg stellte, dann würde er ewig weiter fliegen, aber er würde auch ewig langsamer werden, und nach einer sehr langen Zeit würde er in unendlicher Entfernung über der Erde schweben, aber niemals zur Erde zurückkehren. Dieses Kuriosum ist deshalb so interessant, weil das Universum selbst sich in einem sehr ähnlichen Zustand zu befinden scheint. Dies lässt sich aber auch auf andere Weise ver-

DIE STEADY-STATE-THEORIE

In den 1940er Jahren entwickelten Fred Hoyle, Tommy Gold und Herman Bondi (rechts) ein Modell, mit dem sie die Expansion des Universums ohne einen Urknall erklären wollten. Ihre Theorie lautete: Wenn die expandierende Raum-Zeit neue Wasserstoffatome mit einer Rate von nur einem neuen Atom pro zehn Milliarden Kubikmeter Raum pro Jahr bilden würde, würden immer noch genügend Atome erzeugt, um neue Galaxien entstehen zu lassen, die die Lücken zwischen den sich voneinander fortbewegenden alten Galaxien füllen. Zu jedem beliebigen Zeitpunkt (jeder kosmischen Epoche) sähe dann das Universum genau so aus wie heute. Dieses Modell erhielt den Namen „Steady-State-Theorie“.

Als Kritik laut wurde, dass dieses Modell einer kontinuierlichen Erschaffung von Materie doch eine ziemlich abwegige Hypothese sei, wiesen die Anhänger der Steady-State-Theorie darauf hin, dass dies keineswegs abwegiger sei als der Gedanke, die gesamte Materie sei in einem einzigen Moment während des Urknalls entstanden.

Beobachtungen lieferten schließlich den Beweis dafür, dass sich das Universum im Laufe der Zeit verändert hatte, es befindet sich nicht in einem gleichbleibenden Zustand. Die Entdeckung und Untersuchung der kosmischen Hintergrundstrahlung bestätigten zusätzlich die Theorie des Urknalls. Daher halten wir heute die Urknalltheorie für das Modell mit der größten Wahrscheinlichkeit (weil sie die Tests bestanden hat), wohingegen die Steady-State-Theorie nur eines von vielen Modellen geblieben ist.

1 

2 

3 

anschaulichen, und zwar mithilfe der Geometrie.

Einsteins Geometrie

Die Allgemeine Relativitätstheorie beschreibt die Schwerkraft in Form von gekrümmter Raum-Zeit. Im Bereich rund um ein Schwarzes Loch krümmt die Materie im Schwarzen Loch die Raum-Zeit um sich selbst, so dass nichts entweichen kann. Der Raum rund um ein Schwarzes Loch gleicht der Oberfläche einer Kugel: Er ist „geschlossen". Geht man auf der Erde immer in eine Richtung, umrundet man den gesamten Planeten und landet wieder an seinem Ausgangspunkt. Wenn man also in einem geschlossenen Raum immer geradeaus geht, umrundet man diesen und kehrt an den Ausgangspunkt zurück. Das Innere eines Schwarzen Lochs ist ein solch geschlossenes Universum.

Im anderen Extremfall kann die Schwerkraft den Raum im entgegengesetzten Sinne krümmen. Dies lässt sich nur schwer darstellen, doch die Oberfläche eines Sattels vermittelt uns eine ungefähre Vorstellung davon. Eine solche Oberfläche bezeichnet man als „offen". Bei einem geschlossenen Weltmodell handelt es sich um ein Universum, das seiner eigenen Gravitationskraft nicht entkommen kann; ein offenes Weltmodell dagegen expandiert mit einer Geschwindigkeit, die über seiner eigenen Fluchtgeschwindigkeit liegt.

Es gibt jedoch einen Sonderfall, bei dem das Weltmodell flach ist, wie die Oberfläche einer glatten Tischplatte. In Einsteins Geometrie entspricht dies dem Spezialfall, in dem ein nach oben steigender Ball sich mit Fluchtgeschwindigkeit von der Erdoberfläche entfernt. Und unser wirkliches Universum scheint sich durch eine Geometrie auszuzeichnen, die genau diesem Sonderfall entspricht.

An der kritischen Grenze

Das flache Universum hat die „kritische Dichte", was bedeutet, dass die Dichte genau richtig ist, um den Raum flach zu machen. Kosmologen messen die Dichte von Weltmodellen in Form eines Parameters namens Omega (Ω). Bei einem flachen Universum ist $\Omega = 1$; bei einem offenen Universum ist Ω kleiner als 1 und bei einem geschlossenen Universum größer als 1.

Das Universum, in dem wir leben, dehnt sich aus, so dass seine Dichte im Laufe der Zeit abnimmt. Doch wenn das Universum dicht genug war, um als geschlossenes Universum aus dem Urknall hervorzugehen, dann wird es auch dicht genug bleiben, um weiterhin geschlossen zu sein – wobei wir einige der exotischeren Komplikationen einmal beiseite lassen wollen, die durch die kosmologische Konstante

1. In einem offenen Universum ergeben die Winkel eines Dreiecks weniger als 180°.

2. In einem flachen Universum ergeben die Winkel eines Dreiecks *exakt* 180°.

3. In einem geschlossenen Universum ergeben die Winkel eines Dreiecks mehr als 180°.

☆ Alexander Friedmanns Anwendung der Allgemeinen Relativitätstheorie lieferte bereits zu Beginn der 1920er Jahre eine Vielzahl von Weltmodellen.

1

verursacht werden können. Und wenn es als offenes Universum begann, wird es auch immer ein offenes Universum bleiben.

Auf die Spitze getrieben

Allerdings würde sich das Universum im Laufe der Zeit immer weiter von der kritischen Dichte entfernen. Betrug Ω zu Beginn des Universums etwas weniger als 1, dann sinkt der Wert von Ω beständig, während das Universum expandiert und seine Dichte abnimmt. Betrug Ω zu Beginn etwas mehr als 1, dann vollzieht sich die Expansion langsamer und der Wert von Ω nimmt im Laufe der Zeit immer mehr zu. Bis heute, etwa 14 Milliarden Jahre nach dem Urknall, müsste sich das Universum zu dem einen oder zu dem anderen Extrem hin entwickelt haben. Aber wenn wir unser Universum betrachten, sehen wir, dass es sich immer noch sehr nahe an der kritischen Dichte befindet.

Es ist sehr schwer, die Dichte des gesamten Universums zu bestimmen. Zunächst einmal zählt man alle leuchtenden Galaxien in einem bestimmten Raumvolumen und schätzt die Masse aller hellen Sterne in diesen Galaxien. Anhand der Art und Weise, mit der sich die Galaxien unter dem Einfluss der Schwerkraft in Galaxienhaufen bewegen, kann man abschätzen, wie viel „dunkle Materie" (▷ S. 117), die mit ihrer Gravitation an der leuchtenden Materie zerrt, um jede sichtbare Galaxie vorhanden sein muss. Rechnet man alles zusammen, stellt man fest, dass genügend Materie vorhanden ist, um mindestens zehn Prozent der kritischen Materiedichte zu erreichen – wahrscheinlich sogar 30 Prozent. Basierend auf der Dynamik der Galaxien ist damit Ω mindestens gleich 0,1 und möglicherweise größer als 0,3. Doch seit 14 Milliarden Jahren entfernt sich Ω immer weiter von 1. Wenn Ω heute gleich 0,1 ist, dann muss es während der ersten Sekunde des Urknalls auf $1:10^{60}$ genau gleich 1 gewesen sein, d. h. dass das Universum mit einer Genauigkeit von $1:10^{60}$ flach war.

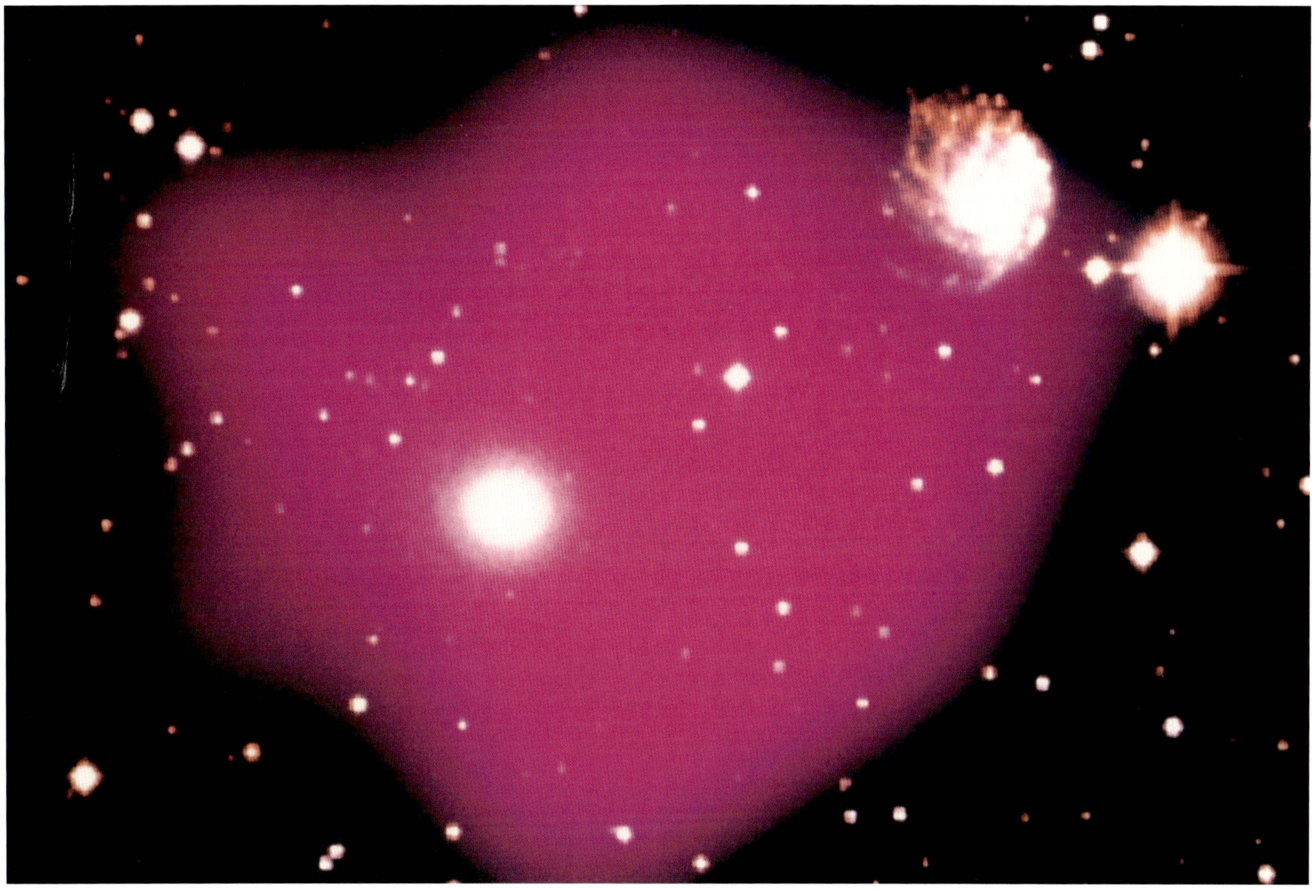

2

1. Farbaufnahme der Zentralregion des Fornax-Galaxienhaufens, der etwa 70 Millionen Lichtjahre von uns entfernt liegt.

2. Ein Hinweis auf die Existenz dunkler Materie: In dieser Fotomontage füllt eine Gaswolke, die nur bei Röntgenwellenlängen zu sehen ist (hier rosa eingefärbt), den Raum zwischen den Galaxien im Galaxienhaufen NGC 2300.

Mehr als gedacht

Viele Kosmologen glauben, dass deshalb der Wert des Omega-Parameters während des Urknalls exakt gleich 1 war. Man kann sich sonst nicht erklären, wie das Universum mit einem Wert in solcher Nähe zur kritischen Dichte beginnen konnte, ohne die kritische Dichte tatsächlich aufzuweisen. Die Tatsache, dass die Menge an Materie, die wir heute lokalisieren können, nur einem Ω-Wert zwischen 0,1 und 0,3 entspricht, stellt nach Ansicht der Kosmologen kein Problem dar, weil wir längst nicht alles im Universum entdeckt hätten und es noch mehr dunkle Materie (in welcher Form auch immer) geben muss, die den Parameter Ω vergrößert.

Entscheidend ist, dass ein Ω-Wert von 1 der einzige Wert ist, der gleich bleibt, während das Universum expandiert. Wenn Ω am Anfang gleich 1 ist, dann wird es auch immer 1 bleiben. Während das Universum sich ausdehnt und langsamer wird, verringert sich die Dichte im genau richtigen Maße, so dass in jeder Epoche die Geschwindigkeit, mit der das Universum expandiert, immer exakt gleich seiner eigenen Fluchtgeschwindigkeit ist. Dennoch hoffen einige Kosmologen, dass sogar noch mehr Materie existiert.

Das Phoenix-Universum

Woher kam der Urknall überhaupt? Bis gegen Ende des 20. Jahrhunderts favorisierten viele Kosmologen ein Weltmodell, bei dem ein endloser Kreislauf von Geburt, Tod und Wiedergeburt stattfindet. Genau wie der mythische Vogel Phoenix ein Ei legt, stirbt und dann wieder aus diesem Ei schlüpft, sobald es im Feuer

Die durchschnittliche Dichte des Universums liegt bei zehn bis einhundert Wasserstoffatomen pro Kubikkilometer Raum.

1

erhitzt wird, kann ein solches Universum sich selbst wieder erschaffen. Dies geschieht in einem Feuerball wie dem Urknall. Nach den bekannten Gesetzen der Physik *könnte* ein solches Weltmodell tatsächlich existieren. Aber würde dieses Modell auch das wirkliche Universum repräsentieren? Eine Grundvoraussetzung dafür ist, dass die Dichte des Universums über – vorzugsweise weit über – dem Wert der kritischen Dichte liegt, die für die Flachheit benötigt wird.

Wenn Ω größer als 1 ist, dann wird die Expansion des Universums früher oder später zum Stillstand kommen und sich danach umkehren, so dass schließlich alles im Universum in sich zusammenfallen und sich in einem Endknall, dem so genannten „Big Crunch", selbst zermalmen wird. Im Anfangsstadium eines solchen Kollapses würde das Leben ganz normal weitergehen, doch das Licht weit entfernter Galaxien würde blau- statt rotverschoben, da der Raum zu kontrahieren beginnt. Im Laufe der Zeit würde die Temperatur der kosmischen Hintergrundstrahlung ansteigen, aber es würde sehr lange dauern, bis die ersten Auswirkungen zu spüren wären.

Big Crunch und Big Bang oder Endknall und Urknall

Die erste wirkliche Veränderung im kontrahierenden Universum zeigt sich, wenn es etwa ein Prozent der Größe unseres heutigen Universums erreicht hat und die Galaxien miteinander zu verschmelzen beginnen. Auch dann betrüge die Temperatur der Hintergrundstrahlung nur 100 K, und es ist durchaus denkbar, dass selbst unter diesen Umständen noch Leben möglich wäre.

Zu dem Zeitpunkt, wenn das Universum auf etwa 0,1 Prozent der Größe unseres heutigen Universums geschrumpft wäre, würde die Blauverschiebung der Hintergrundstrahlung den gesamten Himmel so hell leuchten lassen

DAS ZEITQUANT

Die Kosmologen wissen, dass im Inneren von Schwarzen Löchern keine tatsächlichen Singularitäten (Punkte von unendlicher Dichte und null Volumen ▷ S. 87) existieren können und dass das Universum, so wie wir es kennen, nicht aus einer echten Singularität entstanden sein kann. Dies liegt daran, dass Raum und Zeit selbst „gequantelt" sind – es gibt eine kleinstmögliche Länge und eine kleinstmögliche Zeitspanne, beide bestimmt durch die Gesetze der Quantenphysik. Die kleinste Länge – nach dem Pionier der Quantenphysik, Max Planck (rechts) auch „Planck-Länge" genannt – beträgt 10^{-33} Zentimeter, ein Hundertstel von einem Milliardstel von einem Milliardstel der Größe eines Protons. Die kleinstmögliche Zeitspanne (die so genannte „Planck-Zeit") ist der Zeitraum, den das Licht benötigt, um diese winzige Strecke zurückzulegen, nämlich 10^{-43} Sekunden.

Obwohl es sich dabei um unvorstellbar kleine Größen handelt, ist ihr Wert nicht gleich Null. Dies ist deshalb wichtig, weil die Physiker in ihren Gleichungen dann nicht durch Null teilen müssen, so dass sie bei ihren Berechnungen keine unendlichen Werte – Singularitäten – erhalten. Daraus ergibt sich Folgendes: Unabhängig davon, welches Ereignis unser Universum geschaffen hat, wurde das Universum im Alter von 10^{-43} Sekunden mit einer endlichen Dichte „geboren", und dies war der Moment, als die Zeit begann.

1. Genau wie der mythische Vogel Phoenix entstand auch das Universum möglicherweise aus einem Feuer und durchlief vielleicht sogar mehrere Lebenszyklen.

2 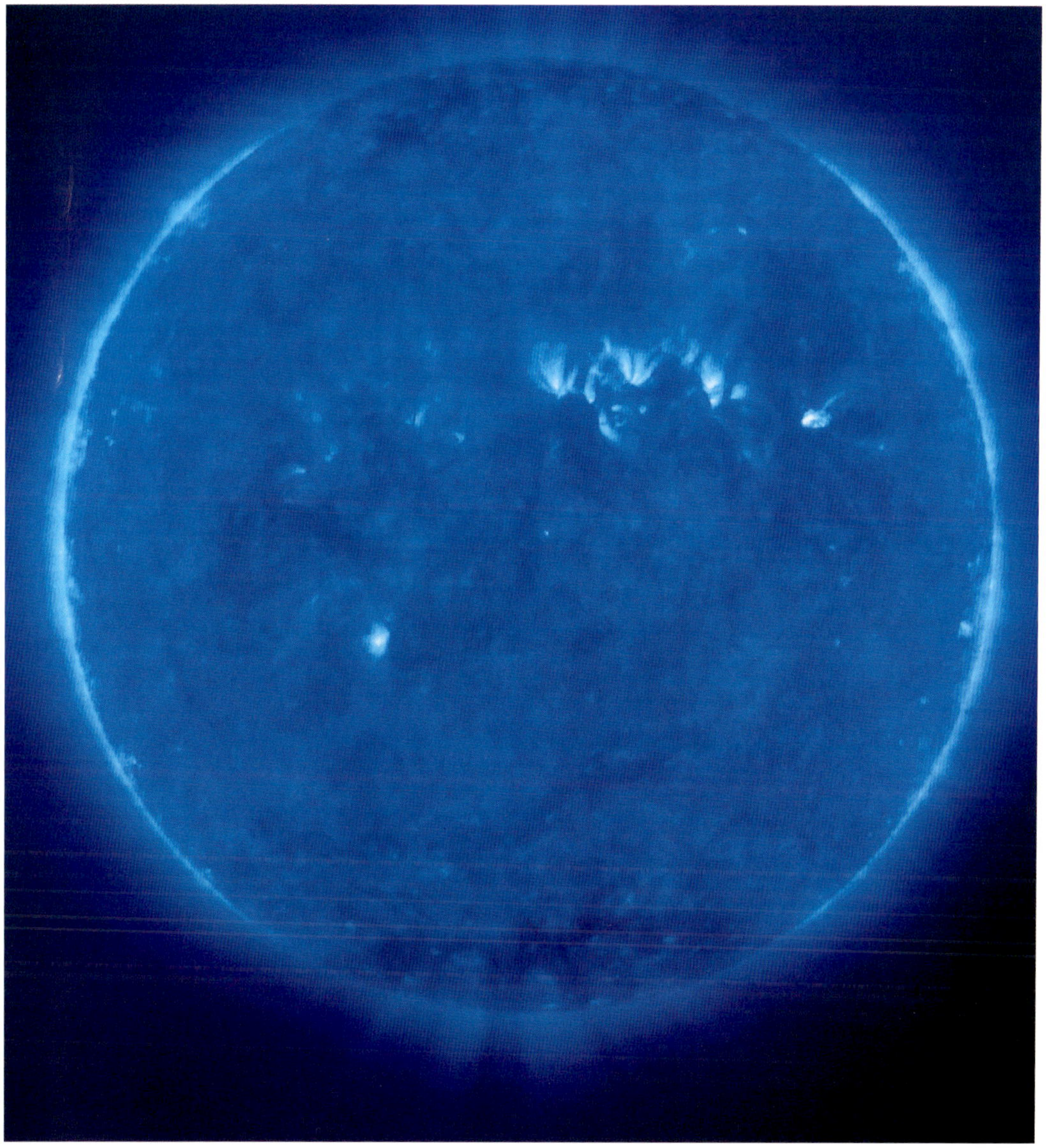

2. Im Spätstadium eines kollabierenden Universums wäre das blauverschobene Licht des gesamten Himmels so heiß wie unsere Sonne.

wie die Oberfläche unserer heutigen Sonne. Die Hintergrundstrahlung besäße eine Temperatur von mehreren tausend Kelvin, und Leben, wie wir es kennen, wäre unmöglich. Bald danach, etwa ein Jahr vor dem Endknall, wäre die Hintergrundstrahlung heißer als das Innere eines Sterns, und alles Leben wäre ausgelöscht. Die Sterne selbst würden von der Strahlung auseinander gerissen und in ihre Bestandteile zerlegt. Kurz vor dem Endknall würden die gigantischen Schwarzen Löcher in den Zentren der Galaxien miteinander zu verschmelzen beginnen. Doch das Verschmelzen der Schwarzen Löcher ist ein „Alles-oder-Nichts-Prozess", und damit würde der Kollaps schlagartig einsetzen und den Endknall verursachen.

Was danach passiert, ist größtenteils Spekulation. Ein Szenario lautet: Diese dramatische Verschmelzung der Singularitäten würde einen „Umschwung" erzeugen, so dass der Kollaps nach außen gekehrt und sich das Universum in einem neuen Urknall wieder ausdehnen würde. Nach dieser Vorstellung könnte unser Urknall vielleicht der Endknall eines davor liegenden

Alexander Friedmann starb 1925 an Lungenentzündung, nach einer Ballonfahrt zur Wetterbeobachtung.

Zyklus aus Expansion und Kontraktion gewesen sein, nur einer von vielen in einem sich endlos wiederholenden Rhythmus.

Die Umkehrung der Zeit

Ein äußerst erstaunliches Phänomen wäre mit einem kollabierenden Universum verbunden – zumindest nach Meinung einiger Mathematiker. In den 1960er Jahren vertrat der Kosmologe Tommy Gold die Ansicht, dass die Zeit während der Phase des Kollapses rückwärts laufen müsste.

Da die Gesetze der Physik keinen „Zeitpfeil" kennen, d. h. von der Richtung der Zeit unabhängig sind, würden sie genauso gelten, wenn man die Richtung der Zeit in den Gleichungen umkehrte. Gold erklärte, dass die Sterne in einem kollabierenden Universum Strahlung aus dem Raum aufnehmen würden, anstatt Licht auszustrahlen. Im Inneren der Sterne käme es durch die einströmende Energie zu nuklearen Reaktionen, bei denen Helium zu Wasserstoff umgewandelt würde, während auf einem Planeten wie unserer Erde Eiswürfel Wärme ausstrahlten, an Größe gewinnen würden und Lebewesen sich vom Alter zur Jugend zurück entwickelten.

Bei einer rückwärts laufenden Zeit könnte man annehmen, dass die Welt ziemlich merkwürdig aussehen würde. Aber der entscheidende Faktor in Golds Vision ist, dass die Bewohner einer solchen Welt das vielleicht nie bemerken würden. Wenn die Zeit rückwärts läuft, laufen auch die Gedankenprozesse rückwärts, die intelligente Lebewesen erst zu intelligenten Lebewesen machen. Ein während der Kontraktionsphase des Universums existierendes intelligentes Lebewesen würde im Vergleich zu uns „rückwärts" denken und würde immer noch beispielsweise Wärme von heißen Objekten zu kühleren Objekten strömen „sehen". Die Pointe dabei ist, dass wir tatsächlich in einem kontrahierenden Universum leben könnten, ohne uns dessen überhaupt bewusst zu sein!

Diese faszinierende, aber auch provozierende Vorstellung hat verschiedene Kosmologen zu dem Versuch angeregt, eine mathematische Beschreibung für die Vorgänge in solch einem Universum aufzustellen und herauszufinden, ob die Zeit tatsächlich zurücklaufen kann oder nicht. Bisher fanden sie noch keine definitive Antwort auf die Frage, ob die Zeit rückwärts läuft, wenn sich ein Universum zusammenzieht. Und anhand des Umstands, dass Hawking bei der Lösung des Rätsels mindestens zweimal seine Meinung geändert hat, lässt sich erahnen, wie schwierig diese Aufgabe ist. Doch im Augenblick hat es den Anschein, als bliebe diese Frage auch weiterhin rein hypothetisch. Es mag zwar sein, dass gerade eben genügend Materie in unserem Universum existiert, um es flach zu machen, doch es häufen sich die Beweise dafür, dass es nicht mehr als diese vorhandene Masse-Energie gibt und sich das Universum ewig ausdehnen wird. Eines der größten Rätsel und damit der größten Aufgaben der Kosmologie besteht darin, genügend Masse zum „Abflachen" des Universums zu finden.

1. Nach Ansicht einiger theoretischer Astrophysiker würde die Zeit in einem kollabierenden Universum rückwärts laufen und Wassertropfen würden von den Wellen im Teich nach oben fallen.

1

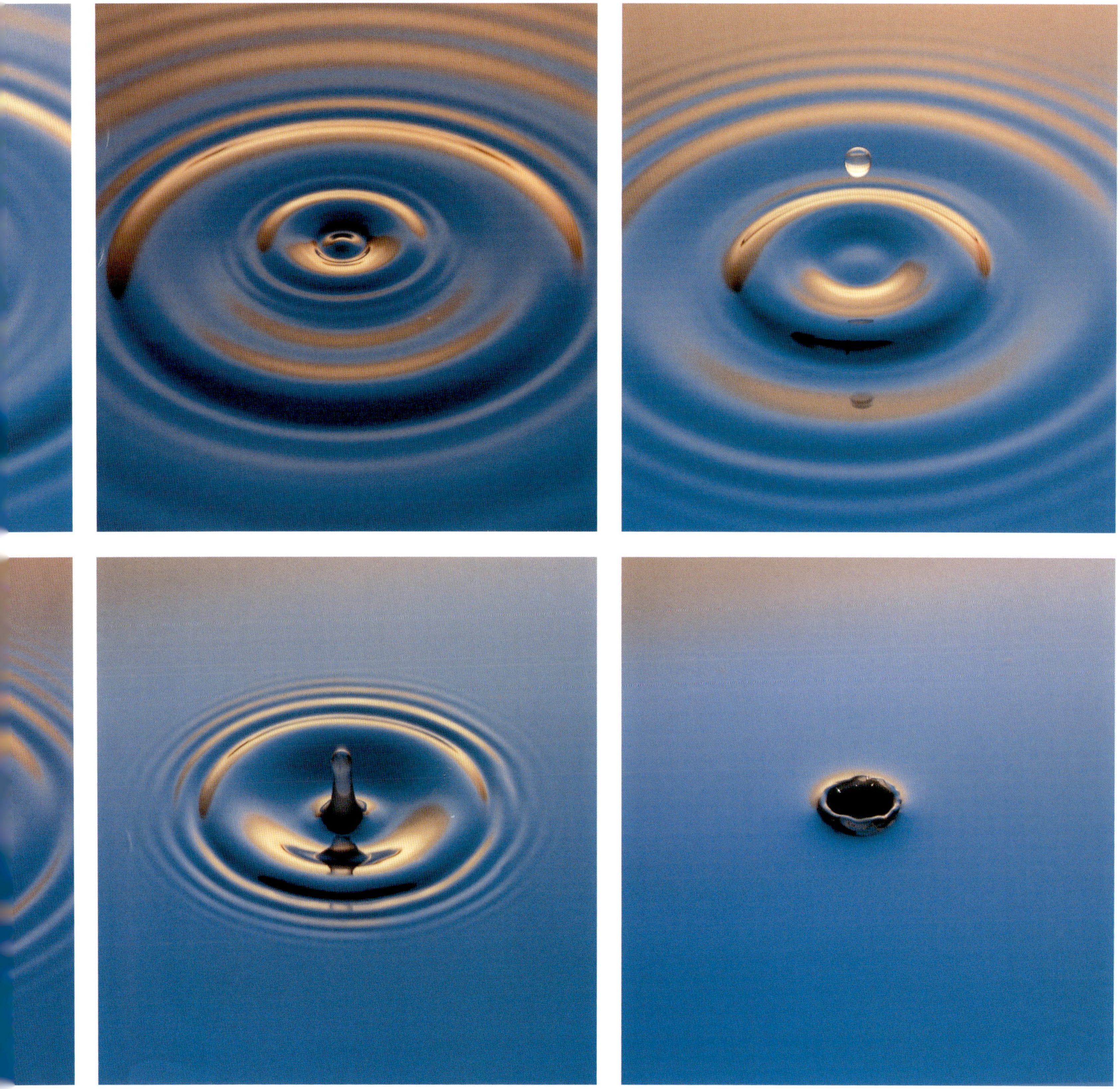

DER ZEITPFEIL

Eines der verwirrendsten Rätsel in der Wissenschaft ist der Ursprung des „Zeitpfeils". Wir alle wissen, dass es einen Unterschied zwischen Vergangenheit und Zukunft gibt, doch woher stammt dieser Unterschied? In den Gesetzen der Physik finden wir diesen Unterschied nicht. Bei dem klassischen Beispiel zweier Billardkugeln, die miteinander kollidieren und sich dann voneinander fortbewegen, lassen sich die Gesetze der Physik ebenso gut auch zur Beschreibung der gleichen Kollision bei rückwärts laufender Zeit heranziehen. Dennoch scheint der Zeitpfeil mit der Art und Weise zusammenzuhängen, in der eine sehr große Anzahl von Objekten miteinander reagiert.

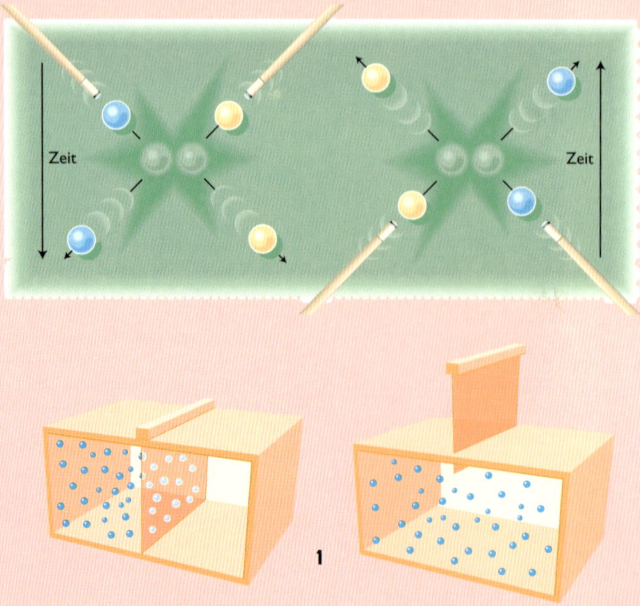

1

Die Zeit im Kasten

Stellen wir uns einmal einen Kasten vor, der in der Mitte durch eine bewegliche Zwischenwand unterteilt wird und dessen eine Hälfte mit Rauch gefüllt ist, während die andere Hälfte leer bleibt. Zieht man nun die Trennwand heraus, dann verteilt sich der Rauch im gesamten Kasten. Doch man wird es nicht erleben, dass der Rauch wieder in eine Kastenhälfte zurückkehrt. Beim Betrachten zweier Fotografien des Kastens, eine mit dem Rauch in einer Hälfte und eine mit dem Rauch im gesamten Kasten, wissen wir genau, welche Aufnahme zuerst entstand.

Mathematisch ausgedrückt, besteht der Unterschied zwischen den beiden Situationen darin, dass man weniger Informationen benötigt, um den mit Rauch gefüllten Kasten zu beschreiben. Im halb leeren Kasten gibt es einen Ordnungszustand, der verloren geht, wenn der Kasten gleichmäßig mit Rauch gefüllt ist. Der Ordnungszustand wird mit einer physikalischen Größe namens Entropie gemessen. Es gilt: Eine Verminderung des Informationsgehalts (Zunahme der Unordnung) entspricht einer Zunahme an Entropie. Im Laufe der Zeit nimmt die Entropie im gesamten Universum beständig zu.

2

3

Lokale Ordnung

Überlässt man die Dinge sich selbst, nimmt die Unordnung zu. Wir können nur unter Einsatz von Energie eine lokale Ordnung schaffen. Auf der Erde stammt jede Form von Energie letztendlich von der Sonne. Doch die von den Energie freisetzenden Prozessen im Inneren der Sonne verursachte Zunahme an Entropie ist wesentlich höher als die Verringerung an Entropie, die die Handlungen der Lebewesen auf der Erde bewirken. Auch wenn die Entropie auf einem Planeten wie der Erde vorübergehend abnehmen kann, so nimmt sie im Universum insgesamt doch beständig zu. Und die Zeit zeigt in Richtung der zunehmenden Entropie.

4

5

1. Obwohl einzelne Kollisionen zwischen Atomen und Molekülen umkehrbar scheinen, offenbart das Verhalten großer Mengen von Molekülen in einem Gas die Richtung der Zeit.

2. und 3. Rostende Wagen (links) und Feuer (4. und 5.) zeigen den Zeitpfeil in der wirklichen Welt an.

Die Zeit und das Universum

Ein anderer Hinweis für den Verlauf der Zeit ist die Tatsache, dass in der Natur Wärme immer von einem heißeren Objekt zu einem kühleren Objekt fließt. Daher bestünde eine andere Definitionsmöglichkeit für den Zeitpfeil darin, dass er vom heißen Urknalls fortzeigt, hin zu einer kalten Zukunft. Wenn sämtliche Sterne ihre Brennstoffvorräte verbraucht haben, dann wird alles im Universum die gleiche Temperatur aufweisen. Das Universum wird dann einheitlich sein, ohne jedes Muster oder Ordnungszustand, und es wird nicht möglich sein, eine Position im Raum von einer anderen zu unterscheiden. Die Zeit wird zum Stillstand kommen. Dies bezeichnet man auch als den „Wärmetod" des Universums, der unweigerlich eintreten wird, wenn das Universum dazu bestimmt ist, sich ewig auszudehnen. Alle Beweise deuten darauf hin, dass dies das Schicksal unseres Universums sein wird.

ZUM THEMA

2.1 Der Urknall
S. 87 Die Anfangssingularität

2.2 Kosmologie für Anfänger
S. 100 Die Umkehrung der Zeit

2.4 Die beschleunigte Expansion des Universums
S. 129 Das Schicksal des Universums

4.2 Viele verschiedene Universen
S. 209 Hawkings Universum

2.3 FEHLENDE MASSE UND DIE GEBURT DER ZEIT

Anfang der 1970er Jahre gelangten die Kosmologen mehr und mehr zu der Überzeugung, dass die Urknalltheorie mehr als nur ein Modell sein könnte und möglicherweise eine passable Beschreibung des tatsächlichen Universums bietet. Doch zur damaligen Zeit war man von einer exakten Beschreibung des Universums noch weit entfernt. Die Grundidee des Urknalls schien vernünftig, aber es bereitete noch Probleme, das genaue Erscheinungsbild unseres Universums mit den physikalischen Gesetzen des Urknalls selbst in Verbindung zu bringen. Diese Probleme konzentrierten sich auf die beobachtbare Tatsache, dass unser Universum zwar homogen ist, aber nichtsdestotrotz Unregelmäßigkeiten enthält.

Der Durchbruch gelang erst, als Kernphysiker erstmals ihre Theorien – basierend auf Studien des Verhaltens von Teilchen bei sehr hohen Energien – auf die Urknalltheorie anwandten. Zur Klärung dieser bis dahin rätselhaften Vorgänge waren neue Thesen zu den Ereignissen in den ersten „Lebensmomenten" des Universums nötig und neue Beobachtungen, um diese Thesen zu überprüfen.

Vorhergehende Seite: Optische Aufnahme des Omega-Nebels, der in 6.000 Lichtjahren Entfernung im Sternbild Schütze liegt.

FRAGEN DES URKNALLS

Vor 1960 war die Kosmologie nur eine mathematische Spielerei, bei der einige wenige Experten mögliche Weltmodelle untersuchten, welche die Allgemeine Relativitätstheorie zuließ. Doch in den 1960er Jahren stellten sie erfreut, wenn auch etwas überrascht fest, dass eine dieser Theorien, nämlich die des Urknalls, anscheinend eine recht genaue Beschreibung des Universums lieferte, in dem wir leben. Die Entdeckung der kosmischen Hintergrundstrahlung und die Klärung der Frage, wie der primordiale Wasserstoff und das primordiale Helium (die zur Bildung der ersten Sternengeneration führten) in den ersten vier Minuten des Urknalls entstanden, hatten zur Folge, dass die Urknalltheorie allmählich ernst genommen wurde. Aber in den 1970er Jahren erkannten die Kosmologen, dass es bei der Urknalltheorie ein Problem gab, mit dem sie nie gerechnet hätten: In gewisser Hinsicht schien diese Theorie zu schön, um wahr zu sein.

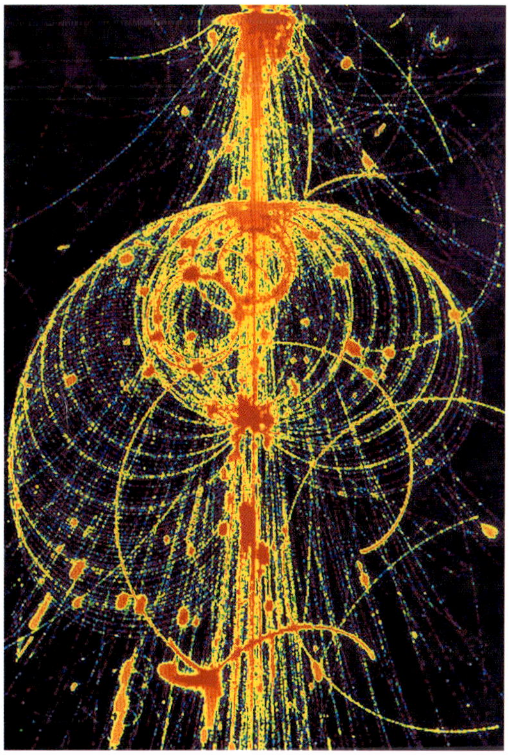

1

2

1. und 2. Fotografien der Wechselwirkungen zwischen subatomaren Teilchen bei Experimenten in den Teilchenbeschleunigern von CERN, dem Europäischen Laboratorium für Teilchenphysik in Genf.

Das, was einmal das gesamte sichtbare Universum werden sollte, benötigte nur 0,000 000 000 001 Sekunden (10^{-12} s), um sich aus einem Volumen, das kleiner war als ein Atom, auf die Größe des Sonnensystems auszudehnen.

1. Auf der Skala von Sternen und Galaxien gesehen, erscheint das Universum nicht gleichförmig. Sterne bilden Muster wie das Kreuz des Südens.

2. Flachheit ist eine Frage der Perspektive: Der Boden unter unseren Füßen scheint flach, obwohl die Erde eine Kugel ist.

1

Das Problem der Flachheit

Tatsächlich gab es sogar mehrere solcher Probleme, die die Kosmologen in den 1970er Jahren verwirrten. Das erste Problem dreht sich um die Frage, warum das Universum nahezu (wenn nicht sogar vollkommen) flach ist (▷ S. 95). Wie wir gesehen haben, müsste sich das Universum im Laufe der Zeit immer weiter von $\Omega = 1$ entfernt haben, egal auf welcher Seite der kritischen Dichte es während des Urknalls begann. Dass das Universum nach fast 15 Milliarden Jahren noch immer annähernd perfekt flach erscheint, ist so wahrscheinlich wie der Versuch, einen Bleistift mit der Spitze auf einen Tisch zu stellen, aus dem Raum zu gehen und nach 15 Milliarden Jahren zurückzukehren, um festzustellen, dass der Bleistift noch so dasteht, wie man ihn verlassen hat. Die einzig mögliche Erklärung dafür schien, dass es ein Naturgesetz geben musste, das das Universum zwang, exakt flach zu sein. Doch in den 1970er Jahren konnte sich niemand vorstellen, um welches Gesetz es sich dabei handeln könnte.

2

Das Problem der Gleichförmigkeit

Ein weiteres großes Rätsel ist, dass das Universum unglaublich gleichförmig ist. Betrachtet man das Muster der Sterne am Nachthimmel oder die Gruppierung von Galaxien in Galaxienhaufen, mag man es kaum glauben. Doch dies sind in Wirklichkeit kleinräumige Phänomene. Was wirklich zählt, ist die Gleichförmigkeit des dunklen Raums selbst – die Glattheit der Raum-Zeit. Aus der Ferne betrachtet, erscheint die Oberfläche der Erde glatt, was sie im Verhältnis zu ihrem Durchmesser auch tatsächlich ist. Ein 12,7 Kilometer hoher Berg stellt nur eine winzige Erhebung dar, die nur einem Tausendstel des Erddurchmessers entspricht, auch wenn uns der Berg noch so gigantisch erscheinen mag. Daher muss die Gleichförmigkeit des Universums im größtmöglichen Maßstab betrachtet werden, mithilfe der kosmischen Hintergrundstrahlung, dem Echo des Urknalls.

Nur der Raum expandiert schneller als das Licht.

1

2

Die Hintergrundstrahlung besitzt überall am Himmel die gleiche Temperatur, sie ist isotrop. Dies zeigt, dass das Universum in einem sehr gleichförmigen Zustand aus dem Feuerball des Urknalls hervorgegangen ist und dass selbst Galaxienhaufen in der gesamten Gleichförmigkeit des Universums nur winzige Erhebungen darstellen.

Man kann das Ganze aber auch anders betrachten: Das Universum ist nicht nur in alle Richtungen gleich, es ist (im Durchschnitt) auch *überall* gleich. Die Erhebungen sind wahllos über den Raum verteilt. Das Schlagwort heißt hier „Homogenität". Wir können die Homogenität des Raums erkennen, wenn wir zwei Aufnahmen des Hubble-Weltraumteleskops betrachten – eine von einem nördlichen Himmelsfeld („Deep Field North") und eine von einem südlichen („Deep Field South"). Sie zeigen Bilder von sehr weit entfernten Galaxien, die auf entgegengesetzten Seiten des Himmels liegen. Aber abgesehen von oberflächlichen Unterschieden sehen sie exakt gleich aus. Die gleichen Galaxienarten, auf die gleiche Weise gruppiert. In den Fotografien finden wir keinerlei Hinweise darauf, in welchem Teil des Universums sich diese Galaxien befinden, obwohl sie Regionen im Raum einnehmen, die Milliarden von Lichtjahren voneinander entfernt liegen. Im Universum gibt es keinerlei „Klumpen", es ist homogen. Oder zumindest nahezu homogen, schließlich sind da ja noch die Galaxien und Galaxienhaufen. Und während der 1970er Jahre stellte genau dies das nächste Problem dar.

Das Problem der Galaxien

Als sich die Untersuchungsmethoden der Hintergrundstrahlung verbesserten und ihre Gleichförmigkeit mit zunehmender Präzision gemessen werden konnte, drängte sich immer stärker die Frage in den Vordergrund, wie sich die Galaxien überhaupt hatten bilden können. Galaxien entstehen, wenn riesige Gaswolken unter ihrer eigenen Anziehungskraft, ihrem eigenen Gewicht kollabieren. Aber dieser Kol-

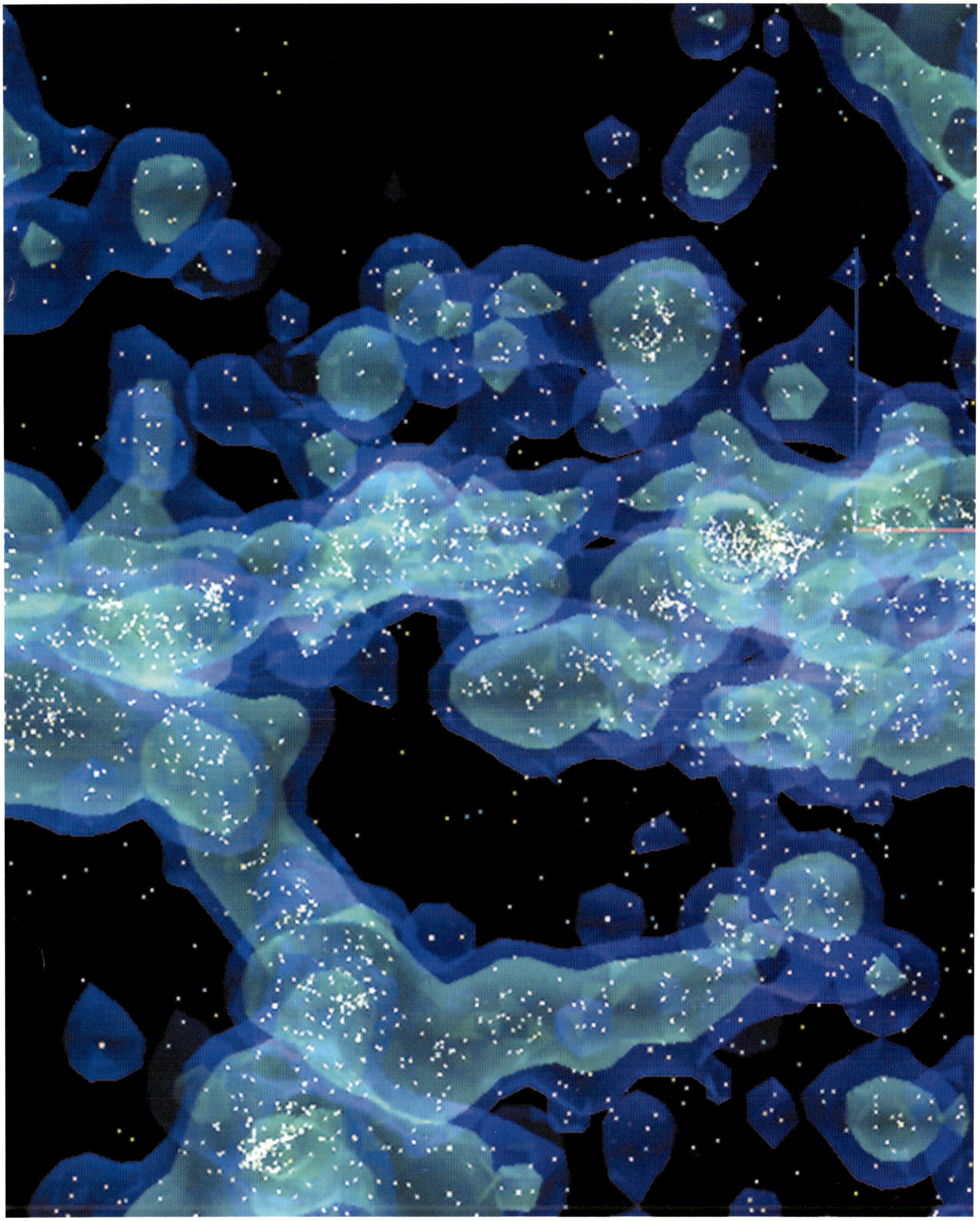

3

1. und 2. Das Universum sieht überall gleich aus, egal in welche Richtung man blickt. Die obere Aufnahme wurde mit dem Hubble-Weltraumteleskop gemacht, das in den Nordhimmel gerichtet war. Die Aufnahme darunter zeigt ein ähnliches Bild vom Südhimmel.

3. Die Verteilung der Galaxien am Himmel ist nicht vollkommen zufällig, stattdessen bilden die Galaxien Anhäufungen und Filamente.

1

2

1. Die Mikrowellen, die zur Kartierung des Universums eingesetzt werden, sind mit denen in der Telekommunikation verwendeten vergleichbar.

2. Alan Guth, einer der Pioniere der Inflationstheorie.

3. Gegenüberliegende Seite: Diese Computersimulation zeigt, wie sich Materie im expandierenden Universum zusammenklumpt.

laps kann erst einsetzen, wenn einige Regionen des Universums dichter sind als andere. Wenn alles perfekt gleichförmig wäre, dann würde die Schwerkraft gleichmäßig in alle Richtungen ziehen und alles würde mit der Expansion des Universums fortgetragen werden. Es bedarf einiger anfänglicher Klumpigkeit, um die „Keime" zur Verfügung zu stellen, aus denen die Galaxien hervorgehen können. Diese Keime müssen schon gegen Ende der „Feuerballphase" des Urknalls – 300 000 bis 500 000 Jahre nach dem Beginn der Zeit – vorhanden gewesen sein, als die Strahlung (aus der die Hintergrundstrahlung entstand) zum letzten Mal mit der Materie wechselwirkte.

Daher müssten die aus dieser Zeit stammenden Unebenheiten des Universums, die zur Entstehung der Galaxien führten, ihren Abdruck in der kosmischen Hintergrundstrahlung hinterlassen haben. Doch warum hatte man nichts dergleichen feststellen können? Die Antwort lautet: Die Unebenheiten waren zu klein. Die Keime, aus denen die Galaxien und Galaxienhaufen hervorgingen, mussten tatsächlich einen Abdruck auf der Hintergrundstrahlung hinterlassen haben, aber einen, der heute einem Temperaturunterschied zwischen verschiedenen Himmelsteilen von nur 30 Millionstel Grad entspricht. Damals bestand keine Aussicht darauf, diese winzigen Rippeln in der Hintergrundstrahlung von der Erdoberfläche aus jemals zu entdecken. Doch Mitte der 1970er Jahre begann man, einen Satelliten zu entwerfen und zu bauen, der nach den vorhergesagten Störungen in der Hintergrundstrahlung suchen sollte. Es dauerte allerdings noch bis Ende der 1980er Jahre, bis der Satellit COBE seine Tätigkeit aufnahm und die Vorhersagen der Theoretiker auf triumphale Weise bestätigte. Doch zu diesem Zeitpunkt war die Theorie des Universums bereits einem radikalen Umdenken unterzogen worden, das die Probleme des Urknalls löste.

Das „Planieren" des Universums

Das Standard-Urknall-Modell beschreibt alle Vorgänge, die sich in dem Zeitraum von 0,0001 Sekunden (10^{-4} s) nach dem „Zeitpunkt Null", als die Temperatur des Universums 1 Billion Grad (10^{12} K) betrug, bis etwa 500 000 Jahre später – als Materie und Strahlung sich bei einer Temperatur von 6.000 K entkoppelten – im Universum ereigneten. Was vorher geschah, konnte das Standardmodell nicht erklären. Dazu reichte das Physikverständnis in den 1960er Jahren nicht aus. Als jedoch die Physiker mithilfe ihrer Teilchenbeschleuniger und neuer Theorien derart extreme Zustände zu erforschen begannen, boten die neuen Entdeckungen eine Erklärung für die Frage, wie das Universum so flach und gleichförmig werden konnte.

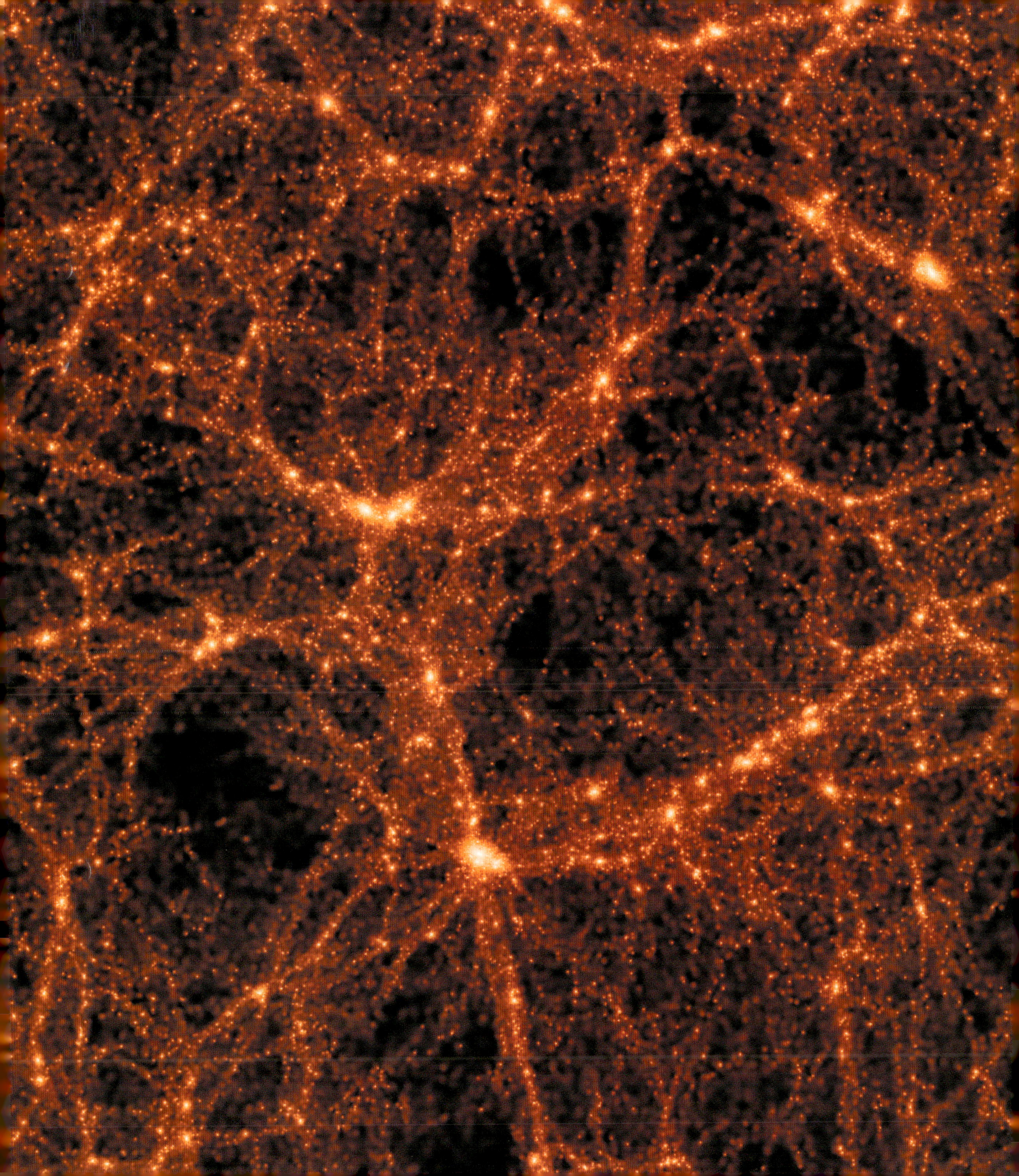

Zwei neue Anfänge

Gegen Ende der 1970er Jahre erfuhr die Kosmologie eine große Veränderung, als ihr eine Fülle neuer Ideen von den Teilchenphysikern zufloss, die sich mit den Vorgängen bei sehr hohen Energien (welche Temperaturen von über 10^{12} K entsprechen) beschäftigten. Zwei Forscher an entgegengesetzten Enden der Welt entdeckten unabhängig voneinander die gleiche Lösung für das Rätsel des Urknalls. Die beiden Wissenschaftler besaßen aufgrund ihrer intensiven Beschäftigung mit der Teilchenphysik genau den Hintergrund, den sie dafür benötigten.

Die beiden jungen Wissenschaftler, denen dieser Durchbruch gelang, waren Andrei Linde und Alan Guth. Ihre Theorie beschreibt zwar sehr schwierige physikalische Zusammenhänge, doch können wir auch ohne genaue Detailkenntnisse nachvollziehen, wie sie das Problem des Urknalls lösten.

Die Inflation des Universums

Alle Probleme des Urknalls ließen sich auf einen Schlag lösen, wenn sich das Universum im ersten Sekundenbruchteil nach dem Zeitpunkt Null enorm ausgedehnt hätte, also lange vor dem Zeitpunkt, an dem das Standard-Urknall-Modell ansetzt. In diesem Szenario wurde während dieses ersten Sekundenbruchteils das Universum – als es selbst noch ein winziger Keim (kleiner als ein Atom) war, der aber schon alle Masse-Energie enthielt, aus dem sich das sichtbare Universum entwickeln sollte – von irgendetwas erfasst und enorm aufgebläht. Diesen Vorgang bezeichnet man als „Inflation".

Auf den ersten Blick lässt sich schwer nachvollziehen, wie sich in dem winzigen Zeitraum zwischen dem Zeitpunkt Null und 0,0001 Sekunde überhaupt irgendetwas ereignen konnte. Aber 100 Sekunden enthalten zehnmal mehr Zeit als zehn Sekunden und 0,0001 s zehnmal mehr Zeit als 0,00001 s und so weiter. Nach der Inflationstheorie verdoppelte sich der Keim des Universums alle 10^{-34} s. Daher können in einem Zeitraum von nur 10^{-32} s 100 Verdopplungen stattfinden, weil 10^{-32} s 100-mal größer ist als 10^{-34} s. Doch schon 150 Verdopplungen reichen aus, um

ABGELENKTES LICHT

In einem der ersten Tests zur Überprüfung der Allgemeinen Relativitätstheorie wurde während der totalen Sonnenfinsternis von 1919 gemessen, wie das Licht weit entfernter Sterne von der Sonne abgelenkt wird. Heute, fast 100 Jahre später, können Astronomen untersuchen, wie Licht aus den Tiefen des Universums von ganzen Galaxien (oder sogar Galaxienhaufen, rechts), die zwischen uns und der Lichtquelle liegen, abgelenkt wird.

Mitte der 1980er Jahre entdeckten Astronomen zwei riesige leuchtende Bögen am Himmel (jeder etwa 90 000 Parsec lang und etwa 9.000 Parsec breit). Seitdem sind noch eine ganze Reihe solcher Bögen entdeckt worden: Bei dem schönsten Exemplar besitzt das Licht des Bogens eine Rotverschiebung von 0,724, aber der Bogen liegt auf der gleichen Sichtlinie wie ein Galaxienhaufen mit einer Rotverschiebung von 0,374. Vermutlich stammt das Licht des Bogens von einer Galaxie, die doppelt so weit entfernt ist wie der Haufen. Dieses Licht wurde auf seinem Weg zu uns von der Gravitation des Galaxienhaufens wie von einer optischen Linse abgelenkt, so dass ein vergrößertes und verzerrtes Bild der Galaxie entstand, von der das Licht ausgeht.

Berechnungen zeigen, dass die an diesem Linseneffekt beteiligten Galaxienhaufen nur solche riesigen Vergrößerungen erzeugen können, wenn sie mindestens zehnmal mehr Masse besitzen, als wir in Form heller Sterne in ihnen sehen können. Dies ist ein wichtiger Beweis für die Richtigkeit der These, dass es sich bei mindestens 90 Prozent der Materie im Universum um dunkle Materie handelt.

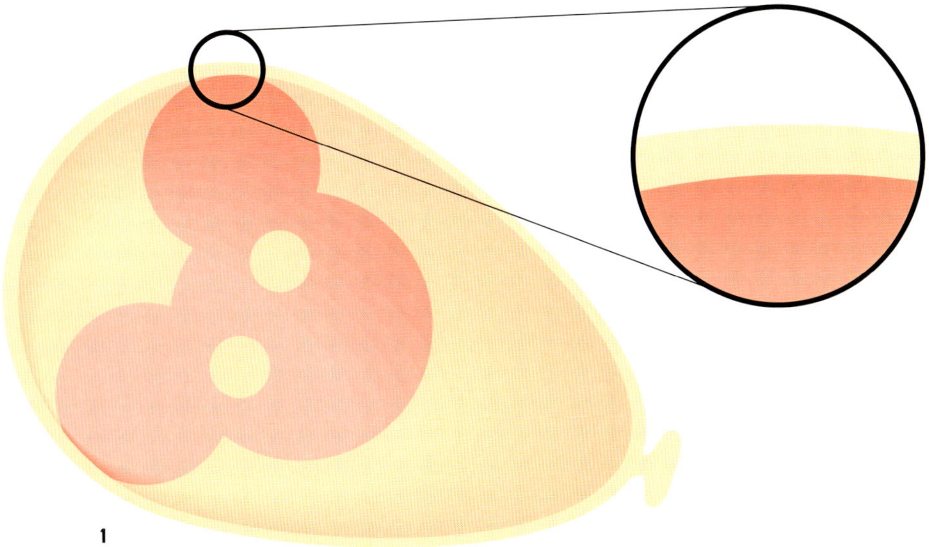

1

1. Je stärker man einen Ballon aufbläst, desto flacher erscheint seine Oberfläche.

etwas von der 10^{-20}fachen Größe eines Protons zu einer Kugel von der Größe einer Grapefruit aufzublähen.

Am besten kann man den Effekt der Inflation nachvollziehen, wenn man sich die Oberfläche eines Luftballons vorstellt, die eindeutig gekrümmt ist. Könnte man diesen Luftballon nun auf die Größe des Sonnensystems aufpusten, dann wäre die Krümmung der Ballonoberfläche kaum zu erkennen. Und auf die gleiche Weise könnte die Inflation im ersten Sekundenbruchteil nach dem Zeitpunkt Null auch den Raum abgeflacht haben, in dem wir leben. Zu dieser Zeit wäre der Keim, der zu unserem Universum aufgebläht wurde, zu klein für merkliche Unebenheiten gewesen, was erklärt, warum das Universum so gleichförmig ist.

Die von der Inflation verursachte Veränderung war gewaltig. Sie entspricht dem Aufblähen eines Tennisballs auf die Größe des gesamten sichtbaren Universums in nur 10^{-32} s.

Doch warum sollte sich ein derart dramatischer Vorgang überhaupt ereignen?

Das Gratisgeschenk

Ein starkes Argument für das Inflationsmodell ist, dass die Gesetze der Physik eine natürliche Ursache für dieses Ereignis bieten. Linde und Guth (und später auch andere) stellten fest, dass sich die Inflation ganz von allein aus den Gesetzen der Physik ergab; man musste nicht einmal danach suchen. Sie ist sozusagen ein Gratisgeschenk des Standardmodells der Teilchenphysik, oder wie Guth es formulierte: Das Universum ist „das ultimative kostenlose Mittagessen".

Vier Naturkräfte

Die Teilchenphysik, die uns ein Gratis-Universum lieferte, basiert auf der Vorstellung der „Großen Vereinheitlichung"; die Variationen zu diesem Thema bezeichnet man als „Große Vereinheitlichte Theorien" oder GUTs. Diese Theorien setzen an der Tatsache an, dass in der Natur vier Arten von Kräften (Wechselwirkungen) bekannt sind: der Elektromagnetismus, die Gravitation, die starke Kernkraft (welche Atomkerne bindet) und die schwache Kernkraft (verantwortlich für Radioaktivität und Kernspaltung).

Die Suche nach dem Heiligen Gral der Teilchenphysik ist die Suche nach einer Reihe von Gleichungen, die das Verhalten aller vier Kräfte als unterschiedliche Facetten einer einzigen „Superkraft" beschreiben. In den 1960er Jahren unternahmen die Physiker den ersten Schritt zur Erreichung dieses Ziels, als sie den Elektromagnetismus und die schwache Kernkraft in einer einheitlichen Feldtheorie zusammenfassten, der „Theorie der elektroschwachen Wechselwirkung" (Theorie und nicht Modell, da das Ganze durch Experimente überprüft und bestätigt wurde). In den 1970er Jahren versuchte man, auch die starke Kernkraft noch in dieses Paket zu integrieren. Entscheidend ist die Entdeckung, dass die Kräfte bei ausreichend hohen Energien, d. h. bei ausreichend hoher Temperatur, nicht mehr voneinander zu unterscheiden sind. Zu einem bestimmten Zeitpunkt nach dem Urknall, als das Universum heiß genug war, waren Elektromagnetismus und die schwache Kraft zu einer einzigen Kraft verschmolzen. Bei noch höheren Temperaturen, d. h. zu einem noch früheren Zeitpunkt, war auch die starke Kernkraft mit den beiden anderen Wechselwirkungen verbunden, und man vermutet, dass zum frühesten und damit heißesten Zeitpunkt sogar die Gravitation mit dieser Superkraft verbunden war.

Bei der Berechnung, wie sich die Kräfte voneinander abspalteten, als das tatsächliche Universum sich vom Zeitpunkt Null an ausdehnte, tauchte ein Phänomen auf, das die Kosmologen aufhorchen ließ und ihr Interesse an diesen Theorien weckte.

Gebrochene Symmetrie

Wenn das Universum zur Planck-Zeit (10^{-43} s nach dem Zeitpunkt Null) „geboren" wurde, dann trennte sich die Gravitation sofort von den anderen drei Wechselwirkungen. Doch die starke Kernkraft spaltete sich erst 10^{-35} s nach dem Zeitpunkt Null ab und setzte dabei eine gewaltige Menge Energie frei. Und diese Energie verschaffte dem Universum den enormen Expansionsschub, den wir als Inflation bezeichnen.

Das Abspalten der Komponenten der Superkraft entspricht der Art von Phasenübergang, der auftritt, wenn Wasser zu Eis gefriert. Ein derartiger Phasenübergang setzt Energie frei, so genannte „latente Wärme", weil die Neuordnung der beteiligten Moleküle diese auf einen niedrigeren Energiezustand führt. Ein Beispiel: Die Temperatur eines bei deutlichen Minusgraden im Freien stehenden Eimers, der mit einer Mischung aus Wasser und Eis gefüllt ist, bleibt exakt 0° C – und zwar so lange, bis das Wasser vollständig gefroren ist, auch wenn der Eimer während der ganzen Zeit Wärme an die Außenwelt abgibt. Das gilt auch umgekehrt: Erhitzt man eine Mischung aus Wasser und Eis, bleibt die Temperatur konstant bei 0° C, solange die Mischung noch Eisstücke enthält. Denn die Wärme wird dazu genutzt, um das Eis zu schmelzen und nicht, um das Wasser zu erhitzen.

Analog dazu war die Phase, in der die vier Wechselwirkungen sich voneinander gelöst hatten, durch einen niedrigeren Energiezustand des gesamten Universums gekennzeichnet, als die Phase, in der sie noch die Superkraft bildeten. Daher ist es die latente Wärme, die freigesetzt wurde, als die Symmetrie der Komponenten der Superkraft in dem ersten Sekundenbruchteil nach dem Zeitpunkt Null gebrochen wurde, welche die Inflation in Gang setzte. Und wie alle guten Theorien lieferte auch diese These eine überprüfbare Vorhersage.

Die fehlende Masse

Die Inflationstheorie postuliert, dass das Universum um uns herum nahezu perfekt flach ist, so dass wir keine Abweichung von der Flach-

RIPPELN IN DER HINTERGRUNDSTRAHLUNG

Der Satellit COBE (links) wurde am 18. November 1989 in den Weltraum geschossen, um die kosmische Hintergrundstrahlung genau zu messen. Fast sofort erfasste der Satellit die gesamte Temperatur des Himmels mit einer größeren Genauigkeit als je zuvor und zeigte, dass das Spektrum dieser Strahlung exakt mit dem Spektrum eines entsprechenden Schwarzen Körpers (▷ S. 88) übereinstimmt.

Aber COBEs Hauptaufgabe bestand darin, den gesamten Himmel zu kartieren und nach winzigen Temperaturunterschieden zu suchen, die Unebenheiten im Materiekosmos entsprechen, zu einem Zeitpunkt, als die Strahlung zum letzten Mal mit der Materie wechselwirkte – rund 500 000 Jahre nach der „Geburt" des Universums. Es dauerte über ein Jahr, um diese Beobachtungen durchzuführen und mehrere Monate, um die 70 Millionen Messdaten zu analysieren. Doch das Warten hat sich gelohnt: Es stellte sich heraus, dass es heiße Flecken am Himmel gibt, die 30 Millionstel Grad wärmer sind als die Durchschnittstemperatur, und kühle Flecken, die 30 Millionstel Grad kälter sind. Diese „Rippeln in der Hintergrundstrahlung" entsprechen der Verteilung von Wasserstoff und Helium (und dunkler Materie) gegen Ende der Feuerballphase, die Keime, aus denen die Galaxienhaufen entstanden.

COBE wies nach, dass die Hintergrundstrahlung gerade unregelmäßig genug ist, um die Existenz von Galaxienhaufen zu erklären. Besser noch: Der Charakter der „Rippeln" passt exakt zu dem von der Inflationstheorie vorausgesagten Muster.

heit feststellen können. Mit anderen Worten: Ω ist exakt gleich 1. Und da das gesamte Universum laut der Inflationstheorie aus einem Keim entstanden sein muss, der kleiner ist als ein Proton, finden wir auch die Erklärung dafür, warum das Universum so gleichförmig ist: In dem Keim war einfach nicht genügend Platz für mehr als nur winzigste Unebenheiten.

Die Vorhersage $\Omega = 1$ bedeutet, dass es im Universum bedeutend mehr Masse geben muss, als wir sehen können, um den Raum entsprechend flach zu machen. Und da diese Masse bisher noch nicht entdeckt wurde, bezeichnet man sie manchmal auch als „fehlende Masse", obwohl es in Wirklichkeit das Licht dieser Masse ist, das fehlt. Ein anderer Name für diese Masse lautet „dunkle Materie". Und von dieser dunklen Materie muss es eine große Menge geben, denn wenn wir ein bestimmtes Raumvolumen betrachten und die Masse aller hellen Sterne in allen darin enthaltenen, leuchtenden Galaxien abschätzen, entspricht die berechnete Summe nur etwa ein Prozent der kritischen Dichte.

Atome reichen nicht aus

Nun könnte man annehmen, dass es sich bei einem Großteil der dunklen Materie vielleicht um nicht beobachtbare Sterne oder Planeten handelt oder um dunkle Gas- oder Staubwolken. Doch das Standard-Urknall-Modell lässt nur wenig derartige Materie zu. Das Standardmodell sagt genau die richtige Menge an Wasserstoff und Helium (75 Prozent Wasserstoff und 25 Prozent Helium) vorher, die wir auch tatsächlich bei den ältesten Sternen beobachten (▷ S. 18). Aber das gilt nur, wenn die Gesamtdichte atomarer Materie im Universum weniger als fünf Prozent der kritischen Dichte beträgt.

☆ Der COBE-Satellit sollte eigentlich 1986 vom Space Shuttle aus gestartet werden, doch nach der Explosion der Raumfähre Challenger wurde das Projekt um drei Jahre verschoben.

1

1. Die Art und Weise, in der Galaxien rotieren, zeigt, dass sie in Halos aus dunkler Materie eingebettet sind.

1

1. Ein Techniker im Inneren eines der Detektoren des Elektron-Positron-Speicherrings (LEP) am Europäischen Laboratorium für Teilchenphysik CERN.

2. Die Umwandlung von Wasser zu Eis ist ein Phasenübergang, vergleichbar der Zustandsveränderung in der „Frühzeit“ des Universums, die die Inflation vorantrieb.

Bei einer höheren Dichte, so erklärt uns das Modell, hätten Wasserstoff und Helium nicht in dem Verhältnis aus dem primordialen kosmischen Feuerball entstehen können, wie es nun einmal festgestellt wurde. Doch das reicht noch nicht aus, um unsere Beobachtungen der Bewegungen von Galaxien in Galaxienhaufen zu erklären. Denn diese Studien zeigen, dass sich die Galaxien fest im Griff der Anziehungskraft von so viel dunkler Materie befinden, dass sie mindestens 30 Prozent der kritischen Dichte ausmachen muss.

Herkömmliche atomare Materie (also die Materie, aus der wir, die Erde, die Sonne und die Sterne gemacht sind) wird als „baryonische Materie“ bezeichnet, weil die Protonen und Neutronen im Kern eines Atoms zu einer Teilchenfamilie namens Baryonen zählen. Kombiniert man das Standardmodell mit den Galaxienbeobachtungen, dann stellt sich heraus, dass es etwa dreimal (aber höchstens fünfmal) mehr dunkle baryonische Materie als leuchtende Materie im Universum geben könnte und zehnmal mehr nichtbaryonische Materie als baryonische Materie (sowohl leuchtende als auch dunkle).

Die Inflationstheorie postuliert, dass es sogar eine noch viel größere Menge an Materie geben muss, um das Universum flach zu machen. Aber worum handelt es sich dabei?

Zwei Arten dunkler Materie

Auch hier kommt uns die Teilchenphysik wieder zu Hilfe: Die Großen Vereinheitlichten Theorien sagen auch vorher, dass noch andere Teilchenfamilien existieren müssten, zusätzlich zu denen, die bei den Teilchenbeschleunigungs-Experimenten entdeckt wurden. Nach diesen Theorien könnte es zwei Arten von dunkler Materie geben, die beim Urknall entstanden.

Die erste Art hypothetischer dunkler Materie besteht aus sehr leichten Teilchen, die während des Urknalls „geboren“ wurden. Diese Teilchen bewegen sich mit beinahe Lichtgeschwindigkeit und werden als „heiße dunkle

Materie“ bezeichnet. Doch obwohl es durchaus denkbar ist, dass im Universum eine gewisse Menge heißer dunkler Materie existiert, kann diese Menge nicht groß genug sein, um das Universum flach zu machen. Denn diese sich schnell bewegenden Teilchen hätten alle Strukturen, die sich im frühen Universum zu bilden versuchten, auseinander gerissen und es gar nicht zur Entstehung der Galaxien kommen lassen.

Die zweite Art hypothetischer dunkler Materie besteht aus relativ schweren Teilchen (von etwa der Masse eines Protons), die sich sehr viel langsamer aus dem Urknall entwickelten. Diese Teilchen bezeichnet man als „kalte dunkle Materie“. Der große Vorteil dieser kalten dunklen Materie besteht darin, dass diese langsamen, massereichen Teilchen sich aufgrund ihrer gegenseitigen Anziehungskraft miteinander verbinden und gravitative „Schlaglöcher“ bilden, in die die baryonische Materie hineinfallen und sich anhäufen kann, und damit als die Keime dienen, aus denen die Galaxien und Galaxienhaufen entstehen konnten.

Die Suche nach der dunklen Materie

Es gibt zwei Möglichkeiten zur Überprüfung der Vorhersage, dass das Universum mit einem Meer von dunkler Materie gefüllt ist. Die erste Möglichkeit besteht darin, direkt danach zu

Etwa 10 000 kalte dunkle Materieteilchen befinden sich in jedem Kubikmeter um uns herum, auch in „leerem“ Raum, der Luft, die wir atmen, und solch scheinbar festen Objekten wie der Erde.

2

suchen. Kalte dunkle Materieteilchen reagieren mit baryonischer Materie nur durch Gravitation, oder wenn ein kaltes dunkles Materieteilchen direkt mit einem Baryon im Kern eines Atoms kollidiert, wodurch das Atom ins Trudeln gerät. Dieser Effekt ist jedoch minimal, und normalerweise ließe sich das gar nicht feststellen, weil die Atome, selbst in Festkörpern, bei Zimmertemperatur ständig in Bewegung sind. Doch wenn man einen Metallblock fast auf den absoluten Nullpunkt (0 K) herunterkühlt, wird diese thermische Bewegung stark reduziert, und die Auswirkung einer Kollision mit einem kalten dunklen Materieteilchen *könnte* vielleicht als ein winziger Temperaturanstieg in diesem superkalten Metall erfasst werden. Den Modellen nach ereignen sich pro Kilogramm Materie täglich zwischen einer und 1000 solcher Kollisionen. Zur Orientierung: Ein Kilogramm Materie enthält etwa 10^{27} Baryonen.

Diese Zusammenstöße ließen sich bestenfalls mit modernster Technik feststellen, und tatsächlich werden derzeit Experimente zur Suche nach dunkler Materie durchgeführt. Diese finden tief unter der Erde statt, um mögliche Störeffekte auszuschließen.

Die zweite Möglichkeit zur Überprüfung der Vorhersage führt uns wieder zum Universum als Ganzem zurück. Computermodelle beschreiben inzwischen sehr genau, wie Materie sich zu Galaxien zusammenklumpt. Dabei hat man eine Vielzahl unterschiedlicher kosmologischer Modelle mit unterschiedlichen Mischungen dunkler Materie durchgespielt. Diese Computersimulationen zeigen Folgendes: Wenn mindestens 30 Prozent der kritischen Dichte in Form von kalter dunkler Materie vorliegt, ähnelt das Muster der Galaxienhaufen in den Computersimulationen auf verblüffende Weise dem Muster, das wir im wirklichen Universum beobachten.

Das Bild eines von kalter dunkler Materie dominierten Universums konnte gegen Ende der 1990er Jahre unzweifelhaft belegt werden. Dennoch ist das letzte Wort in dieser Angelegenheit noch nicht gesprochen. Damit Galaxien und Galaxienhaufen so aussehen wie im richtigen Universum, benötigt man weniger als die Hälfte der kritischen Dichte in Form von dunkler Materie. Dennoch funktionieren die Modelle am besten, wenn diese Materie in einen

IM GRIFF DER DUNKLEN MATERIE

Die Geschwindigkeit, mit der verschiedene Bereiche einer Galaxie sich um das Zentrum drehen, kann mithilfe des Doppler-Effekts gemessen werden. Dabei hat man festgestellt, dass Galaxien wie unsere Milchstraße auf eine andere Weise rotieren als die Planeten auf ihren Bahnen die Sonne umrunden. In unserem Sonnensystem benötigen die äußeren Planeten nicht nur länger, um die Sonne einmal vollständig zu umkreisen, sie bewegen sich auch langsamer durch den Raum als die inneren Planeten, mit einer Umlaufgeschwindigkeit, die mit der Quadratwurzel der Entfernung eines Planeten zur Sonne abnimmt. Bei einer Galaxie nimmt die Umlaufgeschwindigkeit nach außen hin jedoch nicht ab; die Sterne bewegen sich alle mit etwa der gleichen Geschwindigkeit, unabhängig davon, wie weit sie vom Zentrum der Galaxie entfernt liegen. Weiter außen liegende Sterne benötigen zwar ebenfalls länger, um ihre Umlaufbahn zu vollenden, weil sie eine größere Strecke zurücklegen müssen; aber sie bewegen sich alle gleich schnell.

Die einzige Erklärung dafür besteht darin, dass die sichtbare Materie in einer Spiralgalaxie in irgendeinen größeren, dunklen Halo gebettet ist und sich fest im Griff der Gravitation der dunklen Materie in diesem Halo befindet. Berechnungen zeigen, dass es in einer Galaxie wie der unseren etwa zehnmal mehr dunkle Materie als Materie in Form heller Sterne geben muss. Und die Art und Weise, wie ganze Galaxien sich in Galaxienhaufen bewegen, lässt den Schluss zu, dass im scheinbar leeren Raum zwischen ihnen noch viel mehr dunkle Materie existieren muss.

1. Gegenüberliegende Seite: Die Spiralgalaxie NGC 1232, die wir in Aufsicht sehen.

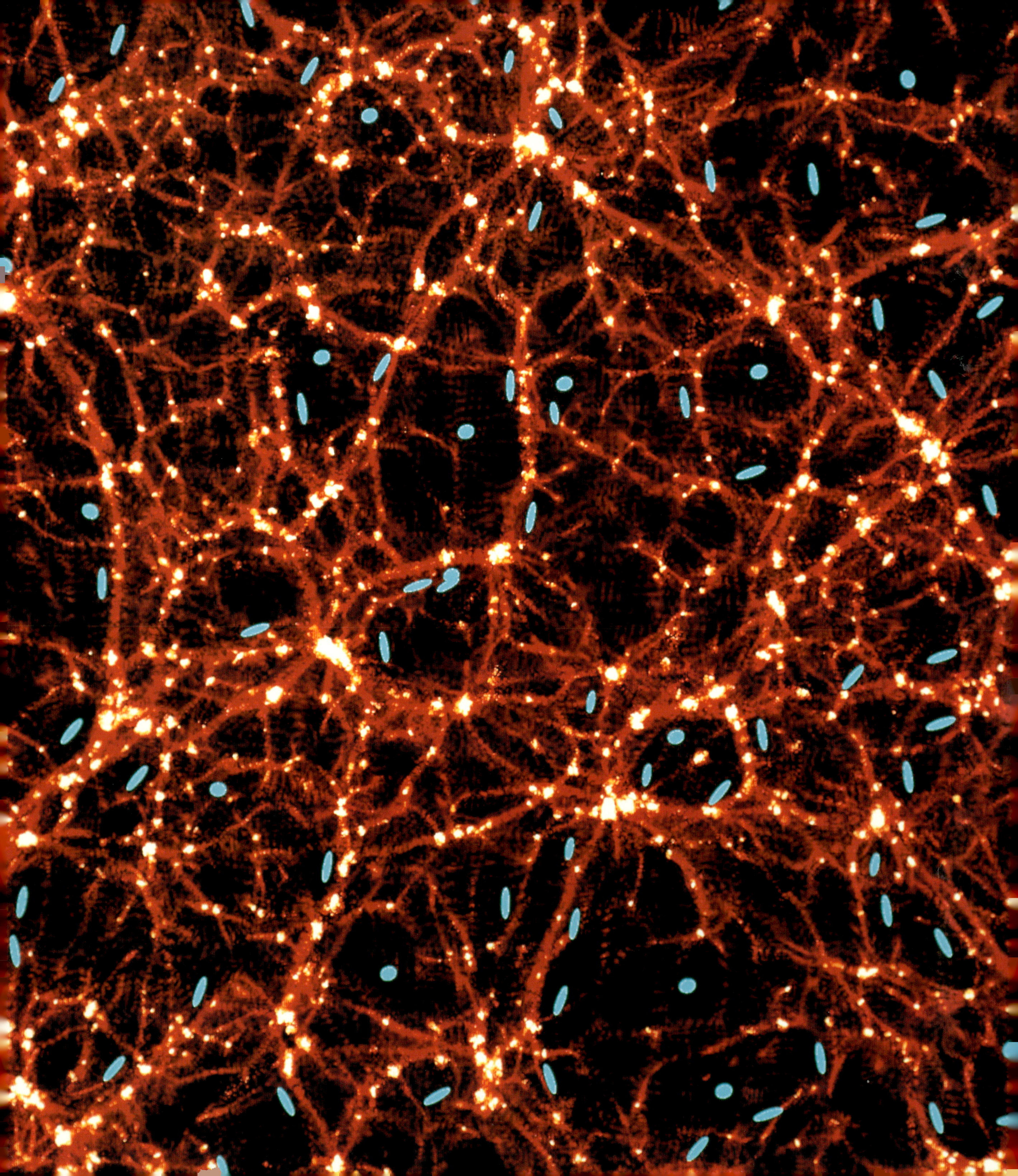

flachen Raum eingebettet ist. Wenn aber die Dichte der Materie weniger als die Hälfte der kritischen Dichte beträgt, wie kann das Universum dann flach sein? Die Antwort führt uns zurück zu Albert Einsteins ursprünglichen Überlegungen zur Kosmologie, aber auch zu den neuesten Erkenntnissen und Ergebnissen astronomischer Forschung am Anfang des 21. Jahrhunderts, wobei das letzte fehlende Teil im großen kosmologischen Puzzle an seinen Platz zu fallen scheint.

Das überraschende Ergebnis dieser Arbeit – welches allerdings noch bestätigt werden muss – ist die Folgerung, dass das Universum tatsächlich exakt flach sein könnte, sich im Laufe der Zeit aber auch immer schneller ausdehnt.

1. Gegenüberliegende Seite: Computermodell der Verteilung von dunkler Materie (rot), die erste großräumige „Karte“ dieser unsichtbaren dunklen Materie.

2. Experimente, die die Existenz dunkler Materieteilchen nachweisen sollen, müssen tief unter der Erde stattfinden, um mögliche Interferenzen und Störungen zu vermeiden.

2

2.3

WARUM DER HIMMEL NACHTS DUNKEL IST

Für eine der grundlegendsten Beobachtungen der Kosmologie genügt es, den dunklen Nachthimmel zu betrachten. Warum ist der Himmel nachts dunkel? Wenn der Raum unendlich und zugleich mit Sternen gefüllt wäre, dann müsste jede „Sichtlinie", jeder Blick ins Universum bei einem Stern enden und der gesamte Nachthimmel vor Licht hell strahlen. Daher kann das Universum nicht unendlich und gleichförmig sein.

1

Olbers und der Rand des Universums

Das Rätsel des dunklen Nachthimmels wird häufig auch als „Olberssches Paradoxon" umschrieben, nach dem deutschen Astronomen H. W. M. Olbers, der diesen Widerspruch im 19. Jahrhundert veröffentlichte. Um das Ganze zu veranschaulichen, stelle man sich vor, man stünde in einem großen Wald. In welche Richtung man auch schaut, überall sieht man Bäume. Befände man sich jedoch in einem kleinen Wald, dann könnte man zwischen den Bäumen hindurch den Rand des Waldes erkennen. Analog dazu sieht man in einem unendlichen Universum überall Sterne, in welche Richtung man auch schaut. Die Tatsache, dass wir durch die Lücken zwischen den Sternen „hindurchsehen" können, ließ Olbers und andere Wissenschaftler vermuten, dass es einen Rand des Universums gibt, hinter dem sich nur noch dunkler leerer Raum befindet.

Der Blick zurück durch die Zeit

Der erste Gelehrte, der erkannte, dass diese Schlussfolgerung nicht notwendigerweise stimmen musste, war Edgar Allan Poe, dessen Interesse neben seiner Tätigkeit als Schriftsteller auch der Wissenschaft galt. Im Februar 1848 hielt er einen Vortrag über das Olberssche Paradoxon, bei dem er bereits die richtigen Schlussfolgerungen zog.

Poe hatte dargelegt, dass wir, wenn wir tiefer in den Raum hineinschauen, auch weiter zurück in die Zeit blicken, denn Licht benötigt eine bestimmte Zeit, um sich fortzubewegen. Wenn wir also durch die Lücken zwischen den Sternen hindurch sehen, dann blicken wir in eine Ära zurück, die vor der „Geburt" der Sterne liegt. In Poes Worten: „In solch großer Entfernung, dass kein Lichtstrahl bisher zu uns hat vordringen können."

Am Rande der Zeit

Dieser Gedanke bedarf nur einer kleinen Modifikation, damit er in das Modell des Urknalls passt. Entscheidend ist, dass das Universum nicht unendlich alt ist und dass es eher einen zeitlichen „Rand" besitzt (den Urknall) als einen räumlichen. Blicken wir durch die Lücken zwischen den Sternen und Galaxien, dann blicken wir in eine Zeit zurück, in der sich die Galaxien noch nicht gebildet hatten.

Doch moderne astronomische Instrumente zeigen, dass der Himmel nicht vollständig dunkel ist. Das, was wir dort „sehen", ist die Hintergrundstrahlung, die vom Feuerball des Urknalls stammt.

Die Dunkelheit des Nachthimmels beweist, dass das Universum zu einem bestimmten Zeitpunkt „geboren" wurde. Daher können wir den Beweis für die Richtigkeit der Urknall-Theorie mit bloßem Auge sehen (oder vielmehr nicht sehen).

2

1. In einem unendlichen Universum müsste man überall Sterne sehen, egal in welche Richtung man blickt, genau wie man in einem unendlichen Wald überall Bäume sehen würde.

2. Edgar Allan Poe war der erste Mensch, der erkannte, warum der Himmel nachts dunkel ist.

ZUM THEMA

2.1 Der Urknall
S. 83 Mikrowellen von der Geburtsstunde der Zeit
S. 88 Schwarzkörper-Strahlung
2.2 Kosmologie für Anfänger
S. 102–103 Der Zeitpfeil

2.4 DIE BESCHLEUNIGTE EXPANSION DES UNIVERSUMS

Eines der wichtigsten Merkmale des in den 1970er und 1980er Jahren entwickelten Standard-Urknall-Modells war der Gedanke, dass die Anziehungskraft der gesamten Materie im Universum im Laufe der Zeit zu einer Abbremsung der Expansion führen müsste. Doch 1998 stellte man fest, dass sich das Universum im Laufe der Zeit immer *schneller* ausdehnt, was in der Fachzeitschrift *Science* als „Entdeckung des Jahres" gefeiert und der breiten Öffentlichkeit als eine verblüffende Errungenschaft angepriesen wurde, die die bisherige kosmologische Wissenschaft auf den Kopf stellen würde. Aber dieser Medienrummel tat den vorhergehenden Generationen von Kosmologen unrecht. Bereits 1916 hatte Albert Einstein die Möglichkeit einer universellen Beschleunigung in seine kosmologischen Gleichungen integriert. Tatsächlich erwies sich diese neue Erkenntnis für die Kosmologen als das letzte fehlende Teil des kosmologischen Puzzles. Nur die Bestätigung ließ noch einige Jahre auf sich warten.

EINSTEINS UNWILLKOMMENE KONSTANTE

Im Jahr 1917 versuchte Einstein, das Universum mithilfe seiner Allgemeinen Relativitätstheorie mathematisch zu beschreiben. Er wollte das denkbar einfachste Modell darstellen, in dem die Materie gleichmäßig im Raum verteilt ist. Außerdem sollte es statisch sein, sich also weder ausdehnen noch zusammenziehen, um dem Umstand gerecht zu werden, dass die Milchstraße (die zur damaligen Zeit als das gesamte Universum betrachtet wurde) weder expandierte noch kontrahierte. Um dies zu erreichen, musste Einstein ein mathematisches Glied in seine Gleichungen einführen, das er als „kosmologische Konstante" bezeichnete und durch den griechischen Buchstaben Lambda (Λ) symbolisierte (▷ S. 94). Doch die Gleichungen sagten nichts über den Wert dieser Konstante aus. Einstein entschied sich für einen Wert, der sein Modell bewegungslos verharren ließ und in gewisser Hinsicht die Schwerkraft aufhob. Im letzten Satz seiner ersten Arbeit zum Thema Kosmologie, die 1917 veröffentlicht wurde, schrieb er: „Der Begriff ist nur deshalb notwendig, um eine quasistatische Verteilung der Materie zu ermöglichen, wie es für die geringe Geschwindigkeit der Sterne erforderlich ist."

Als Hubble und Humason entdeckten, dass sich das Universum ausdehnte, erklärte Einstein die Einführung der kosmologischen Konstanten zum gröbsten Schnitzer in seiner Karriere. Doch andere Wissenschaftler nahmen den Begriff ernster.

1

Verschiedene Modelle auf dem Prüfstein

Einstein hatte nach einer einzigen Lösung für die Gleichungen der Allgemeinen Relativitätstheorie gesucht, nach einem einzigartigen Modell, das dem wirklichen Universum entspricht. Doch die Gleichungen lassen eine Vielzahl von Modellen zu. Der erste Wissenschaftler, der dies erkannte, war der russische Mathematiker und Physiker Alexander Friedmann, der auch als Erster die Expansion des Universums als integralen Bestandteil der kosmologischen Modelle einführte, die er mathematisch zu erkunden suchte.

Friedmann veröffentlichte seine Lösungen für die kosmologischen Gleichungen der Allgemeinen Relativitätstheorie im Jahr 1922. Er erkannte, dass es nicht nur eine einzige Lösung für diese Gleichungen gab (wie Einstein gehofft

1. Albert Einsteins Allgemeine Relativitätstheorie bildet die Grundlage unseres heutigen Wissens über das Universum.

1

1. Edwin Hubble bei der Einstellung des Hooker-Teleskops.

hatte), sondern eine ganze Reihe von Modellen, die beschreiben, wie sich die Raum-Zeit auf unterschiedliche Weise entwickelt haben könnte – also unterschiedliche Weltmodelle. Zur damaligen Zeit gab es keine Möglichkeit herauszufinden, welches der Modelle (wenn überhaupt) mit unserem Universum übereinstimmte. Das Entscheidende war jedoch, dass sämtliche Modelle Friedmanns die Expansion des Universums in einer bestimmten Entwicklungsphase beinhalteten.

In einigen Modellen dehnte sich der Raum ewig; in anderen expandierte er eine gewisse Zeit und kollabierte anschließend wieder. Manchmal erfolgte die Expansion mit großer Geschwindigkeit, manchmal dagegen nur langsam. Doch in allen Modellen gab es mindestens eine Entwicklungsphase, in der sich das Weltmodell ausdehnte und zwar so, dass von jedem Punkt aus gesehen andere Punkte sich mit einer Geschwindigkeit proportional zu ihrer Distanz entfernten, was exakt der Entdeckung entsprach, die Hubble und Humason gegen Ende der 1920er Jahre machten.

Ein Modell für jeden Geschmack

Einstein war von dieser Vielzahl von Modellen nie richtig überzeugt und setzte seine Suche nach einem einzigartigen, speziellen Modell, das vielleicht das wirkliche Universum beschrieb, unermüdlich fort. Zusammen mit dem niederländischen Astronomen Willem de Sitter entwickelte er zu Beginn der 1930er Jahre (kurz nach der Entdeckung des Hubble-Gesetzes) das so genannte „Einstein-de Sitter-Modell", das einfachste relativistisch aufgebaute Weltmodell. In ihm ist der Raum exakt flach (der einzige Sonderfall, den Einstein ersinnen konnte), und es gilt $\Lambda = 0$. Dieses Modell wurde zum „Bezugspunkt", mit dem alle anderen Modelle verglichen wurden.

Doch das Einstein-de Sitter-Modell hatte eine peinliche Eigenschaft, die Einstein und de Sitter sorgfältig verschwiegen. Dieses Modell ist durch eine einzigartige Beziehung zwischen der Geschwindigkeit, mit der sich das Universum heute ausdehnt, und seinem Alter gekennzeichnet. Je schneller das Universum heute expandiert, umso weniger Zeit hat es benötigt, um seine derzeitige Größe zu erreichen; jedoch muss man auch die Art und Weise berücksichtigen, in der die Expansion seit dem Urknall an Geschwindigkeit verloren hat. Wenn man den von Hubble selbst gefundenen Wert der Konstante im Hubble-Gesetz (der Beziehung zwischen Rotverschiebung und Entfernung) einsetzte, ergab das Einstein-de Sitter-Modell ein Alter für das Universum von nur 1,2 Milliarden Jahren. Dies ist nur etwa ein Drittel des Alters der Erde, das in den 1930er Jahre schon recht genau bekannt war.

Hier konnte etwas nicht stimmen. Heute wissen wir, dass die ersten Messungen der Hubble-Konstante viel zu groß waren und dass das tatsächliche Alter des Universums bei 14 Milliarden Jahren liegt. Doch in den 1930er Jahren versuchte man, dieses Dilemma durch besondere Weltmodelle zu lösen, in denen Λ ungleich Null war und die ein höheres Weltalter ermöglichten.

Zweiter Auftritt Lambda-Glied

Dies ist nur ein Beispiel dafür, wie man den Wert der kosmologischen Konstante je nach Bedarf wählte, um irgendein Problem in der

Zur Analyse der Daten eines einzigen Fluges des Boomerang-Ballons benötigt man Computer mit einem Arbeitsspeicher von 240 Gigabyte, während die Analyse der Planck-Daten 1.600 Terabyte erfordern wird.

DAS SCHICKSAL DES UNIVERSUMS

Die Expansion des Universums schreitet immer schneller voran, weil die Elastizität des Raums (▷ S. 130) den nach innen gerichteten Zug der Gravitation zu überwältigen beginnt. Da sich der Effekt umso stärker auswirkt, je mehr Raum vorhanden ist, übte er vor langer Zeit kaum Einfluss auf die Expansion des Universums aus. Doch je weiter sich die Galaxien voneinander entfernen (wie diese sehr weit entfernten Galaxien, rechts), desto schwerer wird es für die Schwerkraft, sie wieder zusammenzuziehen. Da der Λ-Effekt beständig zunimmt, wird er schließlich überwiegen, wodurch sich der Raum schneller und schneller ausdehnt. Dieselbe „Vakuumenergie", welche das Universum flach macht, sorgt auch dafür, dass es sich ewig ausdehnt, und zwar mit zunehmender Geschwindigkeit.

Obwohl die Menge an Materie im Universum gleich bleibt, nimmt ihr Anteil an der kritischen Dichte in jeder Ära ab (30 Prozent heute), während der Anteil der dunklen Energie genau im richtigen Maße zunimmt, um das Ganze zu kompensieren. In der Vergangenheit dominierte die Schwerkraft. In der Zukunft wird Λ dominieren. Wir leben in einem ungewöhnlichen Augenblick in der Geschichte des Universums, in dem die Anteile von dunkler Energie und Masse-Energie ungefähr gleich groß sind – die dunkle Energie ist nur doppelt so groß wie die der Materie. Niemand weiß, warum das so ist, und möglicherweise handelt es sich lediglich um einen Zufall. Es ist sicherlich schwer vorstellbar, wie Lebensformen in der fernen Zukunft des Universums überleben können, wenn alle Sterne ausgebrannt sind und nichts als Asche zurückbleibt – in Form von Weißen Zwergen, Neutronensternen und Schwarzen Löchern, die schwarze Galaxien bilden, welche in einem expandierenden schwarzen Raum immer weiter voneinander fortgetragen werden.

1. Die beiden riesigen Keck-Teleskope am Mauna Kea-Observatorium auf Hawaii mit einem Spiegeldurchmesser von je 10 m.

2. Werner Heisenberg, dessen Unschärferelation möglicherweise den Schlüssel zum Verständnis der Geburt des Universums enthält.

1

Kosmologie, wie etwa das Altersproblem, zu lösen. Den Mathematikern bereitete es großes Vergnügen, die vielen verschiedenen Möglichkeiten auszuprobieren, aber die Astronomen versuchten, ohne die Konstante auszukommen, nicht zuletzt deshalb, weil es ihnen als zu einfach erschien, sie als eine Art Joker einzusetzen, dessen Wert je nach Bedarf und Beobachtungsergebnis angepasst werden konnte. Doch als sich die Beobachtungen des wirklichen Universums verbesserten, trat eines immer deutlicher zutage: Selbst mit den neuesten Berechnungen der Hubble-Konstante und dem dementsprechend höheren Alter des Universums schien irgendetwas im Einstein-de Sitter-Modell zu fehlen. In den 1990er Jahren kehrte die kosmologische Konstante sozusagen aus der Verbannung zurück, nicht so sehr, weil die Astronomen sie haben wollten, sondern weil ihnen nichts anderes übrig blieb. Sie hatten, ganz nach Sherlock Holmes' Devise, „das Unmögliche ausgeschlossen", und das, was übrig blieb, musste die Wahrheit sein, so unwahrscheinlich sie auch klingen mochte.

Gegen Ende der 1990er Jahre hielten viele Astronomen die Inflationstheorie (▷ S. 114–115) für äußerst viel versprechend. Das Universum musste ihrer Ansicht nach flach sein. Gleichzeitig war es aber den Wissenschaftlern, die sich mit der Bewegung der Galaxien beschäftigten, nicht gelungen, stichhaltige Beweise für mehr als 30 Prozent der Materie zu liefern, die erforderlich ist, um den Raum flach zu machen (▷ S. 95). Ein Ausweg aus diesem Dilemma bestand darin, wieder auf das Lambda-Glied (Λ-Glied) zurückzugreifen.

Das elastische Universum

Die kosmologische Konstante wirkt sich auf zweierlei Weise auf das Universum aus. Erstens: Mit dem richtigen Λ-Wert macht sie den Raum elastisch, wodurch ein Anti-Schwerkrafteffekt erzeugt wird, eine Art kosmische Repulsivkraft. Dies entspricht einer Energie des leeren Raums, vergleichbar der Art und Weise, in der die Schwerkraft mit der Energie der Materie verbunden ist.

Und an dieser Stelle kommt der zweite Effekt von Λ ins Spiel. Da Energie und Masse einander äquivalent sind – aufgrund der Formel $E = mc^2$ –, besitzt Λ auch einen gravitativen Einfluss. Wählt man den richtigen Wert für Λ, dann ist es möglich, eine Universalenergie (die im Zusammenhang mit der kosmischen Repulsivkraft steht) zu erhalten, die bis zu 70 Prozent der Masse liefert, welche erforderlich ist, um das Universum flach zu machen, während sich gleichzeitig das Ganze nur minimal auf die Expansion des Universums auswirkt, so dass der Effekt heute kaum messbar ist.

Addiert man nun die 70 Prozent von Λ zu den 30 Prozent Materie hinzu, so erhält man genau die richtige Menge an Masse-Energie, die erforderlich ist, um das Universum flach zu machen. Die Theoretiker hatten alle Möglichkeiten durchgespielt, die die verschiedenen Modelle erlaubten, und festgestellt: Am einfachsten ließen sich alle Teile zusammenfügen, wenn tatsächlich nur 30 Prozent der kritischen Dichte in Form dunkler Materie existierten und eine inflationäre Expansion stattfand. Dieses Modell war nicht so simpel, wie viele gehofft hatten, und es wirkte immer noch ein wenig künstlich, aber wie alle guten Theorien konnte es anhand der neuesten Beobachtungen im wirklichen Universum getestet werden.

Die Supernova-Geschichte

Die Rolle der Supernovae in dieser Geschichte besteht darin, dass sie als „Standardkerzen" für die Berechnung großer Entfernungen im Universum dienen (▷ S. 65). Wir finden solche Supernovae in nahe gelegenen Galaxien, deren Entfernung bekannt ist; wenn also eine Supernova in einer weit entfernten Galaxie entdeckt wird, kann man ihre Entfernung durch einen Vergleich ihrer scheinbaren Helligkeit mit der nahe gelegenen Supernova berechnen. Das Problem bestand nur darin, Supernovae in weit entfernten Galaxien zu finden – und es sollte bis 1998 dauern, bis die moderne Technik dazu in der Lage war. In diesem Jahr nutzten dann zwei Forschungsteams diese Technik für unabhängige Studien des gleichen Phänomens. Glücklicherweise gelangten sie beide zum gleichen Ergebnis.

Diese Teams – das eine benutzte das Keck-Teleskop am Mauna Kea-Observatorium auf Hawaii, während das andere von den australischen Mount Stromlo and Siding Spring Observatories aus operierte – untersuchten die Helligkeiten von mehreren Dutzend Typ-I-Supernovae in sehr weit entfernten Galaxien und verglichen die auf diese Weise ermittelten Entfernungen mit den Rotverschiebungen dieser Galaxien. Dabei stellten sie fest, dass die „Fluchtgeschwindigkeiten" dieser Galaxien etwas unterhalb der Werte liegen, die man erwarten würde, wenn man das Hubble-Gesetz (berechnet anhand nahe gelegener Galaxien) auf sie anwendet.

Das bedeutet, die Expansionsgeschwindigkeit des Universums nimmt zu und nicht ab. Entscheidend dabei ist, dass wir *nahe gelegene* Galaxien so sehen, wie sie vor kurzer Zeit aussahen, aber *weit entfernte* Galaxien so, wie sie vor langer Zeit ausgesehen haben, weil das von ihnen ausgestrahlte Licht so lange brauchte, um zu uns zu gelangen. Nahe gelegene Galaxien entfernen sich voneinander mit größerer Geschwindigkeit als weit entfernte Galaxien, weil die Expansionsgeschwindigkeit des Universums zunimmt.

Diese Entdeckung ist an sich schon sehr interessant, doch noch interessanter wird sie durch die Tatsache, dass die Stärke der kosmischen Repulsivkraft, die zur Erklärung der Beobachtungen erforderlich ist, auch genau ausreicht, um 70 Prozent der Masse-Energie zu liefern, die nötig ist, um das Universum flach zu machen.

Die entscheidende Bestätigung

Der einzige verbliebene Unsicherheitsfaktor war die Frage, ob das Universum wirklich exakt flach ist, so wie es die Inflationstheorie postuliert. Auch hier bot die neueste Technik wieder die Möglichkeit, die Vorhersage zu überprüfen. Die sich durch den Raum fortbewegende Strahlung wird durch die Krümmung des Raums beeinflusst, und je weiter sie sich fortbewegt, desto stärker macht sich dieser Einfluss bemerkbar. Die kosmische Hintergrundstrahlung ist länger im Raum „unterwegs" als alles andere, was wir beobachten können, und das exakte Muster der Schwankungen dieser Strahlung in unterschiedlichen Himmelsregionen kann im Prinzip die Krümmung des Raums

☆ Die Suche nach weit entfernten Supernovae muss sorgfältig geplant werden, da diese Objekte so schwach leuchten, dass man sie nur bei Neumond, wenn der Himmel am dunkelsten ist, richtig beobachten kann.

2

sichtbar machen und zwar vom Feuerball des Urknalls bis in unsere Zeit, über 14 Milliarden Lichtjahre Raum hinweg.

Gegen Ende der 1990er Jahre waren Instrumente an Bord von Forschungsballons in der Lage, Schwankungen in der Hintergrundstrahlung festzustellen, die 35-mal kleiner waren als die Schwankungen, die der Satellit COBE wahrnehmen konnte. Die Ergebnisse zweier solcher Ballonflüge, die im Jahr 2000 veröffentlicht wurden, zeigen, dass das Universum auf zehn Prozent genau flach ist – d. h. Λ liegt zwischen 0,9 und 1,1. Da inzwischen nachgewiesen war, dass nur 30 Prozent der Masse, die erforderlich ist, um das Universum flach zu machen, in Form von Materie existiert, bedeutete dies, dass die restlichen 70 Prozent in Form von Energie vorhanden sein mussten, genau wie aus den Supernovae geschlossen. Dies war ein zwingender Beweis für die Realität der kosmologischen Konstante, auch wenn Einstein dieser Gedanke missfiel.

Rippeln im kosmischen Meer

Die gute Übereinstimmung zwischen all den verschiedenen Forschungsergebnissen – die Menge an Materie im Universum, die von Supernova-Studien geforderte Beschleunigung, die durch Messungen der Hintergrundstrahlung nachgewiesene Flachheit – macht die Inflationstheorie zu der mit Abstand wahrscheinlichsten kosmologischen Theorie zu Beginn des 21. Jahrhunderts. Und dies bietet uns die Möglichkeit, auch das letzte große Rätsel in Angriff zu nehmen: Die Frage, warum das Universum nicht absolut gleichförmig ist, sondern Unregelmäßigkeiten in einer Größenordnung aufweist, die unsere Existenz ermöglicht.

Quantenfluktuationen

Woher stammt die Energie des leeren Raums? Laut Quantenphysik gibt es so etwas wie einen wirklich „leeren“ Raum nicht, weil dieser exakt Null Energie hätte. Doch eine der berühmtesten Regeln der Quantenphysik, die Heisenbergsche Unschärferelation, postuliert, dass keine einzige Größe einen exakten Wert haben kann (d. h. nicht, dass wir nicht in der Lage sind, exakte Messungen vorzunehmen, sondern, dass es im Universum keine absolute Präzision gibt). In diesem Zusammenhang bedeutet das Folgendes: In jedem noch so kleinen Raumvolumen findet ein Handel zwischen Zeit und Energie statt. Bestimmte Teilchen, die als „virtuelle Teilchen“ bezeichnet werden, können (oder besser *müssen*) förmlich aus dem Nichts entstehen, vorausgesetzt, sie vernichten sich gegenseitig und verschwinden wieder innerhalb eines bestimmten Zeitraums.

Das Zeitlimit wird von ihrer Masse vorgegeben – je größer die Masse, desto kleiner der Zeitraum, über den sie existieren können –, aber es handelt sich immer um winzige Sekundenbruchteile. Es scheint, als würden die Teilchen existieren, wenn das Universum gerade nicht hinsieht, aber sobald dieses Zeit hat, von ihnen Notiz zu nehmen, sind die Teilchen auch schon wieder verschwunden.

DER BLICK IN DIE ZUKUNFT

Die definitiven Antworten auf die letzten verbleibenden Fragen in der Kosmologie sollten wir erhalten, wenn die in Projekten wie dem Boomerang-Ballon verwendete Messtechnik auch im Weltraum genutzt wird. Dazu muss eine neue Generation von Mikrowellen-Satelliten in die Erdumlaufbahn gebracht werden, wo sie über Jahre hinweg den Himmel bei Mikrowellenfrequenzen absuchen und selbst feinste Details messen können.

Der erste dieser Satelliten – der so genannte MAP (Microwave Anisotropy Probe) – soll 2002 von der NASA gestartet werden. MAP ist eine unkomplizierte und relativ preiswerte Weltraummission, deren Daten ungefähr die Genauigkeit der Daten des Boomerang-Ballons aufweisen, aber den gesamten Himmel abdecken.

Das neueste derartige Projekt stellt jedoch die europäische Planck-Mission dar (benannt nach Max Planck), die um 2010 gestartet werden soll. Dieses ehrgeizige Projekt soll genauere Daten als je zuvor liefern. Gemeinsam müssten diese beiden Weltraummissionen in der Lage sein, die Werte der wichtigsten kosmologischen Parameter – wie z. B. Λ, Ω und die Hubble-Konstante – mit einer Genauigkeit von 0,1 Prozent zu bestimmen.

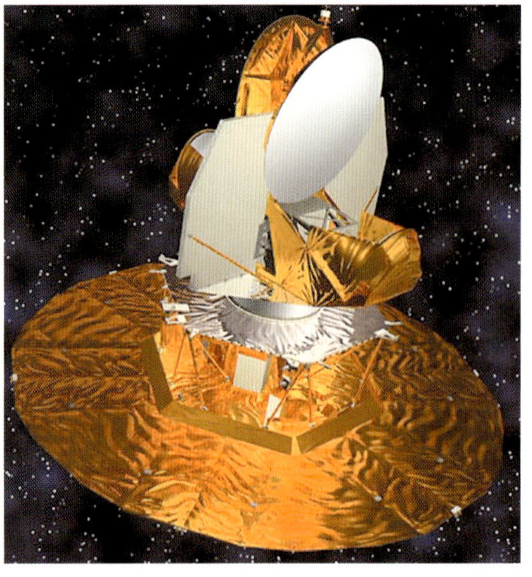

Das Ganze bewirkt, dass der Raum einem brodelnden Schaum aus virtuellen Teilchen gleicht, der ihm sowohl Energie als auch Struktur verleiht.

Übrigens ist es kein Zufall, dass alle unterschiedlichen Formen von Masse-Energie im Universum zusammengenommen das Universum flach machen, wobei gilt $\Omega = 1$. Die inflationäre Expansion lässt das Universum flach werden; daher steht nur eine bestimmte Menge an Masse-Energie zur Verfügung, die zwischen den Baryonen, der heißen dunklen Materie, der kalten dunklen Materie und Λ verteilt werden kann. Man stellt sich das so vor: Wenn man Wasser aus einer Ein-Liter-Flasche auf eine Vielzahl von Flaschen und anderen Gefäßen verteilt, dann spielt es keine Rolle, wie das Wasser zwischen den Behältern aufgeteilt wird, die Gesamtsumme addiert sich immer wieder zu einem Liter.

Doch obwohl Quantenfluktuationen im Allgemeinen recht flüchtig sind, hat es den Anschein, dass sie dem Universum ihren Stempel aufgedrückt haben.

1

1. Bei einem Fraktal ähnelt jeder kleine Ausschnitt bei entsprechender Vergrößerung dem Gesamtmuster.

Eine Frage des Maßstabs

Quantenfluktuationen tauchen nicht nur in winzigen Bruchteilen der Zeit auf, sondern auch auf winzigen Entfernungsskalen (nicht zuletzt deshalb, weil die daran beteiligten Störungen keine Zeit haben, weite Strecken zurückzulegen, bevor sie gezwungen sind, wieder zu verschwinden). Diese Vorgänge spielten sich in der frühesten Phase des Universums ab, nach der Planck-Zeit und vor der inflationären Expansion. Zu dem Zeitpunkt, als die Inflation das erfasste, was einmal das sichtbare Universum werden sollte, steckte sämtliche mit dem sichtbaren Universum im Zusammenhang stehende Masse-Energie im Inneren eines winzigen Keims mit einem Durchmesser von nur 10^{-25} cm – 100 Millionen Mal größer als die Planck-Länge, aber immer noch eine Billion Mal kleiner als ein Proton. Doch selbst dieser lächerlich winzige Keim war groß genug, um Quantenfluktuationen zu enthalten, an denen jedoch eher Energiefelder (wie der Elektromagnetismus) denn Teilchen beteiligt waren. Daher besaß das Vakuum zwar eine sich ständig verändernde Struktur, aber die Struktur entsprach immer einem bestimmten statistischen Muster.

Schließlich setzte die inflationäre Expansion ein. Alle Bestandteile des Universumkeims wurden auseinander gerissen und weit verstreut. Die Vakuumfluktuationen, die gerade in dem Moment abliefen, als die Inflation einsetzte, wurden in der Struktur des sich rapide ausdehnenden Keims eingefroren und durch den expandierenden Raum ebenfalls enorm ausgedehnt. Tatsächlich expandierte der Raum während der Inflation mit Überlichtgeschwindigkeit (was durchaus im Einklang mit Einsteins Gleichungen steht – lediglich die Bewegung *durch* den Raum kann die Geschwindigkeit von Licht nicht überschreiten), und die letzten Quantenfluktuationen hinterließen ihren Abdruck auf dem Muster aus heißem Gas, das aus dem kosmischen Feuerball hervorging.

Das statistische Muster der Quantenfluktuationen wird als „Skaleninvarianz" bezeichnet, weil es (statistisch) in jedem Maßstab gleich aussieht. Wenn man ein Teil des Musters nimmt und es vergrößert, sieht es zwar nicht exakt aus wie das Original, aber es hat das gleiche statistische Erscheinungsbild, d. h. die gleiche Verteilung von heißen und kalten Flecken. Bei dem, was COBE und seine Nachfolger in den Rippeln der Hintergrundstrahlung erkennen, handelt es sich um exakt das gleiche Skaleninvarianz-Muster, aber über mehrere 100 Millionen Lichtjahre hinweg „geschrieben" statt auf einer Kugel, die eine Billion Mal kleiner ist als ein Proton.

BALLONS UND DIE KOSMISCHE HINTERGRUNDSTRAHLUNG

Seit dem Start des COBE-Satelliten hat die Weltraumtechnologie solche Fortschritte gemacht, dass die besten Karten der Hintergrundstrahlung heute von Instrumenten an Bord von Ballons stammen, die in den obersten Schichten der Erdatmosphäre ihre Bahnen ziehen. Und bis die nächste Generation von Mikrowellen-Satelliten vergleichbare Instrumente mit in die Erdumlaufbahn nehmen wird, liefert uns eines dieser Projekte, ein Ballon namens Boomerang, die besten Aufnahmen des Mikrowellen-Universums.

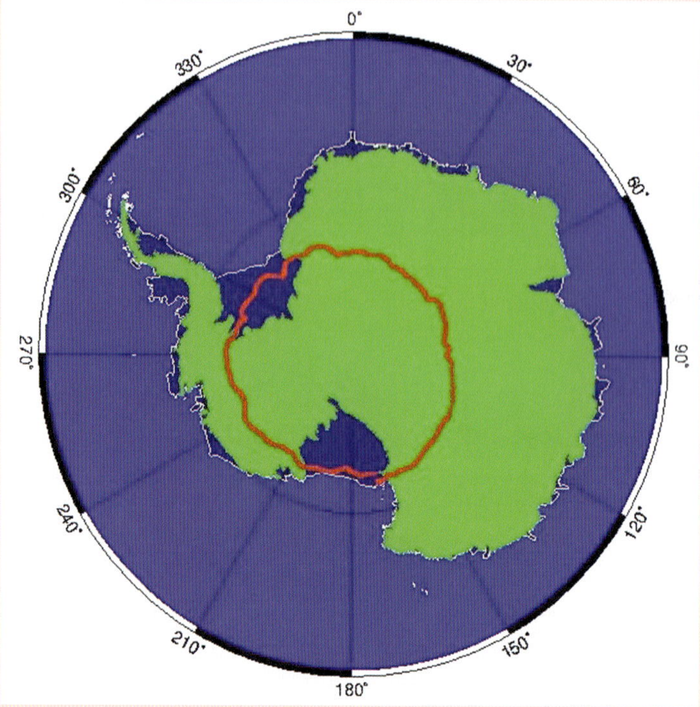

1

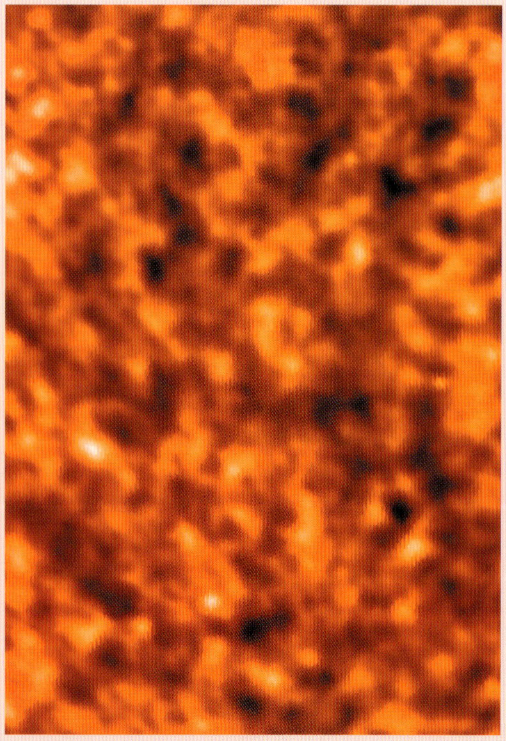
2

Die Reise um die Erde in 10,5 Tagen
Der Ballon Boomerang erhielt seinen Namen aufgrund des Umstands, dass er in großer Höhe eine fast kreisförmige Bahn um die Antarktis zieht und vom Wind getragen immer wieder an seinen Ausgangsort zurückkehrt. Da er dabei den Südpol umkreist, handelt es sich im Prinzip um eine Reise um die Erde. Boomerang startete zu seiner ersten Fahrt am 29. Dezember 1998 und kehrte am 8. Januar 1999 wieder zu seinem Ausgangspunkt McMurdo zurück. Im Grunde reiste er in 10,5 Tagen um die Erde.

Der Ballon, der das Mikrowellenteleskop bis auf 40 km Höhe transportierte, besaß die Größe eines Fußballfelds.

Warum in der Antarktis?
Die Antarktis ist aus verschiedenen Gründen ein hervorragender Startplatz für Ballonmissionen wie das Boomerang-Projekt. Erstens: Da der Weg des Ballons vorhersagbar ist und der Ballon wieder an seinen Ausgangspunkt zurückkehrt, kann er lange Zeit in der Luft bleiben – erheblich länger als vergleichbare Ballons, die in anderen Teilen der Welt gestartet werden und nach wenigen Stunden wieder gelandet werden müssen, weil sie sonst eine Gefahr darstellen oder verloren gehen.

Zweitens: Die Luft über der Antarktis ist kalt und trocken, so dass selbst die restlichen Spuren der Erdatmosphäre in 40 km Höhe sich kaum auf die aufgefangene Hintergrundstrahlung auswirken, welche teilweise von Wasserdampf absorbiert werden kann.

Und drittens: Da die Antarktis unbewohnt ist, wirkt sich der Ballon weder störend auf seine Umwelt aus, noch werden seine Mikrowellendetektoren durch lokale Radio- oder Fernsehsender beeinflusst.

Eisgekühlte Wissenschaft

Trotz dieser ganzen Vorteile ist eine genaue Kartierung des Mikrowellenhimmels nicht einfach. Im Grunde messen die Detektoren die Temperatur der Hintergrundstrahlung an verschiedenen Positionen des Himmels, was ihnen jedoch nur gelingt, wenn die Messinstrumente kälter sind als die Strahlung. Die Strahlung besitzt eine Temperatur von 2,735 K. Die Boomerang-Detektoren wurden auf 0,28 K heruntergekühlt, und zwar in einem riesigen Thermosgefäß, einem Dewar, der sich im Brennpunkt eines 1,3-m-Teleskops befand.

Der Boomerang-Dewar enthielt 65 Liter flüssiges Helium in einem inneren Gefäß und 75 Liter flüssigen Stickstoff in einem äußeren Behälter; zusammen halten diese Kühlflüssigkeiten die Detektoren bis zu zwölf Tage auf der erforderlichen Temperatur.

Bestätigung durch den Ballon

Andere Ballonexperimente bestätigten, dass Boomerang tatsächlich Fluktuationen in der Hintergrundstrahlung misst und nicht irgendwelche falschen „Signale“. Das wichtigste dieser ergänzenden Ballonprojekte trägt den Namen MAXIMA, eine Abkürzung für „Millimeter Anisotropy eXperiment Imaging Array“.

Dieser Ballon besitzt ein ähnliches 1,3-m-Teleskop wie Boomerang, das auf 0,1 K heruntergekühlt wird. MAXIMA entdeckte die gleiche Art von Fluktuationen wie Boomerang, aber am nördlichen Himmel (der Startplatz befand sich in Texas). Die von MAXIMA gelieferten Daten waren von entscheidender Bedeutung, da sie die gleichen Muster von unterschiedlichen Teilen des Himmels zeigten und damit bestätigten, dass die Messdaten von Boomerang einen universellen Effekt wiedergeben.

3

1. Karte der Flugroute des Boomerang-Ballons.

2. Mithilfe von Boomerang erstellte Mikrowellenkarte des Himmels. Die unterschiedlichen Farben repräsentieren Temperaturunterschiede.

3. Start des MAXIMA-Ballons im August 1998.

ZUM THEMA

2.1 Der Urknall
S. 83 Mikrowellen von der Geburtsstunde der Zeit
S. 84 Das erste Licht
S. 90 Die ersten vier Minuten

2.3 Fehlende Masse und die Geburt der Zeit
S. 116 Rippeln in der Hintergrundstrahlung

3

KONTAKT-AUFNAHME

3.1 LEBEN IM UNIVERSUM

Die Erforschung des Weltalls kann für einen Astronomen eine wahre Lebensaufgabe darstellen, denn die Erkundung der Eigenschaften von Sternen und Galaxien auf der Grundlage der hier auf der Erde ermittelten Gesetze der Physik sowie anhand von Informationen, die mithilfe von Teleskopen gewonnen werden, ist nicht nur eine großartige Leistung, sondern auch eine äußerst lohnende Erfahrung. Doch selbst in den Hinterköpfen der besten Astronomen lauert immer die große, entscheidende Frage: Gibt es andere Astronomen dort draußen, die dieselben Sterne und Galaxien aus einer anderen Perspektive betrachten und die ihre eigenen Schlüsse über die Natur des Universums ziehen? Gibt es Leben – und vor allem intelligentes Leben – außerhalb unseres Sonnensystems? Nach Jahrhunderten der Spekulation scheint die Antwort auf diese Frage langsam immer näher zu rücken: Auch wenn eine Reise zu den Sternen nach wie vor ein Wunschtraum bleibt, verfügen wir heute erstmals über die technischen Möglichkeiten, andere, der Erde ähnliche Welten zu entdecken und vielleicht mit ihnen zu kommunizieren.

Vorhergehende Seite: Luftbild des Arecibo-Radioteleskops in Puerto Rico.

ANDERE WELTEN

Solange uns nur eine einzige Planetenfamilie bekannt war (nämlich die um unsere eigene Sonne), bestand die unwahrscheinliche, aber zumindest *denkbare* Möglichkeit, dass dieses Sonnensystem etwas Einzigartiges sein könnte und dass im gesamten Universum keine anderen Planeten existierten. Dies änderte sich im Jahr 1995, als Schweizer Astronomen einen riesigen Planeten entdeckten, der die Hälfte der Jupitermasse besitzt und einen Stern umkreist, der 51 Pegasi heißt und etwa 50 Lichtjahre von der Erde entfernt in Richtung des Sternbilds Pegasus liegt. Die Astronomen konnten den Planeten nicht direkt sehen, doch sie leiteten seine Existenz aus Schwankungen ab, die der umkreisende Planet bei seinen Stern hervorruft, indem er bei seinem Umlauf mal von der einen, mal von der anderen Seite an ihm zieht. Um das Ausmaß dieser Schwankungen zu berechnen, bedienten die Schweizer Forscher sich zwei der wertvollsten Hilfsmittel, die der Astronomie zur Verfügung stehen: der Spektroskopie und des Doppler-Effekts (▷ S. 18 und 81).

Es ist kein Zufall, dass diese Entdeckung in der Mitte der 1990er Jahre gelang, denn erst zu diesem Zeitpunkt hatte die Technik einen Stand erreicht, um solch winzige Doppler-Verschiebungen messen zu können. Wenn sich ein Planet auf „unserer" Seite eines Sterns befindet, zieht er diesen Stern in unsere Richtung, was zu einer winzigen Blauverschiebung der Linien im Sternspektrum führt.

Steht der gleiche Planet auf der anderen Sei-

1 

1. Künstlerische Darstellung des Riesenplaneten 51 Pegasi B im Orbit um seinen Mutterstern 51 Pegasi.

te des Sterns, zieht er den Stern von uns weg, und es tritt eine winzige Rotverschiebung auf (▷ S. 82). In runden Zahlen ausgedrückt, verändert sich die Geschwindigkeit des betreffenden Sterns um etwa zehn Meter pro Sekunde, was etwa dem Tempo eines olympiareifen 100-Meter-Läufers entspricht.

Die große Überraschung

Der Stern 51 Pegasi war für eine Untersuchung mittels der Doppler-Technik ausgewählt worden, weil es sich um einen gelben, unserer Sonne nicht unähnlichen Stern handelt. Das Wichtigste an dieser Entdeckung war, dass sie zeigte, dass auch andere sonnenähnliche Sterne von Planeten umkreist werden, unser Sonnensystem ist also in dieser Hinsicht keineswegs einmalig. Aber es gab eine große Überraschung – denn wie alle Entdecker, die unbekanntes neues Terrain betreten, stießen auch die Planetenjäger auf das Unerwartete. Obwohl es sich bei dem Planeten im Orbit von 51 Pegasi um einen Riesenplaneten ähnlich wie Jupiter handelt, umkreist er seinen Stern in wesentlich kürzerem Abstand als jeder der Planeten unseres eigenen Sonnensystems (einschließlich des Merkur) unsere Sonne. Aufgrund der Wärme seines Sterns müssen daher auf der Oberfläche des Planeten Temperaturen von über 1.000 Grad Celsius herrschen. Und während Jupiter für eine Umkreisung der Sonne etwas über elf Jahre benötigt, umrundet der neu entdeckte Planet sein Muttergestirn in 4,23 *Tagen*.

Die Überraschung war so groß, dass viele andere Forscher sich fragten, ob das Schweizer Astronomenteam vielleicht einen Fehler begangen haben könnte; doch kurz darauf wurden ihre Beobachtungen von einem Forschungsteam in den Vereinigten Staaten und später auch von anderen Teams bestätigt. Innerhalb der nächsten beiden Jahre entdeckte man um andere Sterne vier weitere dieser „heißen Jupiter" sowie vier jupiterähnliche Planeten auf relativ „normalen" Umlaufbahnen (zumindest aus der Perspektive unseres Sonnensystems gesehen). Doch die Fragen blieben: Wie können jupiterähnliche Planeten auf eine Umlaufbahn in derart unmittelbarer Nähe zu ihren Sternen gelangen? Und welche Art von Planetensystem ist wirklich „normal", unser Sonnensystem oder Systeme wie 51 Pegasi?

Planeten in Hülle und Fülle

Die beste Antwort auf die erste Frage scheint darin zu bestehen, dass derartige Riesenplaneten sich in großer Entfernung zu ihrem Mutterstern bilden (ähnlich wie in unserem Sonnensystem), doch von ihrem Stern nach innen gezogen werden, so lange in der Scheibe, in der sie sich bilden (▷ S. 39), noch genug Staub vorhanden ist, der sie durch Reibung abbremst, so dass sie Richtung Stern „fallen". Wenn der Staub weniger wird – und damit auch die Reibung nachlässt –, behalten sie ihre neue Umlaufbahn bei.

Die ehrliche Antwort auf die zweite Frage lautet: „Wir wissen es nicht." Allerdings sollte

▷ DER ERSTE „SICHTBARE" PLANET

Im Sommer 1999 gaben Astronomen der Universität St. Andrews in Schottland sowie der Harvard University bekannt, dass sie erstmals einen „extrasolaren" Planeten „gesehen" hätten. Dieser Planet umkreist den Stern Tau Bootis, der für das Planetensuchprojekt ausgewählt worden war, weil er in seiner Größe der Sonne ähnelt, aber bei bestimmten Wellenlängen um einiges heller strahlt als unser Mutterstern. Der Planet, den man um Tau Bootis vermutet, ist zu weit entfernt, um ihn direkt fotografieren zu können, aber das Licht des Hauptsterns, das von seiner Oberfläche reflektiert wird, kann vermischt mit dem reinen Sternenlicht von Teleskopen auf der Erde gemessen werden. Das reflektierte Licht vom Planeten ist zehntausendmal schwächer als das direkte Sternlicht; es lässt sich aber im Sternlicht nachweisen, weil sich der Planet mit einer Geschwindigkeit von 150 km pro Sekunde um Tau Bootis bewegt und so eine Doppler-Verschiebung im vom Planeten reflektierten Licht erzeugt, die sich rhythmisch verändert.

Dieser erste unmittelbar beobachtete „extrasolare" Planet besitzt etwa 1,4-mal soviel Masse wie der Jupiter und ist mit größter Wahrscheinlichkeit genau wie dieser ein Gasplanet. Bisher steht die Bestätigung dieser bedeutenden Entdeckung jedoch noch aus.

man eine Tatsache nicht vergessen: Größere Planeten lassen sich leichter ausfindig machen als kleinere, und noch leichter sind sie zu entdecken, wenn sie nahe am Mutterstern kreisen (je näher, desto stärker die Doppler-Verschiebung). Also sind Systeme wie 51 Pegasi die am leichtesten zu findenden, und es ist kein Wunder, dass sie als Erste entdeckt wurden. Planetensysteme wie unser Sonnensystem lassen sich dagegen sehr viel schwerer entdecken. Sie mögen existieren, doch unsere Messgeräte sind noch nicht gut genug, um sie mit Hilfe der Doppler-Technik zu erkennen. „Die Nichtexistenz eines Beweises ist noch kein Beweis der Nichtexistenz", wie Astronomen gern zu sagen pflegen. Doch inzwischen hat man so viele „extrasolare" Riesenplaneten entdeckt, dass wir durchaus davon ausgehen dürfen, dass es draußen im Universum auch ein paar kleinere Planeten gibt. Bis zur Jahrtausendwende waren 28 dieser Riesen entdeckt worden, von denen allein drei in einer Umlaufbahn um den Stern Ypsilon Andromedae kreisten. Doch um eine Vorstellung davon zu bekommen, wie groß die Chancen sind, dass es im Universum weitere erdähnliche Planeten gibt, sollten wir zunächst eine Bestandsaufnahme der Eigenschaften durchführen, die unseren Planeten in diesem Sonnensystem so einzigartig machen.

1

1. Künstlerische Darstellung eines Planeten im Orbit um den Stern Tau Bootis. (Der im Vordergrund abgebildete Mond ist frei erfunden.)

1

2

GOLDLÖCKCHEN UND DER BLAUE PLANET

Die Erde wird manchmal auch als „Goldlöckchen-Planet" bezeichnet, denn so wie im Märchen nur der Haferbrei von Baby Bär die richtige Temperatur für Goldlöckchen hatte, bietet auch nur sie exakt die richtigen Bedingungen für Leben auf ihrer Oberfläche. Dazu zählen vor allem die Existenz von Wasser sowie die lebensfreundlichen gemäßigten Temperaturen unseres „blauen Planeten".

Die Erde liegt etwa in der Mitte der so genannten „Lebenszone" rund um unsere Sonne. Der Planet Venus ist größenmäßig fast ein Zwilling der Erde, liegt aber deutlich näher an der Sonne. Wäre Venus ein wenig weiter von der Sonne entfernt entstanden, hätten sich möglicherweise auf ihr Ozeane bilden und somit Leben entwickeln können. Doch die große Hitze zum Zeitpunkt ihrer Entstehung verhinderte, dass Wasser in flüssiger Form ihre Oberfläche bedecken konnte; stattdessen stieg es als Wasserdampf in die Atmosphäre auf. Dies führte zu einem starken Treibhauseffekt, der in Kombination mit der großen Nähe zur Sonne die Oberflächentemperaturen auf der Venus auf über 700 K ansteigen ließ.

Der Mars ist wesentlich kleiner als die Erde, besitzt nur ein Zehntel ihrer Masse, und ist etwa 1,5-mal so weit von der Sonne entfernt wie unser Planet. Wenn die Erde sich auf der Umlaufbahn des Mars bewegen würde, wäre sie wahrscheinlich immer noch ein fruchtbarer Planet, dank des Treibhauseffekts ihrer Atmosphäre. Doch die Schwerkraft des Mars ist zu gering, um eine dicke Atmosphäre festzuhalten, und die Kombination aus einer dünnen Atmosphäre und der großen Entfernung zur Sonne sorgt dafür, dass die winterlichen Nachttemperaturen auf der Oberfläche des „roten Planeten" unter -111 °C sinken.

Im Extremfall könnte man sagen, dass sich die Lebenszone um die Sonne von der Venus- bis zur Marsbahn erstreckt (mit der Erde etwa in der Mitte). Wenn dies zutrifft, dürfte man im Universum nur selten Leben antreffen. Die

1. Die Erde bietet dem Leben ideale Bedingungen – im Gegensatz dazu ist die Venus (2.) zu heiß und der Mars (gegenüberliegende Seite) zu kalt.

1

Chancen, mehr als einen Planeten in einer ähnlichen Lebenszone rund um einen anderen Stern zu finden, wären äußerst gering, und eine ganze Reihe von Unwägbarkeiten könnten verhindern, dass sich Leben auf diesem einen geeigneten Planeten entwickelt. Doch als die ersten Raumsonden die äußeren Bereiche unseres Sonnensystems erreichten, stellten sie fest, dass diese pessimistische Sichtweise nicht unbedingt zutreffen musste.

Ausdehnung der Lebenszone

Wenn wir davon ausgehen, dass das Leben auf anderen Planeten dem Leben auf der Erde ähnelt, ist die Suche nach außerirdischem Leben letztendlich eine Suche nach Wasser in flüssiger Form. Ohne flüssiges Wasser gibt es kein Leben.

Auf den ersten Blick scheint es, als ob die Oberfläche jedes Planeten jenseits des Mars zu kalt wäre für Wasser in flüssiger Form. Doch gegen Ende der 1990er Jahre schickte die Raumsonde Galileo Bilder des Jupitermonds Europa zur Erde, die zeigten, dass dieser Mond nahezu vollständig von einer Art Eisschicht bedeckt ist, die auf einem Ozean aus flüssigem Wasser treibt und die an das Packeis auf dem Nordpolarmeer der Erde erinnert. Auch wenn er kleiner ist als unser eigener Mond, misst Europa im Durchmesser immer noch 3.138 Kilometer und bietet damit durchaus genügend Platz für mögliche Lebensformen. Doch wodurch bleibt er so gleichmäßig warm?

Die Antwort scheint darin zu bestehen, dass Europa auf ihrer Umlaufbahn um Jupiter den Gravitationskräften ihres Mutterplaneten und denen der anderen Jupitermonde ausgesetzt ist, die zusammen eine wechselnde Gezeitenkraft ergeben. Diese „knetet" den Kern Europas unablässig durch, so dass er rhythmisch zusammengepresst und auseinander gezogen wird, ganz ähnlich wie die Anziehungskräfte von Sonne und Mond den Gezeitenwechsel auf der Erde hervorrufen. Dieses „Kneten" erzeugt genug Wärme, um das Eis zu schmelzen, aus dem der größte Teil dieses Jupitermonds

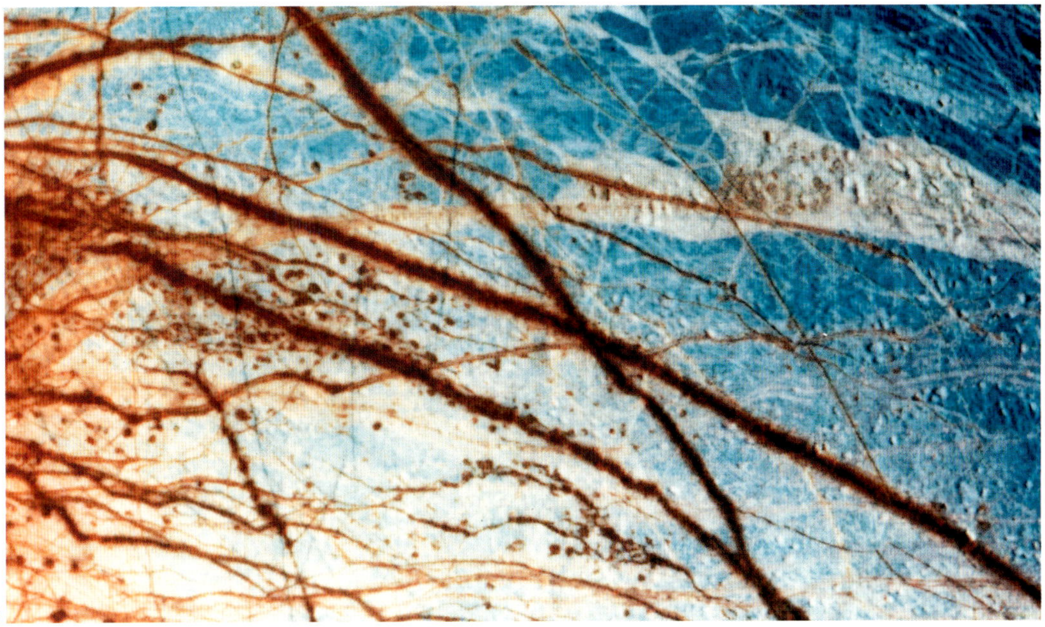

2

Als der erste Pulsar entdeckt wurde, nahm man an, dass es sich bei seinen regelmäßig wiederkehrenden „Signalen“ um Botschaften von Außerirdischen handeln könnte!

1. Familienfoto des Jupiter und seiner vier größten Monde.

2. Nahaufnahme von der vereisten Oberfläche des Jupitermonds Europa.

3. Die Lebenszone rund um die Sonne.

besteht. Das so entstehende Klima dürfte zwar nicht unbedingt für menschliche Wesen geeignet sein, aber wenn Leben in den eisigen Gewässern der Polarmeere existieren kann, ist dies im Prinzip auch auf Europa möglich.

Aufgrund dieser Entdeckung vergrößerte sich die mögliche Lebenszone rund um unsere Sonne mit einem Schlag um das Doppelte.

Hitze aus dem Inneren

Doch es gibt auch andere Möglichkeiten der Wärmeerzeugung: Die Erde beispielsweise produziert in ihrem Inneren Wärme durch Radioaktivität, so dass der Erdkern geschmolzen bleibt. Wenn ein Planet wie die Erde auf einer Umlaufbahn zwischen Jupiter und Mars entstünde, wäre die Oberfläche wahrscheinlich zu kalt für flüssiges Wasser, doch er könnte sehr tiefe, vereiste Ozeane besitzen, da nur sehr wenig des ursprünglich vorhandenen Wassers verdampft wäre. Und aufgrund der inneren Wärme dieses Planeten würden sämtliche Eisschichten ab einer Tiefe von 14 Kilometern schmelzen.

Gegen Ende des 20. Jahrhunderts erkannten die Astronomen, dass sie die Chance, an anderer Stelle im Universum flüssiges Wasser – und damit fremde Lebensformen – zu entdecken, viel zu gering eingeschätzt hatten.

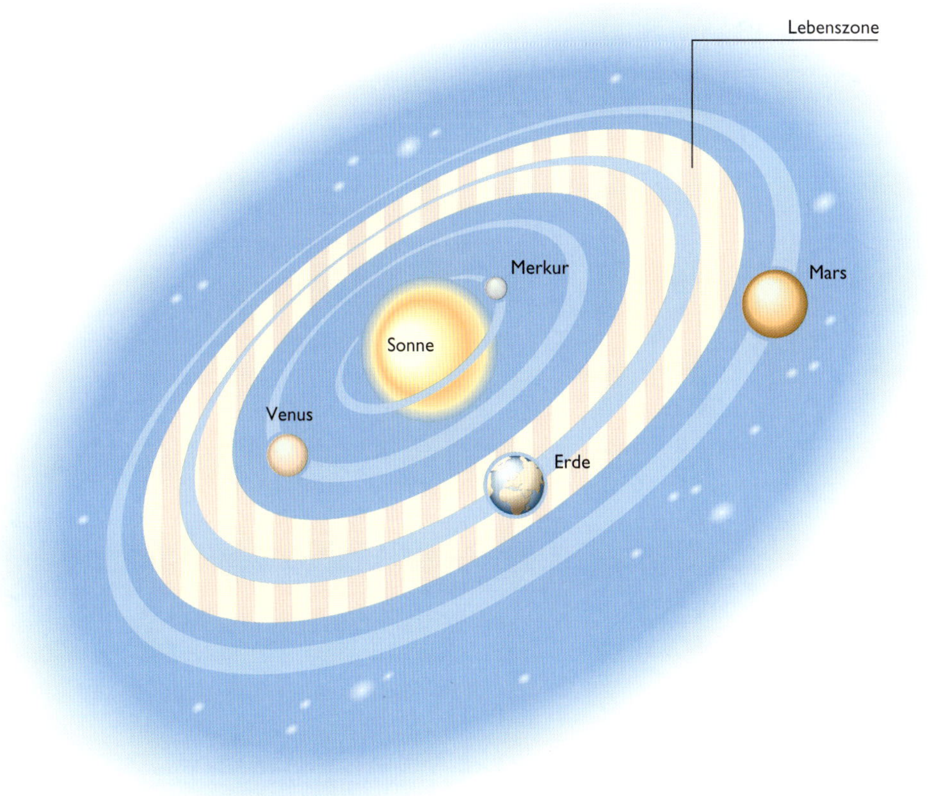

3

LEBEN AUF DER ERDE

Zu den größten Geheimnissen der Biologie zählt die Frage, wie sich so kurz nach der Entstehung unseres Planeten Leben entwickeln konnte. Die Erde bildete sich vor etwa 4,5 Milliarden Jahren, doch erst etwa eine halbe Milliarde Jahre später kühlte die Kruste so weit ab, dass auf ihr Wasser fließen konnte. Dennoch finden sich fossile Beweise, die besagen, dass bereits vor 3,9 Milliarden Jahren bakterielles Leben auf der Erde existierte. Kann wirklich in knapp einhundert Millionen Jahren aus dem Nichts Leben auf der Erde entstanden sein?

2

Kosmischer Regen

Doch vielleicht musste sich das Leben auf der Erde gar nicht von Grund auf neu entwickeln. Seit den 1960er Jahren hat man immer häufiger festgestellt, dass Materiewolken im interstellaren Raum eine Vielzahl komplexer Kohlenstoffverbindungen enthalten, das Rohmaterial des Lebens. Heute geht man davon aus, dass Kometeneinschläge auf der noch jungen Erde einige dieser Rohmaterialien auf die Oberfläche unseres Planeten brachten und so die Entstehung des Lebens auf der Erde beschleunigten.

1986 funkten die Kameras an Bord der Raumsonden Giotto und Vega Bilder eines dunklen Materials zur Erde, das den vereisten Kern des Halleyschen Kometen bedeckte, und spektroskopische Untersuchungen ergaben, dass dieses Material eine Vielzahl kohlenstoffreicher Moleküle enthielt. Beobachtungen mit Teleskopen auf der Erde haben gezeigt, dass die Gase, die die Kometen auf so spektakuläre Art sichtbar machen, ebenfalls mit Kohlenstoffverbindungen angereichert sind und Methan und Äthan enthalten. Diese Tatsache ist von größter Bedeutung, da es sich bei Kohlenstoff um den Grundstoff sämtlichen Lebens handelt. Mikroskopisch kleine Staubpartikel aus dem Weltall – größtenteils Reste ehemaliger Kometen – gehen ständig auf die Erde nieder, und Analysen von Proben, die in großer Höhe gesammelt wurden, lassen den Schluss zu, dass täglich etwa 30 Tonnen organischer Kohlenstoffverbindungen auf die Erdoberfläche „regnen“.

1

Leben aus den Wolken

Der eigentliche Ursprung all dieser Materie ist eine interstellare Molekülwolke, in der unser Sonnensystem entstand. Spektroskopische Studien haben die Existenz vieler organischer Kohlenstoffverbindungen wie Formaldehyd oder Äthylalkohol (auch als Trinkalkohol bekannt) nachgewiesen. Aber die wichtigste Entdeckung fand 1994 statt, als erstmals Glycin – die einfachste Aminosäure – im Weltall entdeckt wurde. Unter den über 100 im Weltraum existierenden Molekülarten ist diese Verbindung die wichtigste, weil Aminosäuren die Grundbausteine der Eiweiße bilden, aus denen letztlich unser Körper besteht.

Es lässt sich kaum nachvollziehen, wie in knapp 100 Millionen Jahren aus einfachen Verbindungen wie Kohlendioxid und Wasser lebende Bakterien entstanden sein sollen. Aber wenn auf der noch jungen Erde bereits komplexe organische Moleküle wie Aminosäuren vorhanden waren, dürfte der Entwicklungsprozess wesentlich schneller abgelaufen sein.

Das Problem des Ursprungs der komplexen organischen Moleküle, der Vorläufer des Lebens, hat sich somit von der Erde in den Weltraum verlagert. Dort war Zeit genug – Milliarden von Jahren – für die ersten Schritte auf dem Weg zum Leben und für die Bildung der ersten Lebenskeime, auch wenn kalte Wolken aus Gas und Staub nicht unbedingt der ideale Platz für den Ablauf chemischer Prozesse zu sein scheinen.

3

1. Fossilien enthüllen uns die Geschichte des Lebens auf der Erde. Die ältesten Fossilien beweisen, dass bereits kurz nach der Abkühlung der Erdkruste Leben auf der Erde existierte.

2. Der Pferdekopfnebel ist eine Dunkelwolke im Weltraum und besteht aus dem Staub, aus dem sich Planetensysteme bilden.

3. Der zentrale Kern des Halleyschen Kometen (fotografiert von der Raumsonde Giotto) besteht aus den Resten des Materials, aus dem unser Sonnensystem entstand.

ZUM THEMA

1.1 Wege durch das Universum
S. 17 Alle Sterne sind Sonnen

1.2 Ein Stern entsteht
S. 31 Der Orionnebel
S. 39 Scheiben aus Staub

1.3 Sternentwicklung
S. 53 Die Elementschmiede

3.2 Kommunikation mit den Sternen
S. 164-65 Panspermie

GIBT ES ANDERE ERDEN?

Mithilfe der „Doppler-Verschiebungen", die Planeten im Licht ihrer Muttersterne erzeugen, können bislang keine erdähnlichen Planeten nachgewiesen werden, die sich in erdähnlichen Umlaufbahnen um einen anderen Stern befinden. Aber es gibt zwei Techniken, mit deren Hilfe Astronomen glauben, solche Planeten auch mit erdgebundenen Teleskopen lokalisieren zu können – neben den Möglichkeiten, die sich durch die Weiterentwicklung der Weltraumtechnologie ergeben.

Die erste dieser beiden Techniken basiert darauf, dass ein Lichtstrahl abgelenkt wird, wenn er dicht an einer sehr großen Masse entlang verläuft. Dieses Phänomen der so genannten „Gravitationslinse" wurde erstmals 1919 von Astronomen angewandt, die damit Albert Einsteins Allgemeine Relativitätstheorie überprüften. Als sie das Licht weit entfernter Sterne studierten, das während einer totalen Sonnenfinsternis an der Sonne vorbei ging, stellten sie fest, dass die Strahlen durch die Sonne genau in dem Winkel abgelenkt wurden, den Einstein in seiner Theorie vorhergesagt hatte. Der Effekt fällt umso stärker aus, je größer und massereicher das ablenkende Objekt (die „Gravitationslinse") ist; daher ist er bei einem Planeten von der Größe der Erde wesentlich kleiner als bei der Sonne. Dennoch sollte er selbst bei Planeten messbar sein, die andere Sterne umkreisen, sofern die Bedingungen günstig sind.

Dies ist in zwei Fällen gegeben: Wenn von der Erde aus gesehen ein Stern exakt vor einem anderen Stern vorüberzieht, lässt der Linseneffekt des näher gelegenen Sterns den weiter entfernten Stern mehrere Wochen lang scheinbar heller strahlen. Und falls den näheren Stern ein Planet von der Größe der Erde umkreist, erzeugt dieser Planet einen kleineren zusätzlichen Helligkeitsanstieg, wenn er unsere Sichtlinie durchquert.

Gegen Ende der 1990er Jahre beobachteten Astronomen der University of Notre Dame in Indiana genau einen solchen doppelten Helligkeitsanstieg, als zwei Sterne voreinander vorüberzogen. Aus der Stärke des kleineren Anstiegs und seiner geringen Dauer – nur zweieinhalb Stunden – errechneten sie, dass dieser von einem Planeten verursacht worden sein könnte, der nur wenig mehr Masse aufwies als die Erde und der seinen Mutterstern in einer ähnlichen Entfernung umkreiste wie Venus, Erde und Mars unsere Sonne. Diese einzelne Beobachtung ist natürlich kein Beweis dafür, dass noch andere Erden existieren, und leider besteht auch nicht die Möglichkeit, einen zweiten Blick auf diesen möglichen Planeten zu werfen – es handelte sich um ein einmaliges Ereignis.

Der Drachenplanet

Andere Astronomen haben dagegen versucht, nach den winzigen Helligkeitszu- und -abnahmen Ausschau zu halten, die auftreten, wenn ein Planet auf seiner Umlaufbahn vor seinem Stern vorüberzieht. Das wäre ein sehr seltenes Ereignis, denn es besteht kaum die Chance, dass die Lage der Umlaufbahn eines Planeten auf die Erde ausgerichtet ist. Gegen Ende des Jahres 1999 berichtete ein internationales Team von Astronomen, dass es ein derartiges Muster im Licht von CM Draconis entdeckt habe. Es legte den Schluss nahe, dass es sich um einen Planeten von der zweieinhalbfachen Masse der Erde handelt, der genau in der Lebenszone um seinen Stern kreist. Auch diese Entdeckung muss noch bestätigt werden, aber sie zeigt ebenfalls, dass unsere Technologie weit genug entwickelt ist.

Die Beispiele von Venus und Mars zeigen uns jedoch auch, dass die Existenz eines Gesteinsplaneten in einer Lebenszone noch lange nicht bedeutet, dass dort auch Leben existiert. Gibt es überhaupt eine Methode, mit der unsere Astronomen, ohne jemals unser Sonnensystem zu verlassen, feststellen können, ob auf einem Himmelskörper wie dem Drachenplanet Leben existiert? Erstaunlicherweise lautet die Antwort „Ja". Die Erkenntnisse, auf denen diese Möglichkeit fußt, stammen aus den 1960er Jahren, als der britische Wissen-

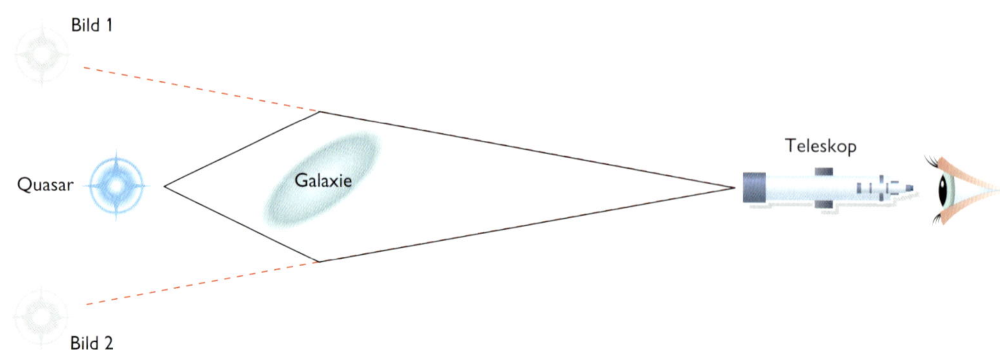

1. Diese schematische Darstellung zeigt, wie die Schwerkraft einer Galaxie das Licht eines fernen Quasars (quasistellare Radioquelle) ablenken kann.

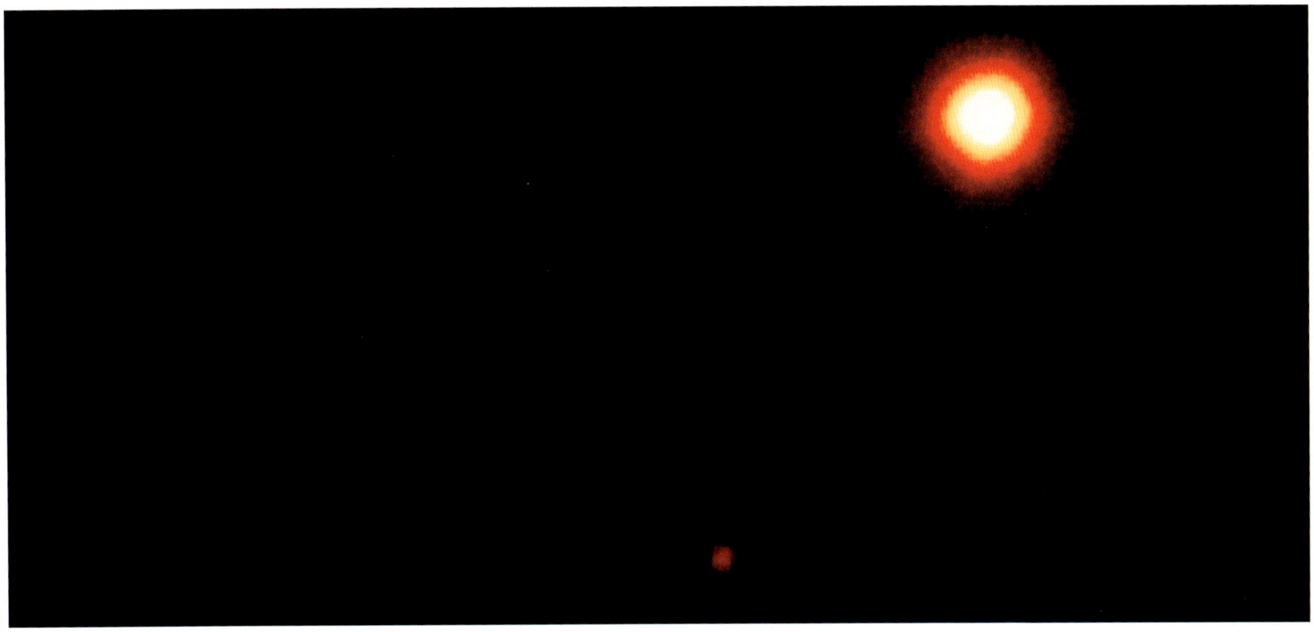
2

2. Wir wissen heute, dass mindestens ein Planet den Stern 51 Pegasi (Bild) umkreist.

schaftler Jim Lovelock Instrumente für die NASA entwarf, mit deren Hilfe Raumsonden nach Anzeichen für Leben auf dem Mars forschen sollten. Lovelock erkannte, dass es sich dabei um reine Zeitverschwendung handelte, da spektroskopische Messungen bereits ergeben hatten, dass die Atmosphäre auf dem Mars aus trägem (inertem) Kohlendioxid besteht, was bedeutet, dass es sich um einen toten Planeten handelt. Die chemischen Verbindungen in der Marsatmosphäre befinden sich in niedrigen Energiezuständen, die verhindern, dass es zu interessanten Reaktionen kommen kann (das Gleiche gilt auch für die Venus). Die Atmosphäre der Erde besitzt dagegen viel hoch reaktionsfähigen Sauerstoff sowie eine Reihe weiterer Gase in hohen Energiezuständen, die in der Lage sind, miteinander zu reagieren. Wären nur chemische Prozesse am Werk, würden all diese Stoffe miteinander reagieren, wobei wieder eine inerte Atmosphäre entstünde. Doch das Vorhandensein von Leben, das Sonnenlicht dazu benutzt, reaktionsträge Stoffe aufzubrechen und aktive Stoffe an die Luft abgibt, macht die Erde letztlich so außergewöhnlich.

Diese Erkenntnis führte dazu, dass Lovelock die so genannte „Gaia-Hypothese" entwickelte,

EIN PULSAR MIT PLANETEN

Zum großen Missfallen der Radioastronomen werden die in ihren Augen ersten je entdeckten extrasolaren Planeten von all den Astronomen fast völlig ignoriert, die mit optischen Teleskopen nach Planeten im All suchen. Diese Entdeckung fand im Jahr 1992 statt und ergab sich aus der Analyse der Radiopulse, die von dem Pulsar PSR B1257 +12 stammten. Mithilfe der radioastronomischen Doppler-Schwankungsmethode fanden die Wissenschaftler spektroskopische Spuren dreier Planeten im Orbit um den Pulsar. Seltsamerweise ist dieses System bezüglich der Massen und der Umlaufbahnen seiner Planeten unter allen bis heute entdeckten Systemen dasjenige, das die größte Ähnlichkeit zu unserem Sonnensystem aufweist, nur dass diese Planeten auf engeren Umlaufbahnen um ihren Stern kreisen als die drei inneren Planeten unseres Sonnensystems.

Der Grund, warum die meisten Planetenjäger die Entdeckung der Radioastronomen ignorieren und den Planeten im Orbit um 51 Pegasi als den ersten „richtigen" extrasolaren Planeten betrachten, besteht darin, dass sich die Planeten um PSR B1257 +12 erst gebildet haben können, nachdem der Neutronenstern kollabiert ist, sämtliche ursprünglich existierenden Planeten wären in der Supernova zerstört worden, aus der der Neutronenstern hervorging. Also müssen diese Himmelskörper sich stark von den Planeten in unserem Sonnensystem unterscheiden, so wie auch ein Pulsar sich kaum mit unserer Sonne vergleichen lässt. Nichtsdestotrotz handelt es sich um Planeten, die sich auf einer Umlaufbahn rund um einen Stern befinden.

nach der die Erde einen geschlossen funktionierenden Superorganismus darstellt, in dem sich physikalische und biologische Vorgänge gegenseitig beeinflussen und so ein im Grunde labiles Gleichgewicht aufrecht erhalten.

Auf der Suche nach Lebenszeichen

Die beste Methode, erdähnliche Planeten im Weltall aufzuspüren, dürfte darin bestehen, große Teleskopreihen im Weltall zu platzieren, die das berühmte Hubble-Weltraumteleskop bei weitem übertreffen. Die Grundidee besteht darin, mehrere große Schüsseln so miteinander zu verbinden, dass sie wie ein einziges riesiges Teleskop funktionieren, und sie in möglichst großem Abstand zur Erde ins Weltall zu bringen, damit keinerlei Störungen die Beobachtungen beeinflussen können. Da Planeten sehr viel kälter sind als Sterne, strahlen sie ihre Energie im infraroten Bereich des Spektrums ab (▷ S. 18). Die Weltraumteleskope werden daher so konstruiert, dass sie diesen Teil des Spektrums beobachten: Wenn sie dann eine Infrarotquelle neben einem Stern ähnlich unserer Sonne entdecken, stehen die Chancen gut, dass es sich um einen Planeten handelt.

Die ESA hat bereits Entwürfe für ein solches System, das den Namen „Projekt Darwin" trägt, in Arbeit. Das Gegenstück der NASA ist der so genannte „Terrestrial Planet Finder" (TPF). Es gilt als wahrscheinlich, dass beide Projekte zusammengelegt werden, um Kosten und Ressourcen zu sparen. Was diese Projekte, trotz ihrer hohen Kosten, so interessant macht, ist die Tatsache, dass sich gerade im Infrarotbereich des Spektrums charakteristische Signaturen chemischer Bestandteile nachweisen lassen, die mit Leben auf der Erde in Zusammenhang stehen; dazu gehören Sauerstoff und Ozon, die dreiatomige Form des Sauerstoffs, sowie Wasserdampf, die alle im infraroten Teil des Spektrums ihre „Fingerabdrücke" hinterlassen. Teleskope wie Darwin/TPF können frühestens ab 2030 ins Weltall geflogen werden und wären dann sofort in der Lage, Planeten in Umlaufbahnen um Sterne aufzuspüren, die zwischen drei bis fünf Parsec von der Erde entfernt sind. Spektren dieser Himmelskörper zu erhalten, dürfte etwas länger dau-

1

EIN WEITERES „SONNENSYSTEM"

Im Jahre 1997 stießen Astronomen mithilfe der Doppler-Schwankungsmethode auf einen Planeten von etwa der Masse des Jupiter, der um einen Stern im Sternbild Andromeda kreiste. Zwei Jahre später entdeckten sie zwei weitere Riesenplaneten um denselben Stern. Bis deren Massen sowie einige Details ihrer Umlaufbahnen festgestellt waren, verging eine ganze Zeit – hauptsächlich deshalb, weil sich die spektroskopischen Signaturen der einzelnen Planeten im Licht des Sterns untereinander vermischten. Doch im Frühjahr 1999 wurde deutlich, dass sich das komplizierte Muster der Doppler-Verschiebungen im Spektrum des Sterns am ehesten mit der Existenz dreier – und nicht nur eines – Planeten erklären ließ.

Die Masse des Sterns liegt etwa 30 Prozent über der der Sonne, und er hat etwa die Hälfte seiner Verweildauer auf der Hauptreihe hinter sich (▷ S. 51), was auf ein Alter von rund drei Milliarden Jahren schließen lässt. Das gesamte System liegt 13 Parsec von uns entfernt. Der innerste der drei bekannten Planeten, dessen Masse etwa 70 Prozent der Jupitermasse beträgt, „saust" in 4,6 Tagen einmal rund um seinen Stern. Der nächstfolgende Planet benötigt für eine Umrundung 242 Erdentage und ist doppelt so groß wie Jupiter, während der dritte Planet in 1.270 Erdentagen eine Umlaufbahn vollendet und die vierfache Masse des Jupiter besitzt. Weder der Stern noch seine Planeten weisen besonders ungewöhnliche Merkmale auf, doch sie sind der erste Beweis für die Existenz nicht nur einzelner extrasolarer Planeten, sondern auch ganzer Planetensysteme außerhalb unseres Sonnensystems.

1. So könnten Weltraumteleskope aussehen, mit denen sich Planeten um andere Sterne beobachten lassen (künstlerische Darstellung).

2. Diese Simulation zeigt, auf welche Weise ein Teleskop wie das Darwin-System den inneren Teil unseres Sonnensystems wiedergeben würde.

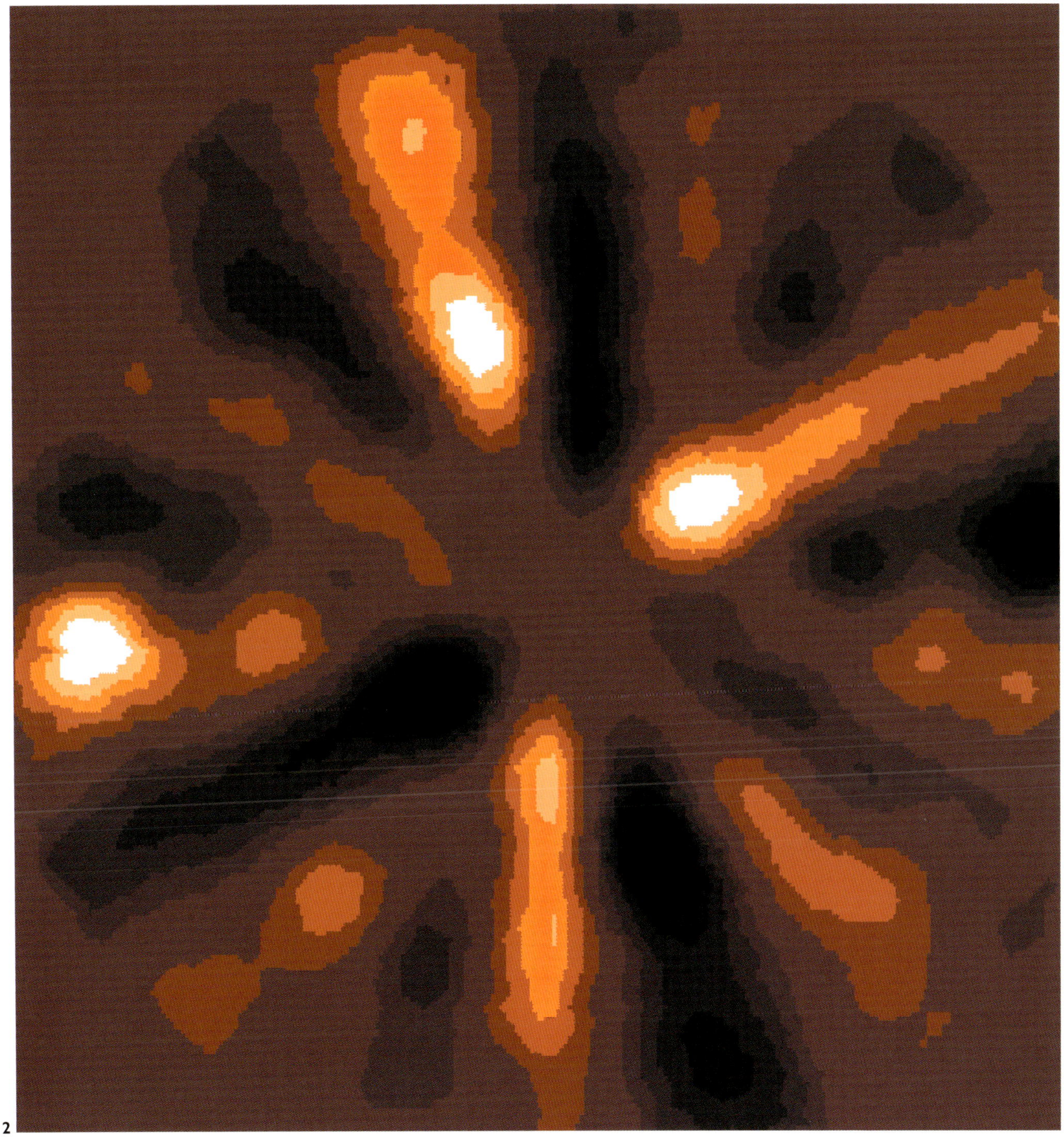

2

ern, aber falls diese Projekte wie geplant durchgeführt werden, sollten wir innerhalb der nächsten 50 Jahre wissen, ob es sich um tote Planeten wie die Venus und den Mars handelt oder ob wir wirklich auf andere Erden gestoßen sind.

3.2 KOMMUNIKATION MIT DEN STERNEN

Die meisten Menschen, die von einem Kontakt mit anderen Zivilisationen jenseits unseres Sonnensystems träumen, sprechen in diesem Zusammenhang von der „Suche nach außerirdischer Intelligenz". Sie gehen davon aus, dass der Kontakt zu derartigen Intelligenzen entweder per Funkkommunikation oder durch das Versenden von Raumsonden ins Weltall zustande kommen wird. Doch im Grunde sind diese Astronomen auf der Suche nach außerirdischen Technologien. Denn natürlich können wir (noch) nicht ernsthaft darauf hoffen, eine Zivilisation auf dem Niveau der alten Römer zu entdecken – obwohl sie sowohl ein intelligentes als auch zivilisiertes Volk waren. Und genauso gut kann es Zivilisationen geben, die in gewisser Hinsicht zwar weiter fortgeschritten sind als wir – älter und hoffentlich friedlicher –, die aber niemals Maschinen oder drahtlose Kommunikation entwickelt haben. Doch im Augenblick besteht die einzige reelle Aussicht darauf, außerirdische Intelligenz zu entdecken, in der Nutzung der uns zur Verfügung stehenden Technologie – und vor allem eines ganz bestimmten Bereichs, der Funktechnologie.

ERSTE SCHRITTE

Manche Politiker äußern sich gelegentlich besorgt über die Möglichkeit einer gegenseitigen Kontaktaufnahme mit fremden Intelligenzen. Sie befürchten, dass die Erfahrung einer Begegnung mit einer überlegenen Zivilisation unsere Zivilisation auf der Erde zerstören könnte, ähnlich wie der Kontakt mit den Europäern die Kultur und Zivilisation der amerikanischen Indianer zerstörte. Aus diesem Grunde änderten die an einer Kontaktaufnahme interessierten Astronomen den Namen ihres Programms von CETI (Kommunikation mit außerirdischer Intelligenz) in SETI (Suche nach außerirdischer Intelligenz), um damit anzudeuten, dass wir auch nach anderen Zivilisationen im All forschen können, ohne notwendigerweise unsere Existenz preiszugeben.

Kontaktaufnahme per Zufall

Doch dafür ist es im Grunde bereits zu spät. Seit über 50 Jahren senden wir bereits, mehr oder weniger unüberlegt, ins Weltall hinaus. Die ersten Radiowellen drangen noch nicht in den Weltraum vor, weil ihre Signale von der Ionosphäre zurückgeworfen wurden, einer Schicht elektrisch geladener Teilchen hoch in der Erdatmosphäre (darüber hinaus wären diese sehr schwachen Signale kaum über interstellare Entfernungen zu orten gewesen). Die ersten Signale, die die Ionosphäre durchdringen und selbst in großen Entfernungen noch geortet werden konnten, wurden 1936 während der Olympischen Spiele in Berlin von der BBC in den Äther geschickt. Ihnen folgten relativ schnell die ersten Fernsehsendungen, Radarwellen und in den letzten Jahren die starken Funksignale, mit denen die Aktivitäten der interplanetarischen Raumsonden gesteuert

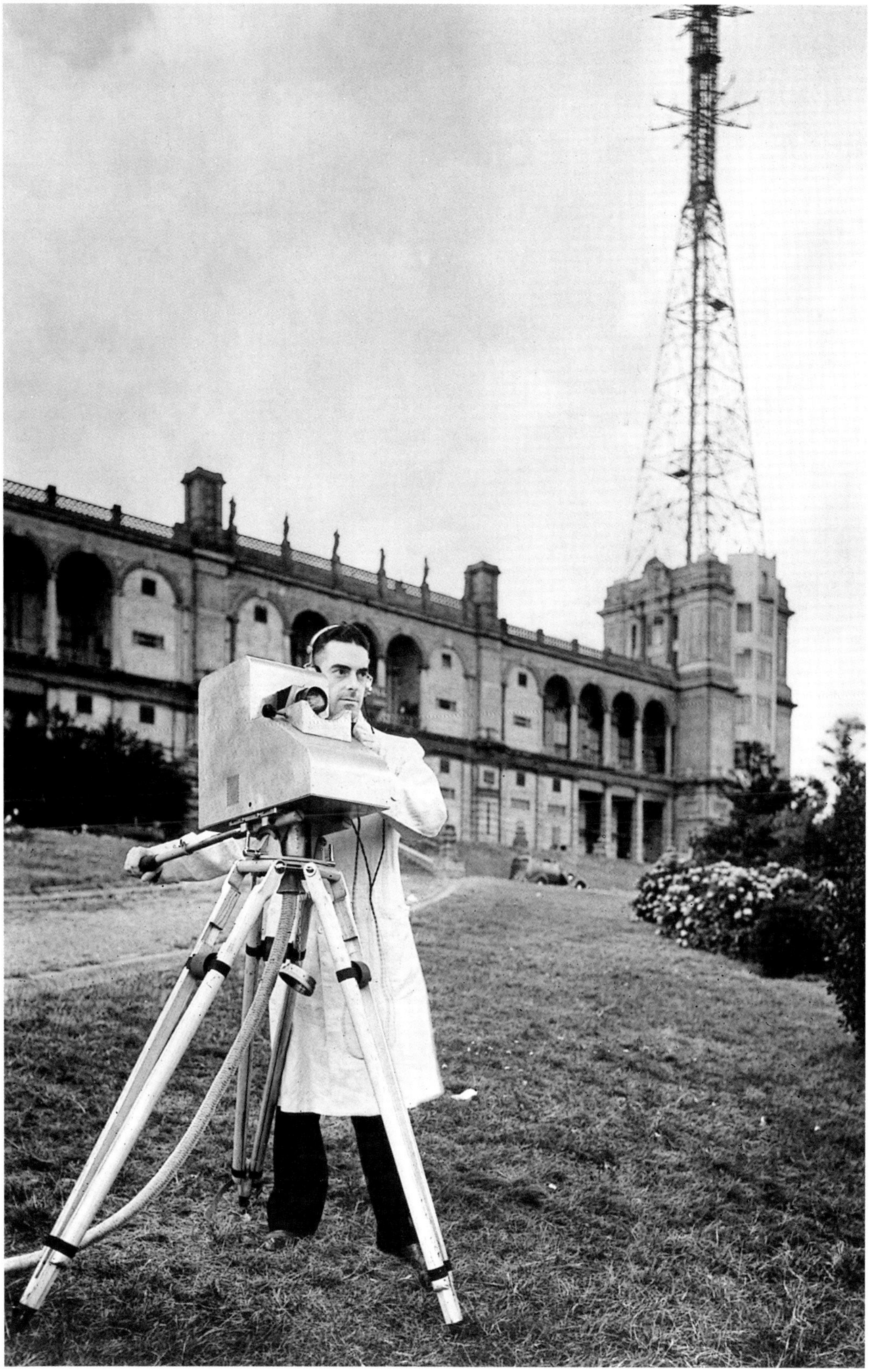

1

1. Fernsehkamera vor dem Sendemast des Alexandra Palace (1936).

1. Sternhaufen in der Großen Magellanschen Wolke, aufgenommen vom Hubble-Teleskop.

2. Wir haben längst damit begonnen, ins Universum zu senden: Falls ihre Technologie weit genug entwickelt ist, werden auch Außerirdische in fernen Sternhaufen eines Tages *Immer Ärger mit Sergeant Bilko* sehen können.

1

Die Schüssel des Arecibo-Radioteleskops ist groß genug, um den Inhalt von vier Milliarden Flaschen Bier aufnehmen zu können.

wurden. All diese Signale bewegen sich mit Lichtgeschwindigkeit in verschiedenen Richtungen durch das Weltall. Man könnte also sagen, dass das Sonnensystem den Mittelpunkt einer sich ständig ausdehnenden Blase von Funkrauschen bildet, die sich bereits bis in eine Entfernung von 60 Lichtjahren in alle Richtungen erstreckt und jedes Jahr um ein Lichtjahr wächst. Die Signale am äußeren Rand dieser Blase sind relativ schwach; aber auf die Radiowellen von den Olympischen Spielen 1936 folgen immer stärkere Wellen, da sich die Übertragungstechnik seit dieser Zeit deutlich verbessert hat.

Diese Blase erstreckt sich bereits über zahlreiche Sterne – rund zwei Dutzend von ihnen in einem Umkreis von zehn Lichtjahren um die Sonne hatten bereits das Vergnügen, eine

Reportage von den Olympischen Spielen in Berlin ebenso zu hören wie die Radioversionen von *Hoppla Lucy*, *Monty Python's Flying Circus* oder die CNN-Berichterstattung über den Golfkrieg. Und aufgrund der Zeit, die diese Signale benötigen, um derart riesige Entfernungen zu überbrücken, stehen den Sternen die weltweiten Fernsehübertragungen noch bevor, mit denen auf der Erde der Start ins dritte Jahrtausend gefeiert wurde.

Es ist durchaus möglich, dass unser erster Kontakt mit einer fremden Zivilisation aus Signalen bestehen wird, die direkt in unser Sonnensystem gesendet werden – und zwar als Antwort auf das Funkrauschen, das wir bereits verbreitet haben. Vielleicht wird es ja eine höfliche Aufforderung sein, den Krach ein wenig leiser zu drehen.

Die Sterne anschreien

Natürlich hat es auch ganz bewusste Versuche gegeben, die Aufmerksamkeit des Weltalls zu erregen, sozusagen die Funkversion des laut gebrüllten Satzes: „Wir sind hier drüben!" Dazu benutzte man das größte Radioteleskop der Welt, das in einer natürlichen Bodensenke in Arecibo auf der Insel Puerto Rico steht. Da es in eine Senke eingelassen wurde, kann das Arecibo-Radioteleskop nicht in verschiedene Richtungen geschwenkt werden, sondern nur einen Streifen des Himmels abdecken, während sich die Erde dreht. Doch mit einem Durchmesser von 305 Metern hat es eine größere nutzbare Teleskopfläche als alle optischen Teleskope, die im 20. Jahrhundert erbaut wurden, zusammengenommen. Damit kann das Arecibo-Radioteleskop äußerst schwaches Funkrauschen aus dem All empfangen, vorausgesetzt, es kommt aus der richtigen Richtung. Darüber hinaus eignet es sich (ausgerüstet mit einem entsprechenden Sender) ideal zum Ausstrahlen eines starken Funksignals in den Weltraum. Daher wurde es bereits dazu eingesetzt, Radarpulse zu Mars und Venus zu senden und die reflektierten Signale wieder aufzufangen, um daraus die Ent-

2

DIE STERNE ANSCHIESSEN

Laserstrahlen, die im Gegensatz etwa zum Arecibo-Radioteleskop (rechts) keine Radiowellen, sondern Licht verwenden, haben eine sehr viel kürzere Wellenlänge und verbreitern sich selbst über Entfernungen von Dutzenden Parsec nur soweit, um gerade einmal ein ganzes Planetensystem abzudecken. Der Haken daran ist, dass man sie immer nur auf einzelne Sterne richten kann. Man muss also im vorhinein wissen, dass es ein Ziel gibt, bevor man seinen Strahl losschickt.

In einer Entfernung von mehreren Parsec oder sogar Dutzenden von Parsec würde sich das Licht selbst eines starken Lasers mit dem Licht des Muttersterns, in unserem Fall der Sonne, vermischen und nicht mehr als eigenständiger Strahl erkennbar sein. Doch da es sich beim Laserstrahl im Grunde um ein dichtes Bündel von Lichtwellen der gleichen Wellenlänge handelt, könnte jeder Beobachter mit einer Technologie auf dem Stand unserer Zivilisation diese Wellen erkennen – und zwar als außergewöhnliche hin und her schwingende Doppler-Verschiebung im Spektrum des Sterns, von dessen Planet der Strahl ausgesandt wurde. Durch das An- und Abschalten des Lasers könnten wir sogar Botschaften im Binärcode ins All senden, die sich selbst aus einer Entfernung von mehr als drei Parsec noch lokalisieren ließen.

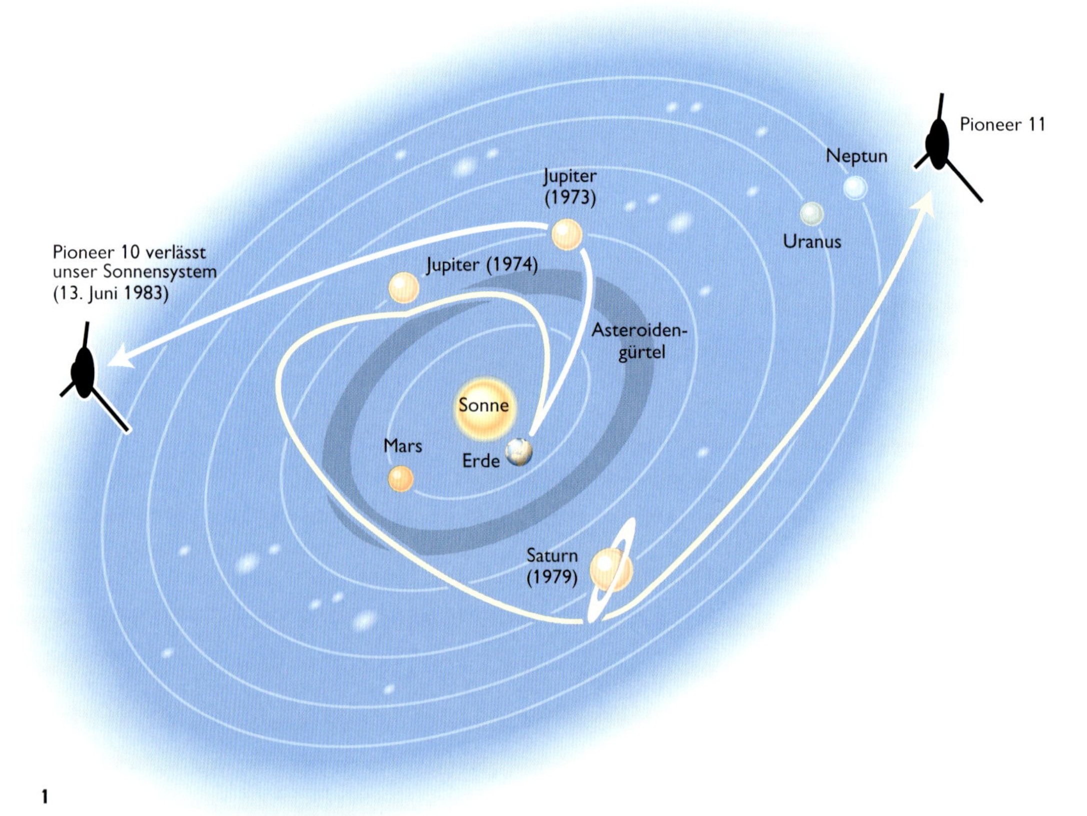

1

1. und 2. Die identischen Weltraumsonden Pioneer 10 und Pioneer 11 waren die ersten künstlichen Objekte, die unser Sonnensystem verließen.

fernungen dieser Planeten zur Erde und damit die Abstände innerhalb des Sonnensystems mit unübertroffener Genauigkeit zu bestimmen.

Im Jahr 1974 benutzten Astronomen der Cornell University das Arecibo-Radioteleskop, um die erste bewusste Botschaft des Menschen an andere Zivilisationen ins Weltall auszustrahlen. Dieses Paket von Radiowellen wurde in eine Richtung ausgestrahlt und wird sich auf seinem Weg durch den Weltraum leicht verbreitern. Es dürfte jedoch nicht von Planeten im Orbit um diejenigen Sterne aus zu orten sein, die bereits vom Funkrauschen der Olympischen Spiele, von *Hallo Lucy* und anderen Sendungen belästigt wurden: Um diesem relativ schmalen Funkstrahl eine möglichst große Chance zu geben, von einer anderen, technologisch weit entwickelten Zivilisation empfangen zu werden, richteten die Astronomen ihn auf einen Kugelhaufen, der etwa 300 000 Einzelsterne enthält und weit jenseits des Sternbilds Hercules liegt. Falls es auf irgendwelchen Planeten um irgendwelche dieser 300 000 Sterne Zivilisationen gibt, die Radiowellen orten können, dürften sie in der Lage sein, die Botschaft von der Erde zu empfangen, was die Chance auf eine Antwort erheblich verbessert.

Aber die Sache hat einen Haken: Der bewusste Sternhaufen liegt etwa 25 000 Lichtjahre von der Erde entfernt, und Radiowellen reisen mit Lichtgeschwindigkeit. Falls also eine Zivilisation in diesem Sternhaufen tatsächlich unser Signal aus dem Jahre 1974 empfängt und sofort darauf antwortet, können wir etwa im Jahr 52 000 mit einer Antwort rechnen.

MIT ZEICHENSPRACHE INS UNIVERSUM

Doch wie kann man sinnvoll mit fremden Zivilisationen kommunizieren, anstatt nur ein Rauschen durchs Weltall zu jagen? Die 1974 an dem Arecibo-Signal beteiligten Wissenschaftler wollten eine Botschaft versenden, deren Informationen eine fremde Zivilisation vielleicht entschlüsseln könnte. Also griffen sie auf eine allgemein anerkannte universelle Sprache zurück, die Mathematik. Carl Sagan, einer der an diesem Projekt beteiligten Wissenschaftler, beschrieb die Botschaft damals mit folgenden Worten:

„Sie lautete im Wesentlichen: 'Hier ist die Sonne. Die Sonne hat Planeten. Das ist der dritte Planet. Wir kommen vom dritten Planeten. Wer sind wir? Das ist ein maßstabsgerechtes Schaubild davon, wie wir aussehen, wie groß wir sind und woraus wir bestehen. Es gibt über vier Milliarden von uns, und diese Botschaft erhalten Sie mit freundlicher Unterstützung des Arecibo-Teleskops, das einen Durchmesser von 305 Metern hat.'"

Es ist verblüffend einfach, diese Art von Information in die einfachste aller mathematischen Sprachen zu fassen – den binären „An-und-Aus"-Code, den wir von Computern kennen. Frank Drake, ein leidenschaftlicher Verfechter des SETI-Programms (siehe weiter unten), testete dies in den 1960er Jahren, indem er eine ähnliche Botschaft verfasste (die später tatsächlich als Grundlage der Arecibo-Botschaft diente) und an Kollegen verschickte, um zu sehen, ob sie den Code knacken könnten.

Drakes Botschaft

Drakes Botschaft bestand aus einer Reihe von Einsen und Nullen – dem Binärcode – und war 551 Zeichen (oder „Bits" in der Computerspra-

2
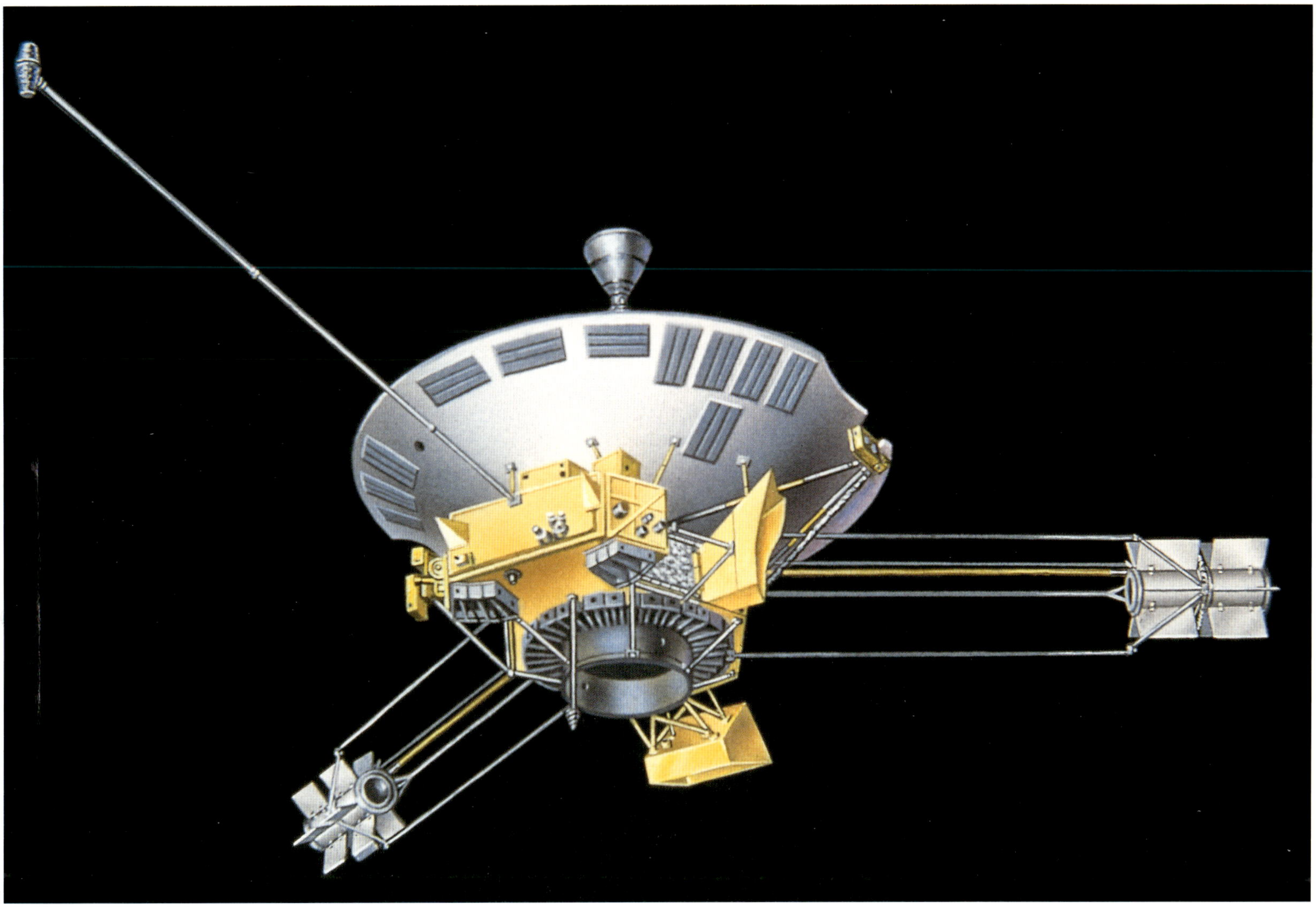

Der Begriff „nano“ wie in „Nanobakterien“ und „Nanometer“ kommt vom griechischen Wort *nanos*, dem Ausdruck für einen boshaften Zwerg.

che) lang. Jeder Mathematiker würde sofort erkennen, dass 551 das Produkt zweier Primzahlen ist, nämlich 19 und 29. Die einzigen beiden Zahlen, die miteinander multipliziert 551 ergeben, sind 19 und 29; aber 19 und 29 lassen sich nicht durch ganze Zahlen teilen. Dies zeigt allen mathematisch Interessierten, dass die Zahlenkette aus Nullen und Einsen auf zwei Arten in ein rechtwinkliges „Bild“ verwandelt werden kann – in ein Raster mit 19 Reihen von je 29 Zeichen oder eines mit 29 Reihen von 19 Zeichen. Es zeigt sich schnell, dass das erste Raster Unfug ist, während das zweite ein charakteristisches Muster ergibt, sobald man für jede eins ein schwarzes Quadrat und für jede 0 ein weißes einsetzt (oder umgekehrt).

Drake wollte eine Botschaft erstellen, die von einer fremden Zivilisation hätte stammen können, also erdachte er ein Muster, das diese imaginäre Zivilisation darstellt. Die kleine Abbildung des Außerirdischen erklärte sich selbst. Am linken unteren Bildrand waren ein Stern und seine neun Planeten dargestellt, zusammen mit einer ungefähren Angabe ihrer Größe. Bei den anderen „Bits“ des Codes handelte es sich zumeist um Zahlen. Die Zahlen eins bis fünf wurden neben die ersten fünf Planeten geschrieben, dazu eine elf neben den zweiten Planeten, eine 3.000 neben den dritten und die Zahl 7 000 000 000 neben den Planeten Nummer vier. Das sollte heißen, dass sieben Milliarden Wesen auf dem Planet 4 lebten, die bereits eine Kolonie auf dem Planet 3 unterhielten und eine kleine Expedition zu Planet 2 geschickt hatten. Die Diagramme am oberen rechten Bildrand stellten die Atome Kohlenstoff und Sauerstoff dar und verrieten damit etwas über die chemische Zusammensetzung der Außerirdischen.

Keinem Wissenschaftler gelang es, ganz allein Drakes „außerirdische Botschaft“ zu entschlüsseln. Allerdings würde jede tatsächliche Nachricht aus dem Weltall von einem Team hoch qualifizierter Wissenschaftler aus den verschiedensten Disziplinen genauestens untersucht werden, die gemeinsam einen derartigen Code knacken könnten. Dieses Beispiel zeigt, welch eindrucksvolle Menge von Informationen in einen Computercode von gerade einmal 551 Zeichen gepackt werden können.

1

Kosmische Flaschenpost

Auch wenn Radiowellen sehr lange brauchen, um ihren Weg zu den Sternen zu finden, sind sie immer noch erheblich schneller als Raumsonden. Dennoch wurden bereits Botschaften mithilfe von Raumsonden über unser Sonnensystem hinaus ins Universum geschickt – wobei die Sonden nicht speziell für diesen Zweck gebaut wurden, sondern der Erforschung der äußeren Regionen unseres Planetensystems dienten und nach Abschluss ihrer Mission so oder so das Sonnensystem verlassen würden. Das Ganze ähnelte einer Flaschenpost, die man ins Meer wirft in der Hoffnung, sie könnte von einem vorüber fahrenden Schiff aufgenommen werden – ein ziemlich aussichtsloser Versuch, aber die gebotene Möglichkeit schien zu günstig zu sein, um sie nicht wahrzunehmen. Das Raumfahrzeug Pioneer 10 war das erste von Menschenhand geschaffene Objekt, das unser

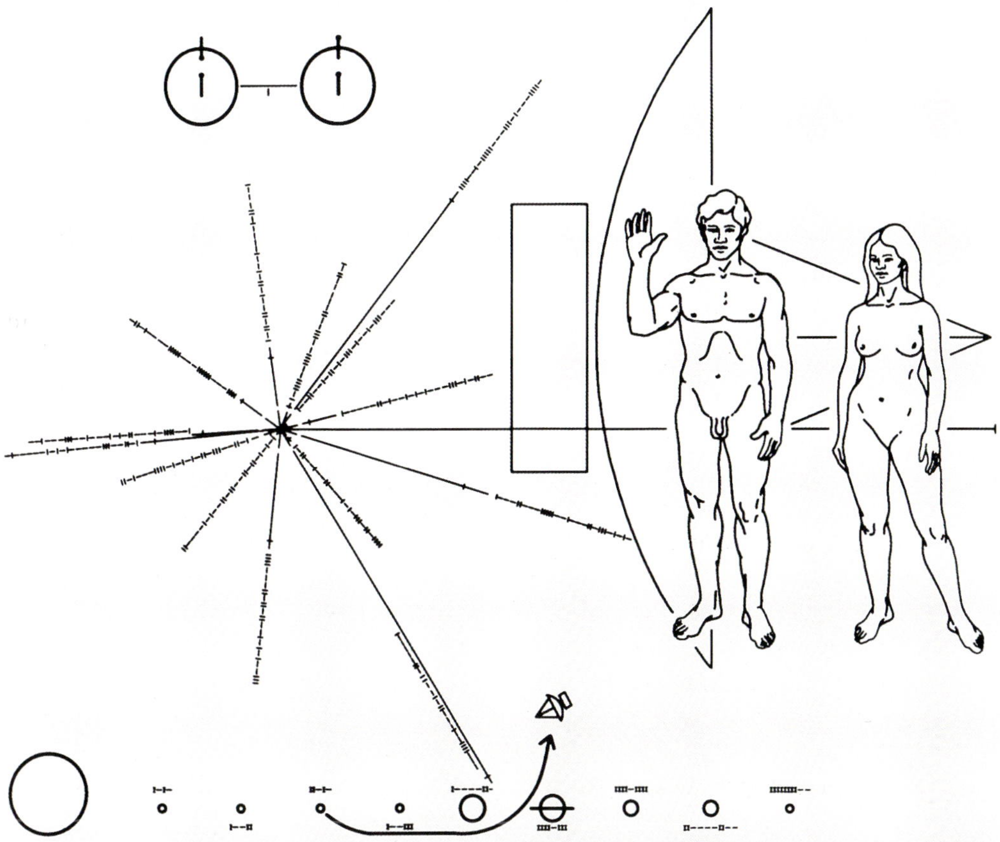

2

3

1. Frank Drake mit seiner nach ihm benannten Gleichung.

2. und 3. Jede der beiden Pioneer-Weltraumsonden, die auf ihrem Weg aus unserem Sonnensystem den Jupiter passierten, hat eine Tafel mit wissenschaftlichen Informationen und Darstellungen eines Manns und einer Frau bei sich.

Sonnensystem verließ. Nach ihrem Start im Jahr 1972 passierten Pioneer 10 und sein Zwilling Pioneer 11 zunächst den Jupiter, folgten dann leicht unterschiedlichen Flugbahnen und lieferten uns die ersten Nahaufnahmen sämtlicher Gasriesenplaneten unseres Sonnensystems. Am 13. Juni 1983 war es schließlich so weit: Pioneer 10 überquerte die Bahn des Neptun und verließ damit offiziell unser Sonnensystem. Damit hatte die Menschheit ihre erste Flaschenpost in den unendlichen Ozean des interstellaren Raums geworfen.

Jede der beiden Pioneer-Raumsonden führt eine identische Tafel mit sich, die von Carl Sagan und Frank Drake entworfen wurde, sozusagen ein Gruß an alle intelligenten Lebewesen, die sie möglicherweise finden werden. Die Tafel zeigt eine Darstellung der Raumsonde selbst, dazu die Sonne und das Sonnensystem sowie eine „Karte“, die den Standort der Sonne in Relation zu einigen Pulsaren angibt. Darüber hinaus waren auf der Tafel stilisierte Darstellungen einer nackten Frau und eines nackten Mannes abgebildet – was zu wütenden Protesten einiger amerikanischer Bürger führte, die der Ansicht waren, die NASA würde das Weltall mit Pornographie verseuchen.

Als 1977 die nächsten Missionen zum Jupiter und weiter ins Weltall hinaus gestartet wurden, führten sie etwas anspruchsvollere Botschaften mit sich, und zwar in Form einer Bildplatte. Jede der beiden Voyager-Sonden hatte eine Kopie dieser Platte an Bord, eingeschlossen in einen versiegelten Behälter, auf dem wissenschaftliche Anleitungen dazu eingraviert waren, wie man diese „Video Disc“ abspielen könnte. Die Bildplatten enthalten Bilder der Erde, Klänge (von den Gesängen der Wale bis hin zu Chuck Berry), wissenschaftliche Informationen sowie Botschaften des damaligen UN-Generalsekretärs Kurt Waldheim und des US-Präsidenten Jimmy Carter. Ehrlich gesagt wird jeder Außerirdische, der auf diese Bildplatte stoßen sollte, aus all diesen Informationen nur eines erkennen können – nämlich dass wir existieren. Alle nachfolgenden Missionen zu den äußeren Planeten unseres Sonnensystems wurden in Umlaufbahnen um die jeweiligen Planeten geschickt, und nur Pioneer 10 und 11 sowie Voyager 1 und 2 haben unser Sonnensystem verlassen (▷ S. 156).

NEUE WELTEN ZU ERFORSCHEN...

Die Pioneer- und Voyager-Raumsonden fliegen nicht gezielt in Richtung eines nahe gelegenen Sterns. Ihre Flugbahnen aus dem Sonnensystem hinaus wurden nicht als interstellare Reisen geplant, sondern sind das Ergebnis ihrer Begegnungen mit den Riesenplaneten. Wenn man eine Sonde auf eine Forschungsreise zu einem anderen Stern schicken würde, wäre das logische Ziel der unserem System am nächsten gelegene Stern, Proxima Centauri. Doch auch Proxima liegt mehr als ein Parsec von unserem Sonnensystem entfernt, und wir würden großen Einfallsreichtum (und beträchtliche Geldmittel) benötigen, um eine Sonde dorthin zu schicken und Daten zu sammeln. Zurzeit gibt es zwei mögliche Konzepte für interstellare Reisen, die im Verlauf des 21. Jahrhunderts in die Tat umgesetzt werden könnten, vorausgesetzt, jemand hat den Willen und ausreichende finanzielle Mittel, dies durchzuführen.

Ein Kraftakt

Das von der British Interplanetary Society (BIS) entworfene Konzept ist ein typisches Beispiel für den „Kraftakt"-Ansatz. Die BIS führte dazu eine fünfjährige Machbarkeitsstudie einer von Kernenergie angetriebenen Raumsonde durch, und der fertige Entwurf erinnert an die Art von Raumschiff, wie wir es aus Science-Fiction-Romanen kennen: Es ist etwa 200 Meter lang, rund 54000 Tonnen schwer und soll nach den Vorstellungen der BIS im Orbit um einen der Jupitermonde zusammengebaut werden. Als Treibstoff des Raumfahrzeugs sind komprimierte Kügelchen vorgesehen, die aus schwerem Wasserstoff (Deuterium) und der leichten Form von Helium (He^3) bestehen. Etwa 250 dieser so genannten „Pellets" sollen pro Sekunde in eine Brennkammer gejagt werden, wo sie mit Elektronenstrahlen beschossen und zur Fusion gebracht werden, wobei Energie freigesetzt wird, so wie Kernfusion im Inneren eines Hauptreihensterns Energie freisetzt. Die Zahl der Explosionen, 250 pro Sekunde, stimmt ungefähr mit den Explosionen des Benzingemischs in den Zylindern eines Autos überein, das im Leerlauf dreht.

Wie die großen Raketen, die Nutzlasten von der Erde aus ins Weltall befördern, soll auch der – *Daedalus* genannte – BIS-Entwurf aus mehreren Stufen bestehen, die abgeworfen werden können, wenn ihr Brennstoff verbraucht ist.

2

1. Gegenüberliegende Seite: Drei übereinander gelegte Fotos, aufgenommen über einen Zeitraum von vier Jahren, zeigen, wie Barnards Pfeilstern sich im Vergleich zu weiter entfernten Sternen bewegt (gepunktete Linie aus drei Sternbildchen).

2. Darstellung des Raumfahrzeugs *Daedalus*, entworfen von der British Interplanetary Society.

1 1. Darstellung eines hypothetischen Planeten im Orbit um den Stern Proxima Centauri.

Die erste Stufe von *Daedalus* ist so konzipiert, dass sie die Sonde zwei Jahre lang antreibt, während die zweite Stufe eine Brenndauer von 22 Monaten besitzt. Mit all diesen Anstrengungen sollen die insgesamt 400 Tonnen Nutzlast auf etwa 13 Prozent der Lichtgeschwindigkeit gebracht werden. Das Ziel der hypothetischen *Daedalus*-Reise, das der British Interplanetary Society interessanter erscheint als Proxima Centauri, ist Barnards Pfeilstern, ein etwa zwei Parsec entfernter roter Zwergstern. Diese Reise würde etwa 50 Erdenjahre dauern, wonach *Daedalus* mit unveränderter Geschwindigkeit in etwa 20 Stunden durch das Barnards Pfeilstern-System rasen und auf seinem Weg hinaus ins Weltall auch weiterhin Daten sammeln, aufzeichnen und in regelmäßigen Abständen zurück zur Erde schicken würde.

Niemand erwartet, dass die erste Weltraumsonde dieser Art genau wie *Daedalus* aussehen wird. Aber allein die Existenz dieser Studie deutet an, was mit Hilfe eines „konventionellen" Ansatzes möglich wäre.

Zu den Sternen segeln

Aber es gibt eine Alternative: Der amerikanische Weltraumforscher Robert Forward ist der prominenteste Befürworter eines raffinierten Konzepts zur Verwirklichung interstellarer Reisen, des so genannten „Starsailing" oder Segelns zu den Sternen. Das größte Problem bei Raketen (wie sich auch bei *Daedalus* zeigt) ist das enorme Gewicht des benötigten Treibstoffs: Man benötigt eine 54 000 Tonnen schwere Rakete, um eine Nutzlast von 400 Tonnen fortzubewegen, also weniger als ein Prozent des Gesamtgewichts des Raumschiffs. Forwards Lösung besteht darin, das Antriebssystem zurückzulassen und nur die Nutzlast zu den Sternen zu schicken. Er erdachte ein System, mit dessen Hilfe man eine Last von einer Tonne in weniger als vierzig Jahren nach Proxima Centauri oder dessen nächstem Nachbarn Alpha Centauri schicken könnte. Zu diesem Zweck entwarf er ein hauchdünnes „Segel“ aus Aluminium, mit einem Durchmesser von 3,6 km und einer Dicke von gerade einmal 16 Nanometer (16 Milliardstel Meter). Erst im Weltall entrollt, soll dieses Segel – in dessen Mitte die Raumsonde befestigt wird – durch den Strahl eines starken Lasers, der ebenfalls im Weltall zusammengesetzt wird, aus unserem Sonnensystem „geblasen“ werden. Der Laser soll dem Segel eine Beschleunigung von 3,6 Prozent der Erdbeschleunigung verleihen (der Beschleunigung, die jeder Körper auf der Erdoberfläche erfährt) und es dadurch auf etwa ein Zehntel der Lichtgeschwindigkeit bringen (was bedeutet, dass ein solches „Segelschiff“ für die Reise vom Pluto zur Sonne nur zwei Tage benötigen würde).

Ähnlich wie *Daedalus* könnte auch Forwards Raumsonde, die er auf den Namen *Dragonfly* (Libelle) taufte, durch das Zielsystem hindurch weiter ins Weltall hinaus rasen und von dort weiterhin Daten zur Erde senden. Die Anhänger dieser Methode interstellarer Reisen weisen darauf hin, dass irgendwelche Wesen, die eventuell in einem der Zielsysteme leben und mit denen zu kommunizieren sich lohnen würde, ein solches Segel bemerken würden und selbst stoppen könnten.

„Starsailing“ gilt heute als letzter Schrei bei der Konstruktion interstellarer Raumsonden, und Forward und seine Kollegen entwarfen eine ganze Reihe von Variationen zu diesem Thema. Dieses Konzept bietet eine realistische Aussicht darauf, noch vor dem Jahr 2050 eine Raumsonde auf den Weg zum nächsten Stern zu schicken und noch vor Ende des Jahrhunderts Informationen über das Ziel zu erhalten. Es bestehen gute Chancen, dass bereits heute Menschen auf der Erde leben, die noch miterleben werden, wie die ersten Neuigkeiten von Alpha oder Proxima Centauri zur Erde gesandt werden.

ZEITDEHNUNG

Falls wir jemals Weltraumsonden zu den Sternen schicken, werden wir einen in der speziellen Relativitätstheorie beschriebenen Effekt beobachten, die „Zeitdilatation“ oder Zeitdehnung. Dieser Effekt wird so genannt, weil die Uhren auf einem Raumschiff, das sich mit einem beträchtlichen Bruchteil der Lichtgeschwindigkeit fortbewegt, langsamer laufen als vergleichbare Uhren auf der Erdoberfläche. Die Zeit vergeht auf einem sich bewegenden Raumschiff im All im wahrsten Sinne des Wortes langsamer als auf der Erde. Dieser Effekt tritt nur bei sehr hohen Geschwindigkeiten auf, wäre aber bereits bei Raumsonden wie *Daedalus* oder *Dragonfly* (rechts) messbar, die mit etwa zehn Prozent der Lichtgeschwindigkeit fliegen.

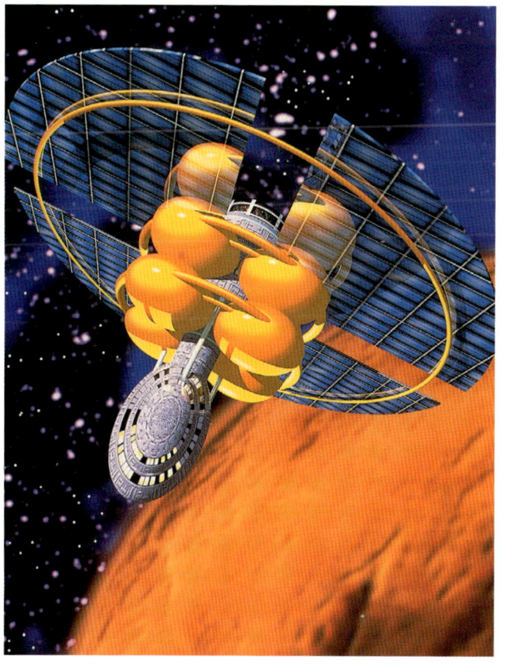

Der benötigte Korrekturfaktor trägt den Namen „Lorentz-Faktor“, nach dem niederländischen Physiker Hendrik Lorentz, der diese Theorie ausarbeitete. Bei zehn Prozent der Lichtgeschwindigkeit beträgt der Lorentz-Faktor 1,02, was bedeutet, dass für jede vergangene Stunde auf einem Raumschiff 1,02 Stunden auf der Erde vergehen.

Der Lorentz-Faktor vergrößert sich mit zunehmender Geschwindigkeit. Bei halber Lichtgeschwindigkeit liegt sein Wert bei 1,15, so dass also für die Reisenden im Weltall 15 Prozent weniger Zeit verstreicht als für die Daheimgebliebenen.

Falls man jedoch in einem Raumschiff mit halber Lichtgeschwindigkeit auf eine 50 Jahre andauernde Rundreise gehen könnte, würde man selbst 50 Jahre älter werden, aber bei seiner Rückkehr auf die Erde feststellen, dass dort alles um 57,5 Jahre gealtert ist. Auf diese Weise könnte der Effekt der Zeitdehnung als eine Art Einbahnstraßen-Zeitreise in die Zukunft genutzt werden.

PANSPERMIE

Unsere Zivilisation steht technologisch kurz davor, ihre Lebenskeime ganz bewusst ins Weltall hinaus zu tragen – mit Raumsonden, die unser Sonnensystem verlassen. Doch die Natur kann dies auch. Es ist nämlich durchaus möglich, dass wir unsere Existenz interstellaren Reisenden verdanken – zwar keinen kleinen grünen Männchen, aber Bakterien, die im Inneren kosmischer Staubpartikel durch das All reisten.

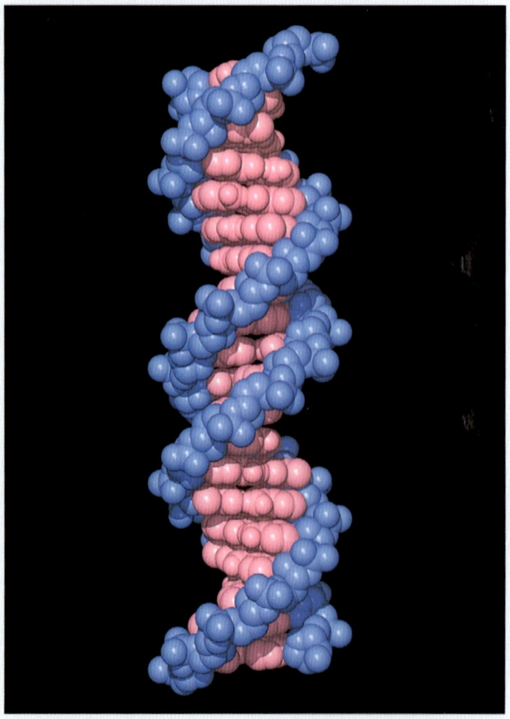

2

Das Leben ist auf der Erde allgegenwärtig, und selbst in der hohen Atmosphäre finden sich Materiekörnchen, die Bakterien enthalten. Es scheint durchaus denkbar, dass derartige Körner auch in den Weltraum aufsteigen und vom „Sonnenwind" – den von der Oberfläche der Sonne abströmenden elektrisch geladenen Teilchen – geradewegs aus dem Sonnensystem hinaus getragen werden. Allerdings würde die DNS sämtlicher darin enthaltener Lebewesen durch die Sonnenstrahlung und kosmische Strahlen zerstört. Schwerere Materiepartikel könnten zwar lebende Mikroorganismen vor der Strahlung schützen, würden aufgrund ihres Eigengewichts jedoch kaum weit über die Erde hinauskommen, zumindest heute noch nicht.

Wenn die Sonne jedoch zu einem Roten Riesen anschwillt, steigt die von ihrer Oberfläche abgestrahlte Energiemenge gewaltig an. An diesem Punkt ihres Lebens dürfte die Sonne in der Lage sein, Materie aus dem inneren Bereich des Sonnensystems ins Weltall hinaus zu blasen, darunter auch Lebenskeime in winzigen Staubkörnchen von der Erde.

1

Wenn Bakterien einer extremen Umgebung ausgesetzt sind, gehen sie in eine Art Winterschlaf über und schützen so ihren Kern aus DNS und anderen Lebensmolekülen, bis wieder ausreichend Wärme und Wasser zur Verfügung stehen.

Überall dort, wo Leben auf Planeten um einen sonnenähnlichen Stern existiert, werden Lebenskeime, eingeschlossen in Körnern aus fester Materie, aus dem Planetensystem ins All geweht, wenn sich der Stern in einen Roten Riesen verwandelt und mit Molekülwolken vermischt.

Wenn beim Kollaps einer Molekülwolke neue Sterne und Planeten entstehen, enthalten die Kometen, die zu den typischen Bestandteilen eines solchen Systems gehören, ebenfalls Partikel lebender (oder ehemals lebender) Materie. Während die neuen Planeten abkühlen, tragen Kometen und Staub aus der protoplanetaren Scheibe diese Materie, einschließlich der DNS und möglicher lebender Organismen, hinunter auf die Planetenoberflächen.

Diese unter dem Namen „Panspermie" bekannte These liefert die bisher beste Erklärung auf die Frage, wie sich so kurz nach der Entstehung unseres Planeten Leben auf der Erdoberfläche entwickeln konnte. Dabei spielt es keine Rolle, ob die Lebenskeime von den harten Bedingungen des interstellaren Raums abgetötet wurden. Selbst Bruchteile einer DNS, die in die Ozeane eines jungen Planeten wie der Erde gelangen, würden die Entwicklung des Lebens extrem beschleunigen. Falls diese Theorie zutrifft, bedeutet das, dass alles Leben auf der Erde aus der DNS kosmischer Keime hervorgegangen ist. Eine solche These ließe sich leicht überprüfen, wenn man eine Raumsonde zu einem Kometen schicken könnte, um Proben seiner Materie zu nehmen und zur Erde zurückzubringen. Falls die Panspermie-These zutrifft, müsste man in diesen Bruchstücken auf biologische Materie stoßen, deren DNS den Lebensformen auf der Erde ähnelt. Und das würde weiterhin bedeuten, dass auch anderes Leben irgendwo in der Milchstraßengalaxie auf der gleichen Art von DNS basiert wie wir.

Doch vor allem würde dies bedeuten, dass überall in der Milchstraße Leben existiert, und dass unsere Anstrengungen, Kontakt mit fremden Intelligenzen aufzunehmen, sich wahrscheinlich eines Tages auszahlen.

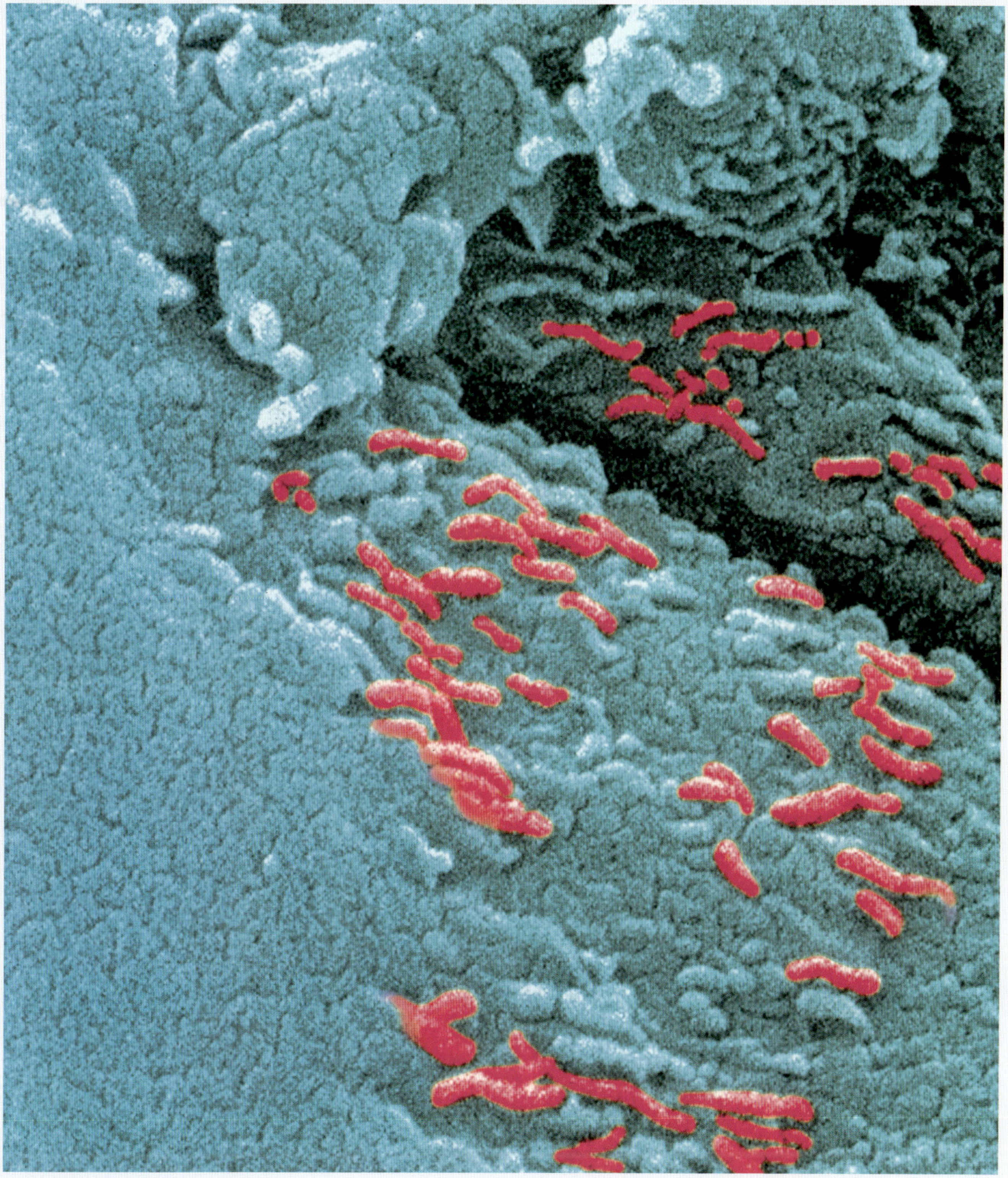

3

1. Wenn die Theorie der Panspermie zutrifft, könnten Kometen wie Hale-Bopp (hier auf einem Foto von 1997) die Lebenskeime zur Erde gebracht haben.

2. Das DNS-Modell – das Molekül des Lebens.

3. Gibt es Leben auf dem Mars? Laut einigen Forschern handelt es sich bei den hier gezeigten wurmartigen Partikeln, die in einem vom Mars stammenden Meteoriten gefunden wurden, um Mikrofossilien bakterienähnlicher Organismen.

ZUM THEMA

1.1 Wege durch das Universum
S. 21 Sterne in spiralförmigen Mustern

1.2 Ein Stern entsteht
S. 34 Staubiger Anfang

3.1 Leben im Universum
S. 146–47 Leben auf der Erde

3.3 SIGNALE AUS DEM ALL

Seit den Tagen, als die Technologie zur Übertragung und zum Empfang von Funksignalen entwickelt wurde (etwa gegen Ende des 19. Jahrhunderts) bis zu dem Augenblick, als die ersten Fernseh-Livebilder Astronauten bei ihrer Landung auf dem Mond zeigten, sind weniger als 70 Jahre vergangen – weniger als ein Menschenalter.

Wenn eine technologische Zivilisation erst einmal die drahtlose Nachrichtenübermittlung erfunden oder entdeckt hat, wird sie wahrscheinlich innerhalb kürzester Zeit preisgünstige Funksender entwickeln, die so leistungsstark sind, dass sie von ähnlich weit entwickelten Zivilisationen noch über Dutzende von Parsec hinweg geortet werden können. Viele Menschen halten es daher für sinnvoller, dass sich die Menschheit auf die Entwicklung von Empfangsanlagen für außerirdische Signale konzentriert, als selbst weiterhin Botschaften ins Weltall zu schicken. Und die ersten Programme zur Suche nach außerirdischer Intelligenz sind bereits angelaufen.

Vorhergehende Seite: Eine optische Aufnahme des Kometen Hale-Bopp zeigt seine beiden Schweife, den Gas- und den Staubschweif. Der Gas- oder „Ionenschweif" (blau) besteht aus Gasteilchen, die durch den Sonnenwind vom Kometenkopf weggerissen wurden.

DIE UNBEGRENZTE FUNKANLAGE

Auch wenn Radiotechnik wahrscheinlich von einer technologischen Zivilisation erfunden wird, die sich gerade erst in ihren Anfängen befindet, dürften auch weiter entwickelte Zivilisationen immer noch wissen, was Radiowellen sind und dass es sich um eine gute Möglichkeit zur Kommunikation mit Zivilisationen wie der unseren handelt, selbst wenn sie für die Kommunikation untereinander bessere Mittel entdeckt haben. Die beste Möglichkeit, den Kontakt zu einer aufstrebenden technologischen Zivilisation aufzunehmen, bietet der Funk. Das ist auch der Grund dafür, warum die ersten Suchprogramme nach außerirdischer Intelligenz, die zu Anfang der 1960er Jahre starteten und etwa bis gegen Ende des 20. Jahrhunderts andauerten, sich auf die Suche nach Funksignalen und Radiowellen konzentrierten. Doch wo soll man mit der Suche beginnen?

Die erste Frage, die man klären müsste, lautet: Welche Funkfreqenzen sollen nach außerirdischen Funksignalen abgehört werden?

Bei allen bisher durchgeführten SETI-Programmen hat man nach ganz bewusst entsandten Signalen gesucht, die dazu gedacht

1. Radio-Observatorien wie das „Very Large Array“ bei Socorro, New Mexico, koppeln mehrere Radioteleskope miteinander, um die Leistung eines wesentlich größeren Instruments zu erzeugen.

1

waren, Aufmerksamkeit zu erregen. Unsere Technologie ist einfach im Augenblick noch nicht weit genug entwickelt, um Gespräche zu belauschen, die nicht für unsere Ohren gedacht sind. Auf den ersten Blick wirkt diese Suche wie eine schier unlösbare Aufgabe, da die Außerirdischen auf einer unendlichen Zahl von Funkfrequenzen senden könnten – und wenn unsere „kosmischen Radioapparate" auf Kanal 1 eingestellt sind und alle Außerirdischen auf Kanal 4 senden, werden wir sie niemals hören. Aber zum einen setzt die Natur dieser Unzahl von Möglichkeiten Grenzen, und zum anderen haben Astronomen überlegt, auf welchen Frequenzen man am ehesten senden würde.

Beschränkung der Möglichkeiten

Die erste Grenze wird durch die Erdatmosphäre vorgegeben: Sie stoppt alle Radiowellen mit Frequenzen außerhalb einer Bandbreite von etwa 1.000 – 10 000 Megahertz (MHz). Wir können außerhalb dieses Bereichs gesendete Funksignale nicht empfangen (außer mithilfe von Empfängern im Weltall – und bisher ist noch kein SETI-Projekt so weit vorgedrungen).

Die erste und bedeutendste Erkenntnis, die die Astronomen mittels ihrer Radioteleskope über die Milchstraße gewannen, bestand darin, dass sie voller Wasserstoffgas ist. Dieses Gas sendet Radiostrahlung auf einer Frequenz von 1.420 MHz aus (was einer Wellenlänge von 21 cm entspricht), und dies ermöglichte es den Radioastronomen, die Spiralarme zu kartographieren. Aber auch „außerirdische" Radioastronomen in unserem Milchstraßensystem dürften diese Frequenz als unschätzbar für ihre Forschungen entdeckt und darum hoch-

1

1. Die 43-Meter-Antennenschüssel des Green Bank-Radio-Observatoriums.

2. Eine Karte der Milchstraße – erstellt von Radioteleskopen, die die Strahlung von Wasserstoffgas messen.

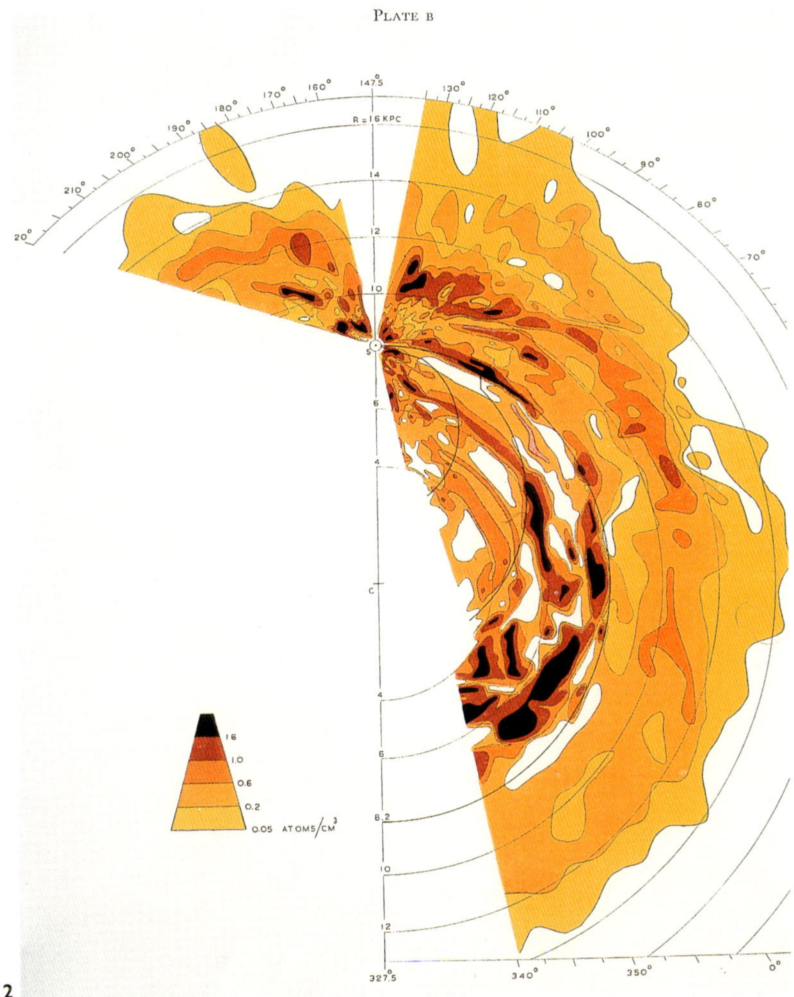

2

Eine interstellare Botschaft, die über Radioteleskope verschickt wird, kostet knapp über einen Euro pro Wort. Der potenzielle Gewinn bei dieser Investition ist unschätzbar.

sensible Empfänger für die „21-cm-Strahlung“ entwickelt haben. Letztendlich muss jeder, der die Eigenschaften unserer Galaxis untersucht, über einen derartigen 21-cm-Empfänger verfügen. Also müssten außerirdische Wissenschaftler wissen, dass Zivilisationen wie die unsrige über derartige Messgeräte verfügen und daher ihre Signale auf einer Frequenz in unmittelbarer Nähe der natürlichen Frequenz des Wasserstoffs senden. Auf Grund dieser Argumentation wurden die ersten SETI-Programme mithilfe herkömmlicher Radioteleskope durchgeführt, die in der Lage waren, Signale im Bereich von 1.420 MHz zu empfangen.

Der erste Versuch in dieser Richtung, den Frank Drake an der amerikanischen Cornell University startete, trug den Namen Project Ozma, benannt nach der Königin im Märchenland Oz. Drake und seine Mitarbeiter lauschten Anfang der 1960er Jahre nach Signalen von einigen Sternen in der näheren Umgebung, blieben jedoch ohne Erfolg. Bei einem Nachfolgeprojekt, das Anfang der 1970er Jahre stattfand, benutzte man ein Radioteleskop in Green Bank, Virginia, um damit zehn zuvor ausgewählte Sterne zu untersuchen. Dazu wurde es auf einen Stern ausgerichtet – wann immer sich dies im Rahmen des regulären Forschungsprogramms ermöglichen ließ. Gegen Ende der Studie kam das Team zu dem Schluss, dass bei seinen Forschungen keinerlei außerirdische Signale aufgefangen worden waren und dass eine deutlich höhere Zahl von Sternen sowie ein wesentlich größerer Bereich des Universums untersucht werden müssten und darüber hinaus empfindlichere Messgeräte für einen größeren Frequenzbereich nötig wären, um ein wirkliches „Suche nach außerirdischer Intelligenz“-Programm zu starten.

DIE ANWENDUNG NEUER TECHNOLOGIEN

Seit Beginn der 1980er Jahre haben die Astronomen aufgrund der gewaltigen Fortschritte im Bereich der Computerrechenleistung und -miniaturisierung die Möglichkeit, eine wesentlich größere Bandbreite von Frequenzen abzuhören. Dank dieser Entwicklung entstanden kompakte, relativ einfache Systeme, die automatisch eine Reihe von Frequenzen absuchten und dabei nach jeder Art von regelmäßigen Signalen forschten, die von intelligenten Wesen stammen konnten. Ein Grund dafür, dies als gewaltigen Schritt nach vorn zu betrachten, liegt darin, dass selbst exakt auf 1.420 MHz (21 cm) gesendete außerirdische Signale durch den Doppler-Effekt (▷ S. 81) leicht verschoben würden – genauer gesagt, durch eine Kombination aus mehreren Doppler-Effekten, verursacht durch die Bewegung des Planeten der Außerirdischen auf seiner Bahn um seinen Mutterstern, durch die relative Bewegung zwischen diesem Stern und der Sonne sowie durch die Bewegung der Erde um die Sonne. Aber in den 1970er Jahren entwickelten die Astronomen noch ein weitere Idee, mit deren Hilfe sie ihre Suche nach außerirdischem Leben ausweiten konnten, und auch dafür waren die neu entwickelten Technologien von großem Nutzen.

Der beste Platz zum Zuhören

Der Bereich des elektromagnetischen Spektrums rund um die Wellenlänge von 21 cm ist für den Menschen ideal zum Abhören geeignet, und zwar nicht nur aufgrund der dort vorkommenden, so wichtigen Radiostrahlung des Wasserstoffs. Bei längeren Wellen (und dementsprechend niedrigeren Frequenzen) schwillt das von freien Elektronen im interstellaren Raum produzierte Funkrauschen stark an, bei kürzeren Wellen (und damit höheren Frequenzen) benötigt man dagegen riesige Mengen von Energie, um Informationen verständlich übertragen zu können; daher ist nicht davon auszugehen, dass irgendein Außerirdischer in diesem Bereich des Spektrums senden wird. Aber bei den so genannten „Zentimeterwellenlängen" (zu denen auch der Bereich von 20 bis 30 cm zählt) ist das Universum sowohl dunkel als auch relativ frei von Geräuschen, so dass selbst ein relativ schwaches Signal einer anderen Zivilisation über das Hintergrundrauschen – das Zischen der kosmischen Statik, das den Radiowellenbereich des Universums erfüllt – gehört werden könnte.

Dies mag im ersten Augenblick überraschend klingen, da auch die Wasserstoffwolken genau in diesem Bereich des Spektrums „senden". Aber diese Wolken sind sehr kalt und produzieren nur ein schwaches Funkrauschen. Nur weil dieser Teil des Spektrums so ruhig ist,

▷ LEBEN WIE WIR ES NICHT KENNEN

Zu den wichtigsten wissenschaftlichen Erkenntnissen der 1990er Jahre gehörte die Entdeckung, dass es im Inneren der Erde, einem dunklen Ort ohne jedes Sonnenlicht, von winzigen Lebensformen namens Nanobakterien (rechts) nur so wimmelt.

Etwa zur gleichen Zeit identifizierten andere Wissenschaftler fossile Spuren von möglicherweise ähnlichen Lebensformen in den Bruchstücken eines Meteoriten, der vermutlich vom Mars quer durch den Weltraum bis zu unserer Erde reiste. Also gibt es vielleicht doch Leben auf dem Mars (oder im Mars!), allerdings wahrscheinlich kein Leben, wie wir es kennen. Einige Wissenschaftler vertreten sogar die These, dass tief im Gestein der Planeten vergrabene Nanobakterien möglicherweise die häufigste Lebensform im Universum darstellen.

Bedauerlicherweise können wir uns mit den winzigen, tief unter der Oberfläche eines Planeten vergrabenen Bazillen nicht unterhalten, und sämtliche Bemühungen um eine Kommunikation mit anderen intelligenten Lebensformen im Universum werden sich in absehbarer Zukunft wohl darauf beschränken müssen, Kontakt zu technologischen Zivilisationen wie der unsrigen zu suchen. Aber wir sollten nicht vergessen, wie eingeschränkt eine solche Sichtweise von „Leben" sein kann.

1

1. Tiere an einem Wasserloch. Das kosmische Äquivalent gilt als möglicher Treffpunkt für außerirdische Intelligenzen.

können wir diese Wolken überhaupt lokalisieren und mit ihrer Hilfe die Struktur unserer Galaxis nachvollziehen. Und jede Zivilisation, die nur ein wenig weiterentwickelt ist als die unsrige, dürfte keine Mühe haben, laut genug zu „rufen", um sich über dieses Rauschen hinweg verständlich zu machen.

Lauschen am Wasserloch

Die neue Idee, die die Radioastronomen im Zusammenhang mit der Feinabstimmung ihrer Empfänger entwickelten, basierte auf der Erkenntnis, dass dieser Teil des Spektrums außer dem Rauschen der Wasserstoffwolken noch ein anderes charakteristisches Merkmal aufweist. Viele Gaswolken im Weltall enthalten das so genannten Hydroxylradikal (geschrieben •OH). Dabei handelt es sich im Grunde um ein Wassermolekül (H_2O), das eines seiner beiden Wasserstoffatome verloren hat. Unter den ruhigen Bedingungen in diesen Wolken sind solche Radikale stabil genug, um sich wie eigenständige Moleküle zu verhalten. Wir wissen, dass es sich um •OH handeln muss, weil wir es an seiner charakteristischen Radiostrahlung bei einer Frequenz von 1.667 MHz erkennen können. Damit liegt es nahe an der Frequenz von Wasserstoff, aber immer noch weit genug davon entfernt, um deutlich ausgemacht zu werden. Wasserstoff plus •OH ergibt zusammen H_2O, also Wasser – und daher erhielt der Bereich zwischen 1.420 und 1.667 MHz den Spitznamen das elektromagnetische „Wasserloch". Es

Der Bereich rund um die Wellenlänge von 21 cm ist ideal zum Abhören geeignet.

handelt sich um einen Frequenzbereich, der im Grunde für jede Art von Lebewesen interessant sein müsste, für die Wasser von Lebensbelang ist, und er liegt mitten in einem Bereich des elektromagnetischen Spektrums, in dem das Universum dunkel und still ist. Daher konzentrieren sich seit etwa 1980 die Suchprogramme nach außerirdischem Leben größtenteils auf dieses „Wasserloch".

Die Forscher hoffen darauf, hier Außerirdische auf elektronischem Weg „treffen" zu können – so wie sich in den Trockenzonen der Erde verschiedene Tierspezies zum Trinken an den Wasserlöchern begegnen –, indem sie im Bereich des Funk-„Wasserlochs" Signale aussenden bzw. diese Wellenlängen abhören. Seit den Zeiten von Project Ozma haben insgesamt rund 50 ähnliche Projekte stattgefunden, aber bisher konnte keines Hinweise auf die Existenz außerirdischer Signale finden. Dennoch lohnt sich ein genauerer Blick hinter die Kulissen eines dieser Projekte, einfach um zu zeigen, wie einfach (und preiswert) solche Forschungen durchgeführt werden können.

SETI zum Mitnehmen

Wenn man sich vor Augen hält, dass selbst das „Wasserloch" Millionen unterschiedlicher Frequenzen umfasst, die man abhören muss, ist es eigentlich kein Wunder, dass wir bei unserer Suche bisher kein Glück gehabt haben. Die einzige wirkliche Hoffnung auf einen Durchbruch bietet eine Automatisierung der Suche – ein Ansatz, den als erster der amerikanische Astronom Paul Horowitz in den 1980er Jahren verfolgte.

Horowitz entwarf ein System, das so kompakt ausfiel, dass er es auf den Namen „Suitcase SETI" taufte. Mit diesem Suchprogramm im Miniformat ließen sich Teile der Frequenzen des Wasserlochs abhören. Eine der besonderen Eigenschaften des Programms bestand darin, dass es sich auf die Suche nach sehr genau abgestimmten Ausbrüchen des Funkrauschens bei sehr präzisen Wellenlängen konzentrierte, weil Horowitz davon ausging, dass eine derartige Präzision nur von fortgeschrittenen Technologien zu erwarten sei. Der Computer suchte 65 000 Radiokanäle ab, von denen jeder allerdings nur 0,015 Hz breit war. Das Projekt

DAS SETI-INTERNETPROJEKT

Die Suche nach außerirdischen Zivilisationen ist nicht nur von hochleistungsfähigen Radioteleskopen abhängig, sondern auch von Computern, die die gesammelten Daten analysieren und intelligente Signale herausfiltern können. Einen Lösungsansatz für dieses Problem bot das so genannte „SETI@home"-Projekt, bei dem über eine Million Heimcomputer über das Internet miteinander verbunden wurden, um die Daten des Arecibo-Radioteleskops auszuwerten.

Dieses Radioteleskop tastet aufgrund der Erdumdrehung einen Streifen am Himmel ab, der vom Äquator bis zu etwa 35 Grad nördlicher Himmelsbreite reicht. Dieser Bereich enthält viele Sternsysteme, von denen wir heute wissen, dass sie Planeten besitzen. Die SETI-Apparatur ist an das Teleskop angeschlossen und nutzt jede freie Minute zum Sammeln von Daten. Auf diese Weise wird im Laufe der Jahre der gesamte vom Teleskop abgedeckte Himmelsbereich abgesucht, wodurch eine Unmenge von Daten zusammenkommen.

Und an dieser Stelle eilt das Internet zu Hilfe: Das SETI@home-Team bot Interessenten einen Bildschirmschoner (rechts) an, den sie kostenlos aus dem Internet herunterladen konnten. Dieser war an ein kleines Computerprogramm gekoppelt, das einen winzigen Bruchteil der riesigen Datenmenge des Arecibo-Teleskops auf den jeweiligen PC überspielte, so dass dieser in der Zeit, in der er nicht anderweitig genutzt wurde, die Daten analysieren konnte. Über eine Million Menschen nutzten dieses Angebot, so dass zumindest für einen gewissen Zeitraum jeden Tag über eine Million Heimcomputer die vom Arecibo-Teleskop gesammelten Daten nach Anzeichen außerirdischer Radiosignale durchsuchten.

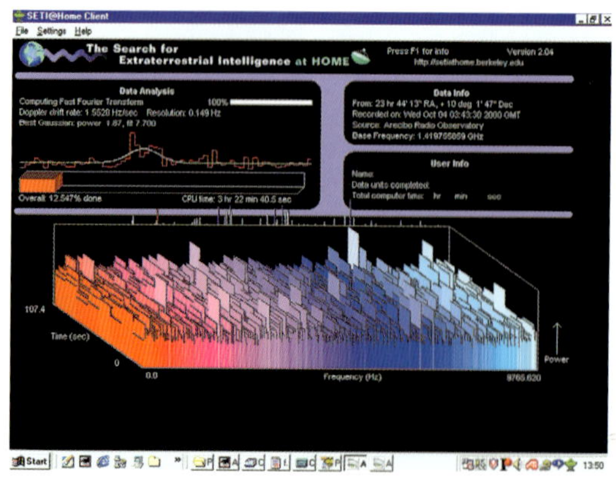

1

1. Die Zentralregion unserer Milchstraße vermittelt einen Eindruck davon, wie viele Sterne – und damit potenzielle Lebensräume – es allein in unserer Galaxis gibt.

wurde von einer privaten gemeinnützigen Organisation namens „The Planetary Society" finanziert, und ursprünglich bestand der Plan darin, mit Horowitz' System von einem Radio-Observatorium zum nächsten zu ziehen und sich an die jeweils dort laufenden Forschungsprogramme anzuhängen. Für den Test der Systemapparatur bot sich natürlich die große Schüssel des Arecibo-Radioteleskops an, und bei seinem ersten Probelauf suchte das „Suitcase SETI" mehr als 200 nahe gelegene, sonnenähnliche Sterne nach Signalen intelligenten Lebens ab.

Nach Abschluss seiner Tests (erfolgreich insofern, dass die Geräte fehlerfrei funktionierten, aber natürlich erfolglos in Bezug auf die Entdeckung außerirdischen Lebens) transportierte Horowitz seine Ausrüstung wieder zurück zur Harvard University, wo er als Dozent tätig war. Dort hörte er, dass ein altes 25-Meter-Radioteleskop aus den Beständen der Universität ausrangiert werden sollte. Die Planetary Society erklärte sich bereit, das Teleskop anzukaufen und die Umwandlung von Suitcase SETI in eine permanente Einrichtung zu finanzieren, die in Project Sentinel umbenannt wurde. 1983

Das META-Projekt kann Signale von nur einem Zehnmilliardstel Watt lokalisieren.

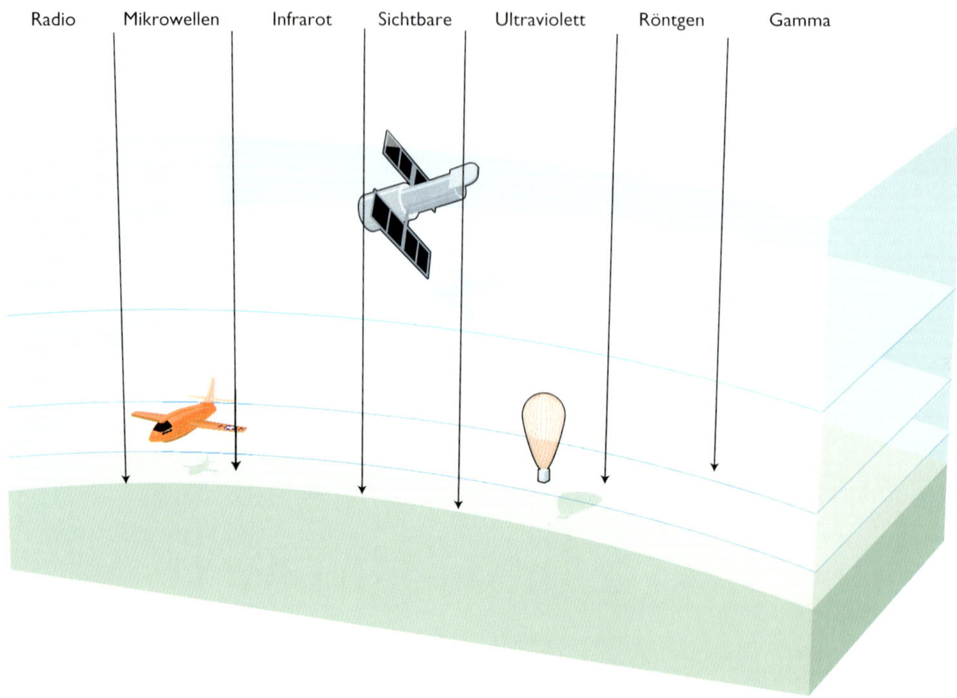

1

1. Strahlungen verschiedener Wellenlängen dringen unterschiedlich tief in die Atmosphäre ein.

war das neue System einsatzbereit, das für seine Suche im Weltall auf eine sehr einfache Technik zurückgriff: Jeden Tag richtete man die Antenne des Teleskops in einem bestimmten Winkel in Richtung Himmel und nutzte die Rotation der Erde, wodurch innerhalb von 24 Stunden ein schmaler Streifen des Weltalls abgesucht wurde. Am nächsten Tag veränderte man den Antennenwinkel ganz leicht (um ein halbes Grad) und suchte den nächsten Streifen ab. Project Sentinel suchte 131 000 „Radiokanäle" gleichzeitig ab – eine deutliche Verbesserung gegenüber den ursprünglichen 65 000 Frequenzen des Suitcase SETI, aber immer noch verschwindend gering, verglichen mit den Dimensionen des Wasserlochs.

Bis heute sind noch keinerlei Anzeichen für außerirdisches Leben entdeckt worden.

Spielbergs Beitrag

Der nächste Schritt auf der Suche nach außerirdischer Intelligenz kam durch die Unterstützung von Steven Spielberg zustande, Regisseur des Films *E. T. – Der Außerirdische*. Spielberg spendete der Planetary Society 100 000 Dollar, und mithilfe dieser Summe verwandelte sich Project Sentinel 1985 in Project META (eine Abkürzung für „Megachannel Extraterrestrial Assay", in etwa Millionenkanal-Suchgerät). Die Technologie hatte sich in den 1980er Jahren so schnell weiterentwickelt, dass META in der Lage war, über acht Millionen Frequenzkanäle des Wasserlochs gleichzeitig zu durchforsten, und so das Problem der Dopplerverschiebungen endgültig löste.

Bis heute sind noch keinerlei Anzeichen für außerirdisches Leben entdeckt worden, aber es gibt immer noch viele Millionen Frequenzbereiche, die noch nicht untersucht wurden. Und die Standardantwort für die Kritiker dieses Projekts lautet, dass es preiswert ist und die Finanzierung ausschließlich durch freiwillige Spenden abgedeckt wird, aus diesen Gründen kann man es als potenziell verblüffend kosteneffektiv bezeichnen. Aber SETI oder META sind nicht die einzigen Möglichkeiten, unsere Suche nach Leben im Weltall fortzusetzen.

BIG IS BEAUTIFUL

Projekte wie Sentinel und META suchen nur jeweils einen kleinen Ausschnitt des Himmels ab, und zwar immer in die Richtung, in die ihre Antenne weist. Die große Sorge bei einem solchen Konzept ist, dass ein Signal aus der einen Richtung eintreffen könnte, während wir gerade in eine andere blicken. Wenn wir den gesamten Himmel (oder besonders interessante Regionen des Himmels) gleichzeitig absuchen wollen, benötigen wir mehr Computerleistung, die es uns ermöglicht, zeitgleich in mehrere Richtungen zu „schauen". Darüber hinaus lässt sich die Empfindlichkeit eines Empfängers erhöhen, indem man verschiedene Antennen miteinander koppelt.

Die NASA übernahm diesen „Kraftakt"-Ansatz in den 1970er Jahren für ihr Project Cyclops. Für Cyclops sollten in einer Wüste im Südwesten der USA 1.000 Radioantennen von je 100 Meter Durchmesser aufgestellt werden – mit jeweils 300 Meter Abstand zueinander. Mit genügend Computerleistung hätte man Radiowellen aus verschiedenen Richtungen des Weltalls auffangen können und von den Datenverarbeitungsgeräten lokalisieren lassen, die an die gesamte Teleskop-Anordnung angeschlossen worden wären – ein Prozessor hätte in eine Richtung geschaut, der nächste in die andere usw.

Die Kosten für ein solches Projekt waren jedoch offensichtlich so enorm, dass nie eine Chance bestand, Project Cyclops tatsächlich zu verwirklichen.

Auf in die Zukunft

Der große Unterschied zwischen dem Beginn des 21. Jahrhunderts und den Tagen der Project Cyclops-Studie liegt in dem gewaltigen Anstieg der heute zur Verfügung stehenden Computerleistung, die gleichzeitig erheblich weniger kostet. Das bedeutet, dass wir selbst ohne den Bau eines solch riesigen Radioteleskop-Parks viele Vorhaben des Cyclops-Projekts durchführen können. Obwohl immer noch keine Regie-

DAS FERMI PARADOXON

Falls es im Universum tatsächlich hoch entwickelte Zivilisationen geben sollte, warum sind sie dann noch nicht hier? Diese Frage wurde 1950 von dem Physiker Enrico Fermi als Argument dafür vorgebracht, dass wir allein im Universum sind. Seine Begründung lautet: Die Milchstraße ist Milliarden Jahre alt (mindestens doppelt so alt wie die Sonne und ihr Planetensystem); daher müssten andere intelligente Zivilisationen genügend Zeit gehabt haben, sich zu entwickeln und Techniken für Reisen durch den Weltraum zu erfinden. Daher müssten sie in der Lage sein, Raumsonden mit einer Geschwindigkeit unterhalb der Lichtgeschwindigkeit zu jedem Stern in der Galaxis zu schicken, und zwar innerhalb von nur 300 Millionen Jahren. Denn wenn eine ihrer Raumsonden zu einem Sonnensystem wie dem unseren gelangen würde, könnte sie das dort vorhandene Material von Monden und Asteroiden zum Bau vieler neuer Raumsonden verwenden und mit diesen weitere Sonnensysteme erkunden. So ließe sich die gesamte Milchstraße erforschen.

Das Gegenargument zu Fermis Paradoxon lautet: Obwohl das Universum über zehn Milliarden Jahre alt ist, reicht dieser Zeitraum für die Entstehung intelligenter Wesen kaum aus. Es dauerte Generationen von Sternen, bis die schweren Elemente „geschmiedet" waren, aus denen die Erde und ihre Bewohner bestehen, und Millionen von Jahren, bis sich eine intelligente Spezies entwickelte. Es müsste im Universum viele Zivilisationen geben, die kurz davor stehen, durch den Weltraum zu reisen, aber die Wahrscheinlichkeit, auf weiter entwickelte Zivilisationen zu treffen, ist sehr gering. Noch weiß niemand, wessen Sichtweise wirklich zutrifft.

Das Arecibo-Radioteleskop spielte eine wichtige Rolle im Film *Contact*.

rungsgelder für groß angelegte Suchprojekte nach außerirdischem Leben zur Verfügung gestellt werden, lassen sich ähnliche Konzepte mittlerweile mit geringerer privater Unterstützung realisieren, wie Project META bewiesen hat.

Eines der zurzeit im Bau befindlichen Systeme trägt aufgrund seiner Größe den Namen Ein-Hektar-Teleskop oder 1HT (1 Hektar entspricht 10 000 Quadratmetern). Dabei soll eine große Zahl miteinander gekoppelter Antennen nicht nur mehrere Dutzend Sterne gleichzeitig beobachten, sondern darüber hinaus noch viele verschiedene Frequenzen im Zentimeterwellenbereich durchforsten.

Doch selbst mit dem 1HT ist ein Ende noch nicht abzusehen. Es handelt sich dabei eher um eine Art Prüfstand, auf dem die Technologien getestet werden, die zum Bau des „Square Kilometre Array" (SKA) benötigt werden. Diese Anordnung von Radioteleskopen auf einer Fläche von insgesamt einem Quadratkilometer (oder eine Million Quadratmeter) wird 100-mal empfindlicher sein als jede zuvor erbaute Suchvorrichtung, was bedeutet, das es zehnmal weiter in die Galaxis hinausschauen kann als bisherige Systeme und in der Lage ist, Signale von 1000-mal mehr Sternensystemen zu empfangen.

Das größte Problem bei der Entwicklung solcher Systeme wie dem SKA sind nicht die Kosten, sondern kommt aus einer anderen Richtung: Weil die Technologie so billig und so allgegenwärtig geworden ist, füllt sich unser Funkfenster in immer schnellerem Tempo mit Strahlungen von Geräten, die für uns unentbehrlich geworden sind, wie etwa Mobiltelefonen. Es ist durchaus denkbar, dass wir zur Mitte dieses Jahrhunderts unsere Antennen auf die Rückseite des Mondes stellen müssen, um überhaupt noch extraterrestrische Signale empfangen zu können, ohne dass diese in unserem eigenen Funkrauschen untergehen.

Doch schließlich besteht auch immer noch die – wenn auch nicht allzu große – Chance, dass das alles im Jahr 2050 nicht mehr nötig ist, weil wir bereits Kontakt aufgenommen haben …

1

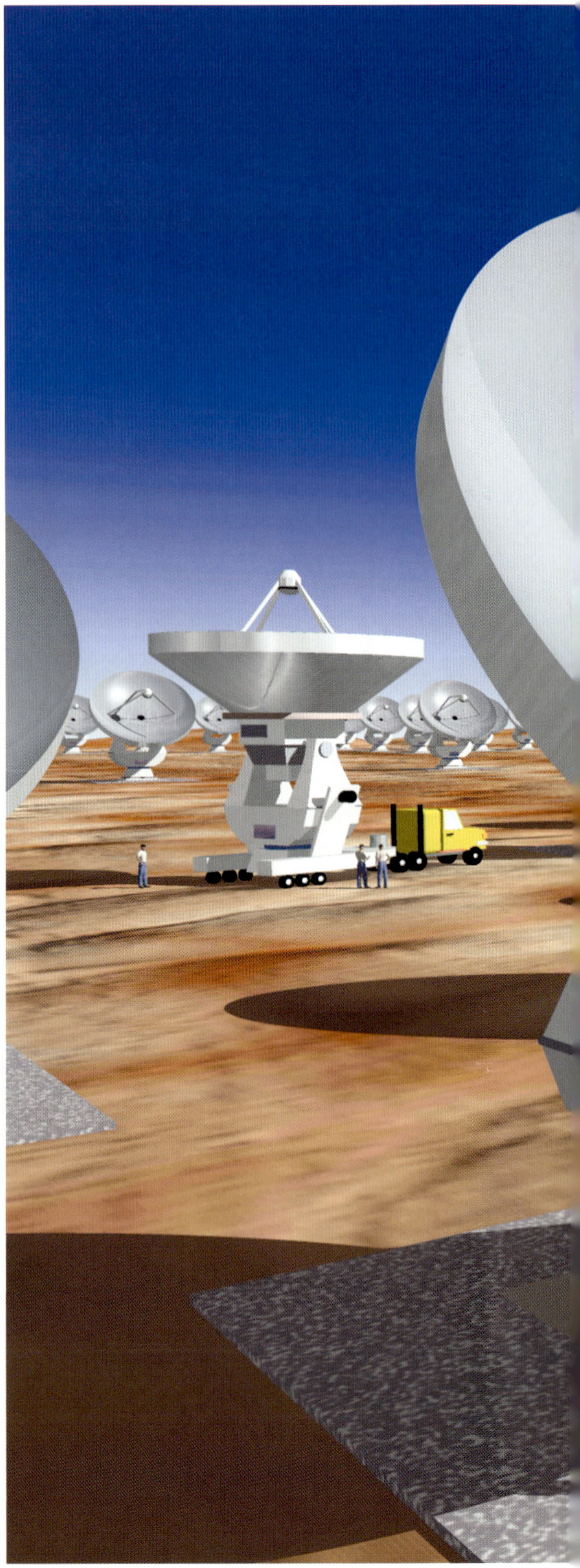

1. Künstlerische Darstellung des Ein-Hektar-Teleskops.

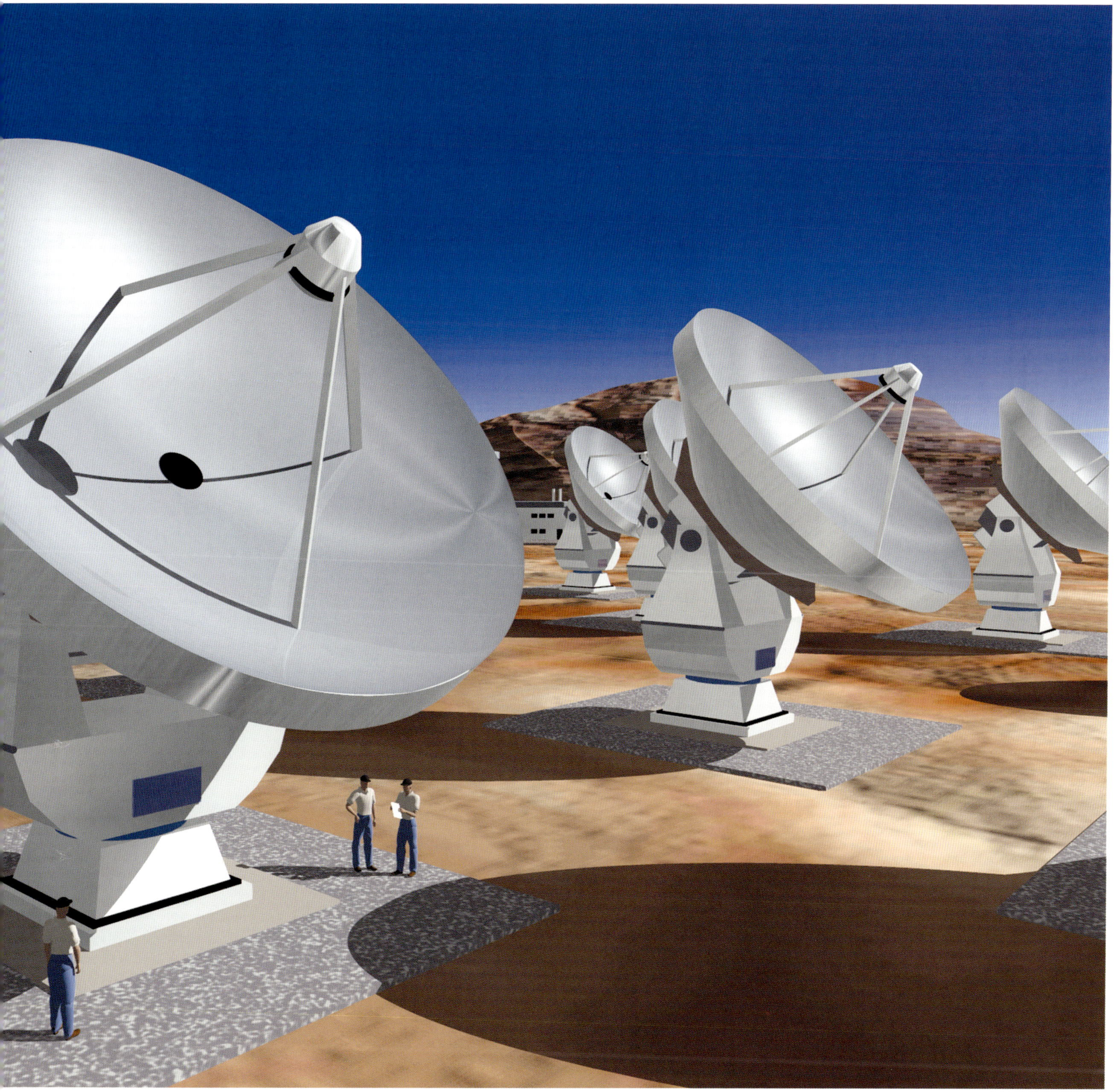

DIE DRAKE-GLEICHUNG

Im Jahr 1961 entwickelte der Astronom Frank Drake eine Gleichung, mit der er die Wahrscheinlichkeit für die Existenz anderer intelligenter Zivilisationen im Universum berechnete, die in der Lage sind, mit uns Kontakt aufzunehmen. Diese Gleichung fasst viele Aspekte der Astronomie in einfacher Form zusammen. Dennoch sind die Wissenschaftler sich bis heute nicht einig, welche Zahlen sie in die Gleichung einsetzen sollen.

Sag mir, wie viel Sternlein ...
Der erste Parameter in Drakes Gleichung ist die Geschwindigkeit, mit der in der Galaxis neue Sterne entstehen. Dieser Wert ist kaum umstritten: etwa 20 neue Sterne pro Jahr, dargestellt durch das Symbol R.

Wie viele dieser Sterne ähneln unserer Sonne? Drake nahm an, dass etwa jeder zehnte Stern genügend Ähnlichkeit mit der Sonne aufweist, und stellte dies durch das Symbol f_s dar („f" steht für „fraction" = „Bruchteil").

Die nächste Zahl ist die Wahrscheinlichkeit, dass ein sonnenähnlicher Stern Planeten besitzt (f_p). Der von Drake vorgeschlagene Wert für f_p von 0,5 könnte zutreffen.

Sag mir, wie viel Planeten ...
Wie viele Planeten gibt es in jedem Planetensystem, die für uns bekannte Lebensformen geeignet sind? Die Zahl der erdähnlichen Planeten (n_e) in unserem Sonnensystem ist natürlich exakt 1, aber einige Wissenschaftler geben zu bedenken, dass dies eine ungewöhnlich große Zahl sei, während andere sie gerade für ungewöhnlich klein halten. Es bleibt uns also nichts anderes übrig, als den Wert auf 1 festzulegen und das Beste zu hoffen.

Der Bruchteil bewohnbarer Planeten, auf denen es tatsächlich Leben gibt – dargestellt durch f_l –, liegt deutlich unter 1, ausgehend von unserem Sonnensystem und der Unfruchtbarkeit des Mars. Doch möglicherweise ist er nicht *viel* kleiner als 1. Auch hier können wir wieder nur raten.

Ähnliche Unsicherheit besteht bezüglich des Bruchteils „lebensfreundlicher" Planeten, auf denen sich intelligentes Leben bildet (f_i), und des Bruchteils intelligenter Spezies, die eine technologisch hoch stehende Zivilisation entwickeln (f_c).

Dieses Teil des Puzzles ist besonders interessant, denn es ist durchaus denkbar, dass sich eine höhere Zivilisation entwickelt (wie die der alten Römer oder Inkas), der jedoch nicht die erforderliche Technologie zur Verfügung steht, um quer durch den interstellaren Raum zu kommunizieren. Genauso gut sind aber auch intelligente Lebewesen denkbar, die keine höhere technische Zivilisation entwickeln – wie etwa Delphine.

1

2

3

1. Einige Zivilisationen könnten sich selbst zerstören, bevor sie die Gelegenheit haben, mit anderen zu kommunizieren.

2. Manche Außerirdische sind vielleicht gar nicht an einem Kontakt mit anderen Zivilisationen interessiert. Delphine gelten nach bestimmten Kriterien zwar als intelligente Lebewesen, haben aber keine höhere technische Zivilisation entwickelt.

4

Sag mir, wie viel Erden…

Das letzte Teil des Puzzles beschäftigt sich mit der Langlebigkeit einer solchen Zivilisation – ihrer Lebensdauer, durch das Symbol *L* dargestellt und in Jahren gezählt. Als in den 1960er und 1970er Jahren die Gefahr eines Atomkriegs besonders groß war, setzten einige Pessimisten diesen Wert ziemlich niedrig an – nicht mehr als 100 Jahre. Und obwohl heutzutage viele Wissenschaftler optimistischer sind, bleibt bei dieser Komponente eine große Ungewissheit bestehen. Tatsächlich vertreten die Pessimisten sogar die Ansicht, wir hätten die Gefahr eines Atomkriegs nur durch eine neue Gefahr ersetzt – die Gefahr, dass wir unseren Planeten durch die globale Umweltverschmutzung zerstören und unsere gegenwärtige Zivilisation noch vor Ende des 21. Jahrhunderts zum Untergang bringen.

Setzt man nun alle Komponenten zusammen, dann ergibt sich eine Gleichung für die Anzahl hoch entwickelter Zivilisationen, die heutzutage an einer Kommunikation quer durch die Galaxis aktiv teilnehmen können:

$$N = Rf_s f_p n_e f_l f_i f_c L$$

Das ist die Drake-Gleichung. Wenn *R* etwa 20 ist und sich die nächsten sechs Faktoren zu einem Wert von etwa 0,05 multiplizieren, was durchaus plausibel ist, dann gelangt man zu der Schlussfolgerung, dass *N* ungefähr gleich *L* ist.

3. Auch ohne Kriege könnten technologische Zivilisationen Mittel und Wege finden, sich selbst und die sie umgebende Natur zu zerstören.

4. Verborgen unter den Wolken eines Riesenplaneten wie des Jupiter könnte intelligentes Leben bestehen, ohne auch nur etwas von der Existenz des restlichen Universums zu ahnen.

ZUM THEMA

3.1 Leben im Universum
S. 139 Andere Welten
S. 148 Gibt es andere Erden?
S. 150 Auf der Suche nach Lebenszeichen

3.3 Signale aus dem All
S. 172 Leben wie wir es nicht kennen

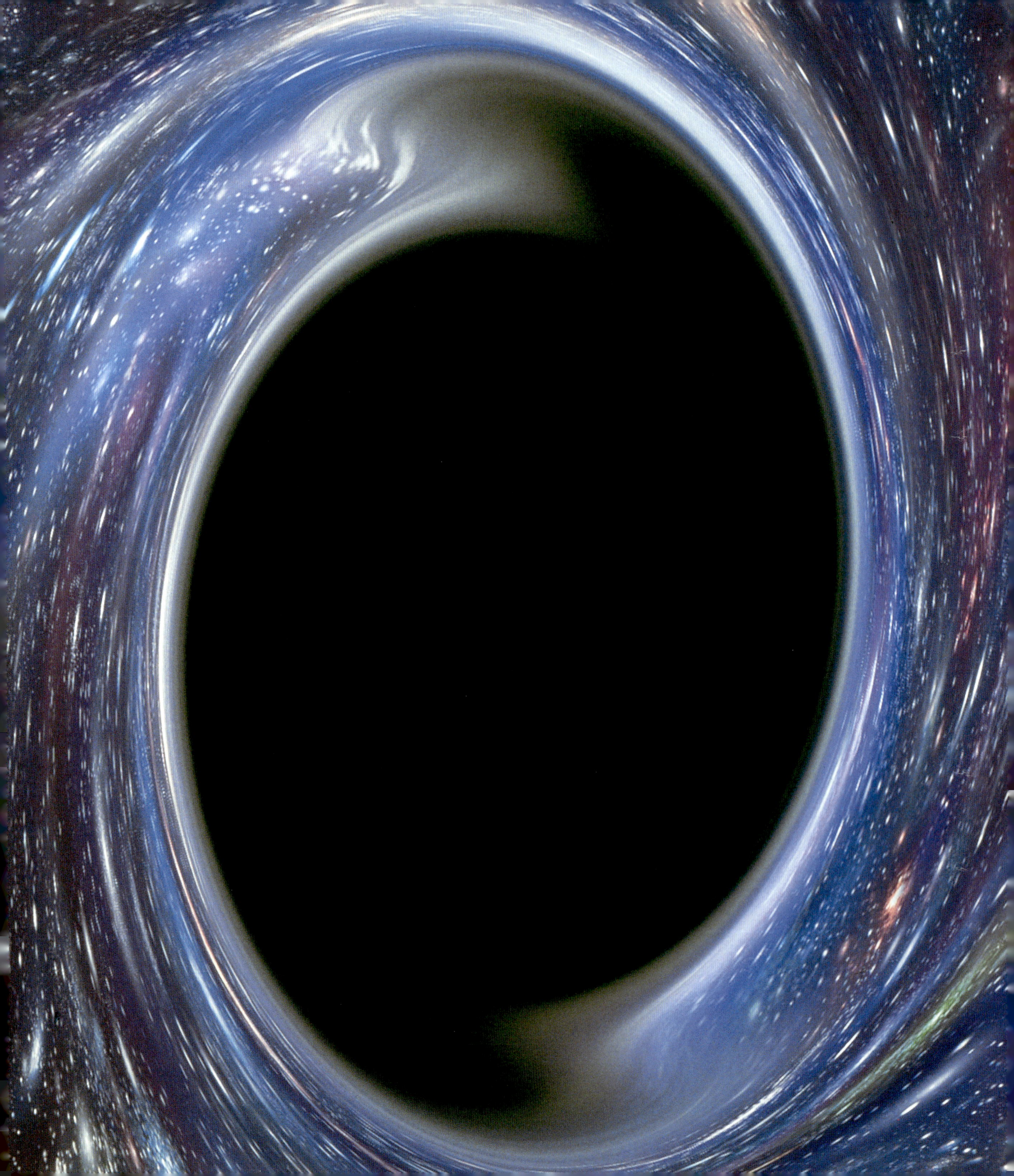

4

ANDERE WELTEN

4.1 KOSMISCHE ZUFÄLLE

Das Universum in dem wir leben, scheint in vielerlei Hinsicht geradezu ideal für die Existenz von Lebensformen wie der unseren geschaffen zu sein. In gewissem Maße liegt das sicherlich daran, dass wir uns entwickelt und an unser Lebensumfeld angepasst haben. Doch andererseits hat sich auch herausgestellt, dass das Leben nur aufgrund eines empfindlichen Gleichgewichts innerhalb der wichtigsten physikalischen Gesetze existieren kann. Handelt es sich dabei nun um einen Zufall oder besteht irgendein tieferer Zusammenhang zwischen der „Funktionsweise" des Universums und der Existenz von Leben im Universum? Einige Menschen glauben, dass die Antworten auf diese Frage nicht in der Welt der Wissenschaft zu finden sind, aber die Wissenschaftler schieben die Grenzen ihres Fachgebietes ständig weiter hinaus. Obwohl diese Fragen im Grenzbereich der Kosmologie liegen und es keine definitiven Antworten gibt, hat die wissenschaftliche Erkundung dieser Probleme bereits eingesetzt und in der Vergangenheit konnte die Wissenschaft schon viele Fragen beantworten, die bis dahin als Bestandteil der Philosophie betrachtet wurden.

Vorhergehende Seite: Diese Computersimulation zeigt, wie ein Schwarzes Loch vor einem Hintergrund von Sternen aussehen könnte.

DAS GOLDLÖCKCHEN-UNIVERSUM

Die Erde wird manchmal auch als „Goldlöckchen-Planet“ bezeichnet (▷ S. 142). Aber einige Astronomen gehen noch einen Schritt weiter: Die Existenz eines Planeten wie der Erde hängt von solch exakt festgelegten Rahmenbedingungen ab, dass wir eher von einem „Goldlöckchen-Universum“ sprechen sollten, das – zufällig oder geplant – genau richtig für das Vorhandensein von Leben ist. Die Erforschung der sich aus dieser Vorstellung ergebenden Schlussfolgerungen wird „anthropische Kosmologie“ genannt und findet fast ausschließlich als Gedankenspiel statt, da es nur wenige Möglichkeiten gibt, die Prinzipien dieser Theorie zu überprüfen.

1

2

1., 2. und 3. Die Erde scheint einer Vielzahl von Lebensformen ideale Lebensbedingungen zu bieten.

Leben im Universum

Stark vereinfacht ausgedrückt, beschäftigt sich die anthropische Kosmologie mit der Klärung der Frage, wie das Universum als Ganzes beschaffen sein muss – und zwar ausgehend von der Tatsache, dass wir existieren. Eine vergleichbare Argumentation ist die Art und Weise, wie Fred Hoyle die Existenz einer Resonanz im Kohlenstoffatom vorhersagte, die es dem Tripel-α-Prozess ermöglicht, Helium zu Kohlenstoff umzuwandeln (▷ S. 55). Sie lautete: „Wir existieren und, wir bestehen aus Kohlenstoffverbindungen. Daher muss der Kohlenstoff in den Sternen hergestellt werden. Daher muss es eine Resonanz geben, die den Tripel-α-Prozess ermöglicht.“ Vor Hoyle hatte niemand diese Resonanz gemessen oder ihre Existenz vorhergesagt, und Hoyles Begründung basierte ausschließlich auf einer anthropischen Schlussfolgerung.

Im Jahr 1957 – kurz nachdem Hoyles Vorhersage durch Experimente bestätigt worden war – behauptete Robert Dicke, selbst die Größe des Universums sei „nicht zufällig, sondern durch biologische Faktoren bedingt“. Dicke argumentierte: Die Mindestanforderung für unsere Existenz ist *ein* Stern mit *einem* Planeten,

3

Das schwache anthropische Prinzip: Alle beobachteten physikalischen und kosmologischen Größen nehmen Werte an, die von der Anforderung eingeschränkt werden, dass es Orte gibt, an denen sich kohlenstoffbasiertes Leben entwickeln kann.

1. Ein grüner, üppiger, bemooster Regenwald als Symbol des Lebens auf der Erde.

der aus der richtigen chemischen Zusammensetzung besteht. Das restliche Universum – Hunderte von Milliarden Galaxien mit Hunderten von Milliarden Sternen, verteilt über Billionen Lichtjahre – scheint unnötig zu sein. Doch wir erinnern uns, dass aus dem Urknall nur Wasserstoff und Helium (plus dunkle Materie) hervorgingen. Es dauerte viele Milliarden Jahre, bis die ersten Sterne schwere Elemente „geschmiedet" hatten, dann explodierten und diese Elemente im Weltraum verteilten. Und es dauerte weitere Milliarden von Jahren, bis auf einem Planeten, der sich aus diesem kosmischen Staub gebildet hatte, Menschen entstehen. Und während der ganzen Zeit dehnte sich das Universum immer weiter aus. Die Tatsache, dass wir existieren, setzt letztendlich voraus, dass das Universum viele Milliarden Jahre alt ist und einen Durchmesser von etlichen Milliarden Parsec besitzt.

Das schwache anthropische Prinzip

In den 1970er Jahren unterteilte Brandon Carter die anthropische Kosmologie in zwei Kategorien: Hoyles und Dickes Ideen fielen nach Carters Ansicht in die von ihm so benannte Kategorie des „schwachen anthropischen Prinzips". Es beruht auf der Vorstellung, dass das Universum um uns herum nicht das einzig mögliche existierende Universum ist. Die mathematischen Modelle der Kosmologen erlauben viele verschiedene Modelluniversen, in denen verschiedene physikalische Gesetze gelten (▷ S. 196). So könnte beispielsweise in einem solchen Modelluniversum eine stärkere oder schwächere Gravitation herrschen als in unserem Universum, während in einem anderen Modelluniversum vielleicht keine Resonanz besteht, die den Tripel-α-Prozess erlaubt.

Doch wo könnten sich diese anderen Welten befinden? Wenn das Universum unendlich groß ist, dann gibt es möglicherweise Regionen, in denen andere physikalische Gesetze gelten – und zwar jenseits der Reichweite unserer Teleskope (in Regionen des Weltraums, die durch die Expansion des Universums mit einem über der Lichtgeschwindigkeit liegenden Tempo von uns fortgetragen werden). Oder es galten bei einem mehrzykligen Universum „vor

PALEYS UHR

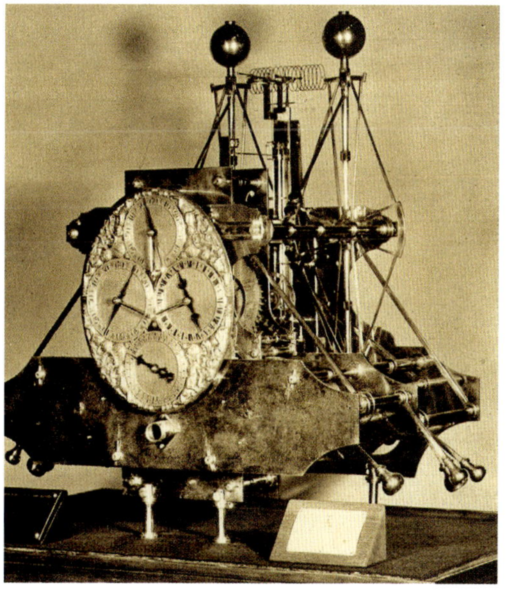

Der Philosoph William Paley vertrat im 18. Jahrhundert die Ansicht, dass es der Existenz eines Schöpfers bedarf, um solch wunderbar an ihre Umwelt angepassten Lebewesen wie den Menschen entstehen zu lassen – genau wie jemand, der zufällig eine Uhr (oder einen Schiffschronometer, rechts) auf der Straße findet, erkennen kann, dass dieses Gerät von einem intelligenten Lebewesen konzipiert wurde – selbst wenn der Finder überhaupt nichts von Uhren versteht. Denn wenn man einfach die Bestandteile einer Uhr wahllos zusammensetzen würde, würde daraus niemals eine funktionsfähige Uhr. Doch die Entwicklung der Evolutionstheorie entzog Paleys Argumentation die Grundlage, da die natürliche Auslese als (unintelligente) Schöpfungskraft fungiert, die bewirkt, dass sich Lebewesen auf solch wundervolle Weise ihren ökologischen Nischen anpassen.

Entscheidend dabei ist, dass die Evolution unintelligent sein mag, aber nicht zufällig stattfindet. Zwar treten individuelle Veränderungen bei einzelnen Lebewesen zufällig auf (Mutationen), aber die Evolution selektiert die Veränderungen, die für ein individuelles Lebewesen von Vorteil sind. Paley wusste jedoch nichts von Evolution, da er 1805 starb – 53 Jahre, bevor Charles Darwin seine Theorie veröffentlichte.

Heutzutage bedienen sich einige Kosmologen der gleichen Argumentation zur Unterstützung ihrer These, dass das Universum von einem Schöpfer entworfen worden sein muss. Doch die meisten Wissenschaftler vertreten die Ansicht, dass wir uns in der gleichen Lage befinden wie damals William Paley – wir wissen noch nicht, welche wissenschaftlichen Gesetzmäßigkeiten das Universum so durch und durch konzipiert erscheinen lassen, während es sich doch auf natürliche Weise entwickelt hat.

Das „starke anthropische Prinzip“: Das Universum MUSS solche Eigenschaften haben, dass sich irgendwann in ihm Leben entwickeln kann.

unserem“ Urknall vielleicht andere physikalische Gesetze.

Unabhängig davon postuliert das schwache anthropische Prinzip Folgendes: Es gibt viele verschiedene Universen (möglicherweise unendlich viele), die durch Raum und/oder Zeit voneinander getrennt sind, und Leben kann sich nur in Universen, die unserem sehr ähnlich sind, so weit entwickeln, dass es von dem, was um es herum geschieht, Notiz nimmt.

Das „starke anthropische Prinzip“ dagegen besagt, dass unser Universum einzigartig ist und es keine „Wahl“ in Bezug auf die Gesetze der Physik hatte; diese mussten einfach genau passend für die Existenz von Leben sein – insbesondere für die Existenz menschlichen Lebens.

Diese Kontroverse führte einige Kosmologen in die seltsame Welt der Quantenmechanik, in der die Wirklichkeit – je nach Auslegung der Gleichungen – so lange nicht tatsächlich existiert, bis sie von intelligenten Wesen als solche wahrgenommen wird. Bei dieser (eigenartigen) Argumentation *müssen* die Gesetze der Physik so sein, wie sie sind, damit wir existieren können, damit wir die Gesetze der Physik wahrnehmen können und diese dadurch Wirklichkeit werden. Andere Wissenschaftler halten das Auftreten der „Zufälle“, die das Universum genau richtig für die Existenz von Leben werden ließen, für den Beweis, dass das Universum erschaffen wurde. Dann bleibt jedoch immer noch die Frage, woher der/die Schöpfer kam(en)?

Das starke anthropische Prinzip führt uns in die Welt der Philosophie und Religion und fort von der Welt der Wissenschaft. Glücklicherweise reicht das schwache anthropische Prinzip jedoch aus, um die Richtung, die die wissenschaftlichen Untersuchungen im Bereich der Kosmologie in den nächsten Jahren wahrscheinlich einschlagen werden, zu erkennen.

Ein maßgeschneidertes Universum?

In welchem Ausmaß unser Universum genau „richtig“ für die Existenz von Leben ist, lässt sich am besten erkennen, wenn man sich anschaut, wie sich selbst kleine Veränderungen bei einem für die Gestalt unseres Universums wichtigen Parameter auf sein Erscheinungsbild auswirken würden. Es gibt eine Hand voll offensichtliche Parameter, die sich sehr stark auswirken, und keiner tut dies mehr als die Naturkraft, die das Universum buchstäblich geformt hat – die Schwerkraft.

Die Rolle der Schwerkraft

Die Schwerkraft – oder Gravitation – ist für uns und für das Universum als Ganzes so überaus wichtig, weil sie sich stets addiert. Jedes Atom und subatomare Teilchen auf der Erde trägt seinen winzigen Teil zur Gesamtanziehungskraft des Planeten bei. Das gilt jedoch nicht für die andere, uns ebenfalls vertraute und alltägliche Kraft, den Elektromagnetismus. Atome enthalten sowohl positiv geladene Protonen als auch negativ geladene Elektronen, so dass weder die Atome noch die Erde insgesamt eine elektrische Ladung besitzen. Doch die Gravitation ist eine unglaublich schwache Kraft, was sich am besten erkennen lässt, wenn man die Schwerkraft zwischen zwei Protonen mit der elektrischen Wechselwirkung zwischen den gleichen beiden Protonen vergleicht.

Sowohl die Elektrizität als auch die Schwerkraft gehorchen umgekehrt quadratischen Abstandsgesetzen – das relative Verhältnis der beiden Wechselwirkungen ist also immer gleich, unabhängig davon, wie weit die beiden Protonen voneinander entfernt sind. Die elektrische Kraft, die die beiden auseinander treibt, ist 10^{36}-mal stärker als die Schwerkraft. Diese hohe Zahl ist so wichtig, dass die Physiker, die sich damit beschäftigen, sie einfach mit dem Buchstaben N symbolisieren. Sie allein erklärt, warum die Sterne so groß sind.

Stellen wir uns eine Reihe von Objekten vor, die jeweils zehnmal mehr Wasserstoffatome dicht zusammengepackt enthalten als das vorherige Objekt, also zehn Atome, 100, 1000 usw. Das 39. Objekt besäße einen Durchmesser von einem Kilometer und wäre immer noch imstande, sich der Schwerkraft zu widersetzen.

1

Das Volumen und die Masse der Objekte erhöhen sich jeweils um den Faktor 10, während ihr Radius mit $10^{1/3}$ wächst. Da die Gravitationsenergie proportional zur Masse dividiert durch den Radius ist, wächst sie also jeweils um $10/10^{1/3} = 10^{2/3}$, wenn das Objekt größer wird. Insgesamt holt die Schwerkraft gegenüber dem Elektromagnetismus auf: Bei jeder Vertausendfachung der Anzahl der Atome nimmt sie um einen Faktor 100 zu. Wenn wir das 54. Objekt erreichen, das etwa die Größe des Planeten Jupiter besäße, gewinnt die Schwerkraft die Oberhand über die elektrischen Kräfte und zerdrückt die Atome im Zentrum in ihre Bestandteile, denn $10^{54} = 10^{36 \times 3/2}$.

Das 57. Objekt der Reihe wäre so groß, dass die Schwerkraft es zu einem Schwarzen Loch zermalmt. Bei einem heißen Körper dieser Masse prallen die Protonen in seinem Zentrum mit solcher Wucht aufeinander, dass der Pro-

1. Schon eine geringe Menge Elektrizität kann einem Menschen – gegen die Anziehungskraft der gesamten Erde – die Haare zu Berge stehen lassen.

2. Nächste Doppelseite: Blitze über Tucson, Arizona.

zess der Kernfusion einsetzt. Und tatsächlich besitzen Sterne wie unsere Sonne etwa 10^{57} Protonen.

Das große ε

Die Stärke der Schwerkraft bestimmt die Größe der Sterne, während eine andere wichtige mathematische Größe ihre Lebensdauer festlegt. Wenn vier Protonen (Wasserstoffkerne) in einen Helium 4-Kern (He^4) umgewandelt werden, wird 0,7 Prozent der Masse der Protonen als Energie freigesetzt (▷ S. 53). Dieses Verhältnis – 0,007 – ist ein Maß für die Stärke der starken Kernkraft, die die Atomkerne trotz der elektrischen Abstoßung zwischen den Protonen aneinander bindet. Während der restlichen Kernfusionsvorgänge im Inneren der Sterne – von Helium bis zu Eisen – wird nur ein weiteres Siebtel der Energie freigesetzt, die bei der ursprünglichen Umwandlung von Wasserstoff zu Helium freikam. Daher hängt die Lebensdauer eines Sterns fast vollständig von der Zahl 0,007 ab (häufig als ε geschrieben), die bestimmt, wie viel Energie zur Verfügung steht, um den Stern leuchten zu lassen.

Doch ε bewirkt noch mehr. Läge dieser Wert bei 0,006, dann wäre die starke Kernkraft zu schwach, um die Atomkerne von Deuterium (ein Proton plus ein Neutron) zu binden. Die erste Phase im Kernfusionsprozess (Proton-Proton-Kette ▷ S. 58–59) würde nicht einsetzen, und im Universum gäbe es keine komplizierteren Elemente als Wasserstoff. Wenn andererseits ε gleich 0,008 wäre, dann wäre die starke Kernkraft so stark, dass sich zwei Protonen miteinander verbinden würden. Zwar könnte eine weitere Kernfusion stattfinden, aber es gäbe im Universum keinen Wasserstoff (nur Helium 2) und daher auch kein Wasser – eine wichtige Grundvoraussetzung für alles Leben, wie wir es kennen.

Die Q-Frage

Der besondere Charakter des Universums zeigt sich auch an seiner Unebenheit, die von Astronomen durch den Wert Q dargestellt wird.

▷ VON EINEM EXTREM INS ANDERE

Die anthropische Kosmologie gefällt nicht allen Wissenschaftlern. So schrieb beispielsweise der berühmte Physiker Heinz Pagels (rechts) in seinem 1985 erschienenen Buch *Perfect Symmetry* (dt. *Die Zeit vor der Zeit*, Berlin 1987): „Physiker und Kosmologen, die sich auf eine anthropische Denkweise berufen, scheinen meines Erachtens die erfolgreiche Vorgehensweise der konventionellen exakten Naturwissenschaften, welche sich um ein Verständnis der quantitativen Eigenschaften unseres Universums auf Basis universeller physikalischer Gesetze bemüht, völlig grundlos aufzugeben. Die Einführung des anthropischen Prinzips hat die Entwicklung zeitgenössischer kosmologischer Modelle nicht vorangebracht. Dieses Prinzip hat nichts erklärt und darüber hinaus sogar einen negativen Einfluss ausgeübt, was sich anhand der Tatsache ablesen lässt, dass die Werte bestimmter Konstanten, wie etwa das Verhältnis von Photonen zu Kernteilchen, für deren Erklärung die anthropische Denkweise einst eingeführt wurde, heutzutage durch neue physikalische Gesetze erklärt werden können … Ich persönlich bin für eine Ablehnung des anthropischen Prinzips, da es sich um überflüssigen Ballast im Begriffsrepertoire der Naturwissenschaft handelt."

Ein typischer Vertreter des anderen Extrems ist Fred Hoyle. In seinem 1965 erschienenen Buch *Galaxies, Nuclei and Quasars* schrieb er: „Die Gesetze der Physik sind bewusst im Hinblick auf die Vorgänge im Inneren von Sternen konzipiert. Wir existieren nur in jenen Teilen des Universums, in denen die Energieniveaus in Kohlenstoff- und Sauerstoffkernen genau richtig abgestimmt sind."

Möglicherweise sind beide Standpunkte zu extrem; möglicherweise leben wir in einem Universum, in dem die Energieniveaus und andere Parameter tatsächlich „genau richtig" sind – aber aufgrund von Zufällen.

1

1. Ist das Universum für die Menschheit gemacht, oder wurden die Menschen für das Universum geschaffen?

Wenn das Universum völlig glatt aus dem Urknall hervorgegangen wäre, dann müsste es auch jetzt noch völlig glatt sein – ein gleichförmiges Meer aus Gas, das sich gleichmäßig in alle Richtungen ausdehnt.

Bestimmt man die Energiemenge, die nötig wäre, um Systeme wie Galaxienhaufen auseinander zu brechen und gleichmäßig im Raum zu verteilen, und vergleicht den ermittelten Wert mit der gesamten Masse-Energie ($E = mc^2$) im gleichen System, stellt man fest, dass diese beiden Zahlen im gesamten Universum im gleichen Verhältnis zueinander stehen – 1:100 000. Mit anderen Worten: Q – die Unebenheit des Universums – beträgt 10^{-5}. Die Größe der Rippeln in der kosmischen Hintergrundstrahlung entspricht der gleichen Zahl. Daher beträgt die Unebenheit des Universums seit Anbeginn der Zeit 1:100 000.

Wäre Q wesentlich größer, dann hätte die Schwerkraft schon sehr früh im Leben des Universums Materie zusammengeklumpt, wodurch extrem massereiche Sterne und Schwarze Löcher entstanden wären.

Die Tatsache, dass einerseits Q gerade groß genug für die Entstehung interessanter Objekte im Universum ist, andererseits das Universum aber fast perfekt flach ist (▷ S. 95), ist eng mit der Art und Weise verknüpft, in der das Universum während seiner „Frühzeit" durch die inflationäre Expansion auseinander getrieben wurde (▷ S. 114).

DAS DREIDIMENSIONALE UNIVERSUM

Zu den speziellen Eigenschaften unseres Universums, die dazu beitragen, dass Leben existieren kann, zählt die Tatsache, dass es in drei Dimensionen existiert – ein auf den ersten Blick erstaunlicher Gedanke. Die Zeit gilt zwar als vierte Dimension, verhält sich aber anders als die drei räumlichen Dimensionen, und wie sich herausgestellt hat, könnte gar kein Leben existieren, wenn es mehr bzw. weniger als drei räumliche Dimensionen gäbe.

1

2

Kraftlinien

In unserem dreidimensionalen Universum gehorchen Naturkräfte wie Gravitation und der Elektromagnetismus umgekehrt quadratischen Abstandsgesetzen. Der britische Physiker Michael Faraday erklärte dies sehr anschaulich:

Man stelle sich „Kraftlinien" vor, die von einem elektrisch geladenen Teilchen gleichmäßig in alle Richtungen streben. Wenn man sich dazu eine Kugel vorstellt, die das Teilchen umgibt, dann durchkreuzt eine bestimmte Zahl von Linien jeden Quadratzentimeter der Oberfläche dieser Kugel. Nimmt der Radius der Kugel zu, dann nimmt auch ihre Fläche zu und zwar mit der Quadratzahl des Radius. Die Anzahl der Kraftlinien bleibt gleich, doch die Anzahl der Linien, die jeden Quadratzentimeter durchkreuzen, *nimmt* mit dem *Quadrat* des Radius *ab*. Der Elektromagnetismus folgt also einem *umgekehrt quadratischen* Abstandsgesetz.

Vier ist einer zuviel

Gäbe es vier Raumdimensionen, würde sich die Fläche der „Vierer-Kugel" mit der Kubikzahl ihres Radius vergrößern. In diesem Fall würde der Elektromagnetismus (und auch die Gravitation) einem umgekehrt *kubischen* Abstandsgesetz folgen. Bei Verdoppelung der Entfernung würde sich die Kraft um den Faktor 8 (2^3) und nicht um den Faktor 4 (2^2) verringern.

Das wäre äußerst negativ, weil nämlich ein umgekehrt kubisches Abstandsgesetz (sowie alle anderen umgekehrt nicht-quadratischen Abstandsgesetze) keine stabilen Planeten-Umlaufbahnen zulässt. In unserem Universum verbleibt auch ein Planet, der einen kleinen Stoß erhält, mehr oder weniger in seiner Umlaufbahn, weil ein umgekehrt quadratisches Abstandsgesetz die Fliehkraft genau ausbalanciert und die Schwerkraft und die Fliehkraft innerhalb einer gewissen Entfernungsbandbreite im Gleichgewicht bleiben. In einem vierdimensionalen Universum verändert sich die Kraft über kurze Entfernungen schneller (sie hat einen „steileren Gradient"), so dass sie im inneren Bereich einer Umlaufbahn die Fliehkraft übertrifft, während außerhalb der Umlaufbahn die Fliehkraft vorherrscht. Jeder Planet, der nur einen winzigen Stoß erhielte, würde entweder in die Sonne stürzen oder sich auf einer spiralförmigen „Umlaufbahn" immer weiter in den Weltraum entfernen. Und bei noch mehr Dimensionen verstärkt sich dieser Effekt zusätzlich.

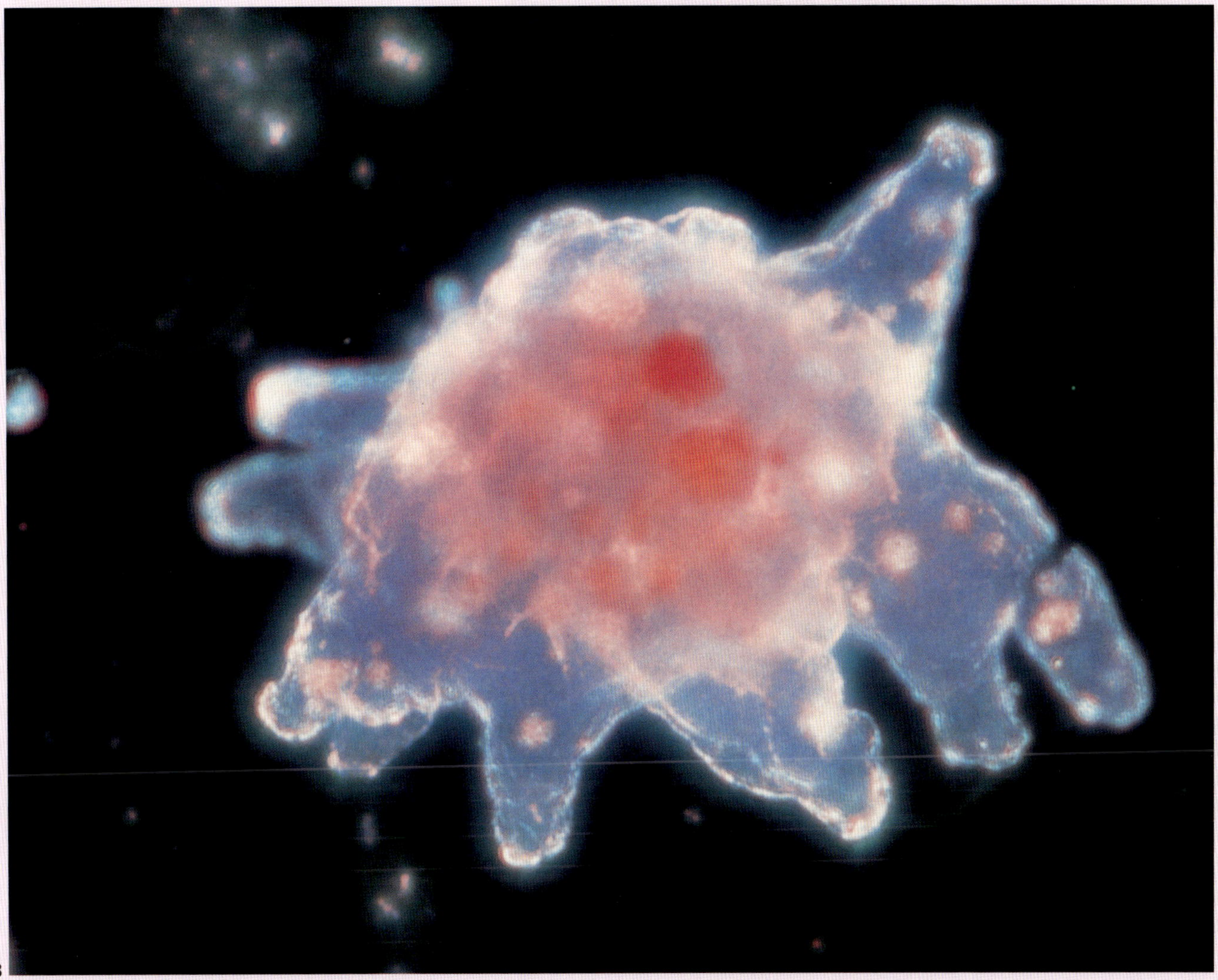

3

1. Die grafische Darstellung des umgekehrt quadratischen Abstandsgesetzes: Wenn man die Entfernung verdoppelt, werden die Kraftlinien über die vierfache Fläche (2^2) verteilt.

2. Der englische Physiker Michael Faraday entwickelte das Konzept der Kraftlinien.

3. Auf der Erde kommt die Amöbe einer zweidimensionalen Lebensform am nächsten.

Zwei sind nicht genug

In einem zweidimensionalen Universum könnten dagegen überhaupt keine komplexen Lebensformen existieren. Möglicherweise wäre eine Art flaches Lebewesen wie etwa eine Amöbe denkbar, das sich dadurch ernährt, dass es eine Körperspalte in der Seite öffnet und die Nahrung aufsaugt. Später öffnet es dann eine andere Körperspalte, um die Überreste auszuscheiden (es kann nicht beide Spalten gleichzeitig öffnen, weil es sonst auseinander fallen würde). Aber dieses Lebewesen besäße nur ein ganz einfaches Gehirn, weil sich keine Linien überkreuzen können; daher bestünden keine Verbindungen zwischen den Nervenzellen – abgesehen von ganz einfachen. (Doch selbst diese Verbindungen würden den Durchfluss der Nahrung blockieren.)

Die Zahl der räumlichen Dimensionen muss *exakt* bei drei liegen, damit im „Goldlöckchen-Universum" intelligentes Leben existieren kann.

ZUM THEMA

4.1 Kosmische Zufälle
S. 187 Paleys Uhr
S. 188 Die Rolle der Schwerkraft
4.2 Viele verschiedene Universen
S. 211 Geographie und Relativität

Auf jedes einzelne Baryon (Proton oder Neutron) im Universum kommen ungefähr eine Milliarde (10^9) Photonen – oder Lichtquanten – in der kosmischen Hintergrundstrahlung.

WAS WÄRE WENN …

Da die Gravitation im Vergleich zu den anderen Naturkräften eine solch schwache Kraft ist, könnte man annehmen, dass die exakte Stärke der Gravitation keine allzu wichtige Rolle spielt. Doch diese Annahme ist falsch. Die Masse eines Sterns wird von dem Gleichgewicht zwischen Gravitation und Elektromagnetismus bestimmt und hängt von der Quadratwurzel der Kubikzahl der Gravitationsstärke ab (ein so genanntes 3/2-Potenzgesetz), da sich das Volumen und die Masse eines Sterns mit der Kubikzahl verändern und die Gravitation einem umgekehrt quadratischen Abstandsgesetz gehorcht. Das bedeutet Folgendes: Wenn man die Stärke der Gravitation um den Faktor eine Million (10^6) erhöht, dann würde die für die Entstehung eines Sterns erforderliche Masse an Wasserstoff um den Faktor eine Milliarde (10^9) reduziert – denn 9 ist 3/2 von 6.

Eine solche Veränderung wirkt sich dramatisch auf die Zustände innerhalb eines kosmologischen Modelluniversums aus. Das erkennt man am besten, wenn man sich einmal ansieht, was in einem Universum geschehen könnte, in dem eine millionenfach stärkere Schwerkraft herrscht als in unserem Universum, aber alle anderen wichtigen Parameter gleich sind.

Hochgeschwindigkeits-Sterne

In unserem Universum ist die Sonne ein typischer Stern, dessen Masse als eine Einheit (1 Sonnenmasse) definiert ist und der eine Lebensdauer von etwa zehn Milliarden Jahren (10^{10}) besitzt. Bei unserem alternativen Modelluniversum wird jedoch weniger Materie benötigt, um den gleichen Druck zu erzeugen, und die Sterne werden schon bei geringerer Masse entsprechend heiß. Daher besitzen sie typischerweise etwa ein Milliardstel (10^{-9}) der Masse unserer Sonne, was ungefähr 10^{18} Tonnen entspricht – etwas weniger als 1,4 Prozent der Masse unseres Mondes. Alle anderen Vorgänge im Inneren des Sterns (inklusive der Kernreaktionen, die die benötigte Energie freisetzt, um einen Kollaps zu verhindern) laufen auf die gleiche Weise ab wie im Inneren der Sonne. Schließlich „weiß" ein Atomkern im Zentrum eines Sterns nicht viel über die Stärke der Gravitation im Allgemeinen, er kennt nur das Gewicht der Masse, die auf ihm lastet.

Die Lebensdauer eines Sterns hängt auch von seiner Größe ab und nicht einfach nur von der zur Verfügung stehenden Brennstoffmenge, denn durch leichtes Aufblähen oder Kontrahieren kann er die Brenngeschwindigkeit regulieren, um den (von seiner Oberfläche abgestrahlten) Energieverlust zu kompensieren. Von wirklich entscheidender Bedeutung ist die Zeitdauer, die die elektromagnetische Energie benötigt, um vom Inneren des Sterns (wo sie entsteht) zur Sternoberfläche zu gelangen, wo sie in den Weltraum abgegeben wird. Da die Strahlung auf ihrem Weg zur Oberfläche hin und her reflektiert wird (wie eine Kugel in einem raffinierten Flipperautomaten), hängt die Zeitdauer vom Quadrat des Sternradius ab und nicht vom Radius selbst. Die Masse erhöht sich mit der Kubikzahl des Radius; demzufolge haben Sterne mit einer Masse von 10^{-9} Sonnenmassen einen Radius von 10^{-3} Sonnenradien und eine Lebensdauer von der 10^{-6}fachen Länge der Lebensdauer unserer Sonne – also etwa 10 000 Jahre statt zehn Milliarden Jahre.

Könnte sich Leben entwickeln?

Wenn alle anderen Vorgänge, und insbesondere alle chemischen Prozesse, in unserem Modelluniversum unverändert bleiben, kann man sich kaum vorstellen, dass sich auf einem Planeten im Orbit eines solchen Sterns Leben entwickeln könnte, bevor dieser Stern seine nuklearen Brennstoffvorräte verbraucht und die üblichen Phasen des Aufblähens durchlaufen hätte und sich zu einem Roten Riesen und später zu einem Weißen Zwerg entwickeln würde. Dennoch können wir rein interessehalber einmal durchspielen, wie das Leben auf einem Planeten aussähe, der in solch einem Universum die gleiche Oberflächenschwerkraft besitzt wie die Erde.

1

1. Im Inneren eines Sterns springen Protonen wie Kugeln in einem Super-Flipper umher.

Natürlich würden für die Planeten der gleiche größenbestimmende Faktor wie für die Sterne gelten. Damit die Schwerkraft an der Oberfläche eines Planeten in unserem Modelluniversum exakt der unserer Erde entspricht, müsste der Planet eine milliardenfach geringere Masse als die Erde besitzen: er würde also etwa fünf Billionen Tonnen (5×10^{12} Tonnen) wiegen – ungefähr die Masse eines typischen Asteroiden in unserem Universum. Doch obwohl die Schwerkraft auf der Oberfläche eines solchen Objekts der auf der Erdoberfläche entspräche, könnte man dort noch lange nicht einfach herumspazieren. Schließlich muss die Masse des eigenen Körpers ebenfalls mit eingerechnet werden, wenn man die Kraft berechnet, die einen Menschen auf dem Planeten festhält (sein Gewicht), und die Anziehungskraft des eigenen Körpers in einer solchen Phantasiewelt würde ebenfalls enorm zunehmen. Die zusätzliche Stärke der Gravitation würde ausreichen, um jedes Objekt von der Größe eines Menschen platt zu quetschen. Auf solch einem Planeten gäbe es keine großen Berge und keine hohen Bäume. Sämtliche tierischen Lebensformen, die existierten, besäßen eine flache und niedrige Gestalt; sie würden in Bodennähe leben und sich auf kurzen gedrungenen Beinen vorsichtig fortbewegen, um ihr eigenes Gewicht zu tragen. Jeder Sturz – selbst aus wenigen Zentimetern Höhe – wäre eine absolute Katastrophe.

Ein kompaktes Universum

Und als wäre das nicht alles schon schlimm genug, ist es auch noch extrem unwahrscheinlich, dass sich die Planeten in einem solchen kompakten Modelluniversum auf stabilen Umlaufbahnen bewegen könnten. Aufgrund der stärkeren Schwerkraft würden sich die Galaxien in solch einem Universum schon sehr früh bilden und zwar aus Gasansammlungen mit kleineren Abmessungen als die Gaswolken, aus denen die Galaxien unseres Universums entstanden, jedoch mit der gleichen Anziehungskraft. Die Sterne stünden in diesen Galaxien wesentlich enger zusammen. Zwar gäbe es ungefähr die gleiche Anzahl von Galaxien wie in unserem Universum (mindestens 100 Milliarden), doch jede Galaxie besäße einen Durchmesser, der eine Million Mal kleiner ist als der der Milchstraße – statt 30 000 Parsec nur 0,03 Parsec (etwa 10^{12} km, also weniger als die Entfernung von der Sonne zu Alpha Centauri). Und auch die Entfernung der Sterne untereinander betrüge nicht mehrere Parsec; stattdessen stünden sie so dicht beieinander, dass Beinahe-Kollisionen an der Tagesordnung wären. Der gravitative Einfluss vorbeiziehender Sterne würde alle entstandenen Planeten aus ihrer Umlaufbahn reißen und sie über den interstellaren Raum verteilen.

Wann würde all dies geschehen? Unser eigenes Universum befindet sich in einem Stadium, in dem die schweren Elemente von der ersten Sternengeneration „geschmiedet" wurden und sich in interessante Objekte (wie etwa uns Menschen) verwandelt haben. Darüber hinaus hat sich das Universum seit etwa 14 Milliarden Jahren ausgedehnt; das heißt, die Entfernung zwischen uns und dem von uns am weitesten entfernten, noch beobachtbaren Objekt – manchmal als Hubble-Radius oder Weltradius bezeichnet – beträgt 14 Milliarden Lichtjahre. Ein kompaktes Modelluniversum würde dieses interessante Stadium der Produktion und Verteilung schwerer Elemente (allerdings ohne die Entwicklung interessanter Objekte wie Leben) etwa eine Million Mal schneller erreichen und zwar nach ungefähr 14 000 Jahren, wenn das Universum einen Hubble-Radius von 14 000 Lichtjahren besäße (einen Durchmesser von 28 000 Lichtjahren). Mit anderen Worten: Dieses Hochgeschwindigkeits-Universum würde das Stadium, in dem sich unser Universum heute befindet, bereits erreichen, wenn es gerade mal ein Drittel der Größe der Milchstraße aufwiese.

In den Gesetzen der Physik findet sich nichts, was gegen die Existenz solcher oder sogar noch merkwürdigerer Universen spräche. Also – wo sind sie dann?

1. Gegenüberliegende Seite: Könnte unser Universum nicht nur eine Blase in einer Vielzahl von Universen sein, die jeweils ihre eigenen physikalischen Gesetze haben?

2. Nächste Doppelseite: Künstlerische Darstellung unseres Milchstraßensystems.

4.2 VIELE VERSCHIEDENE UNIVERSEN

Falls unser Universum nicht speziell für uns geschaffen wurde (sozusagen ein „maßgeschneidertes“ Universum), bietet es uns vielleicht gerade deshalb die richtigen Lebensbedingungen, weil es sich im Grunde nur um ein Universum unter vielen handelt – vergleichbar mit einem Anzug, der nicht deshalb so gut sitzt, weil er von einem Schneider angepasst wurde, sondern weil man ihn sorgfältig aus einer Vielzahl von Anzügen von der Stange ausgewählt hat. Geht man von diesem Ansatz aus, kann unser Universum nicht einzigartig sein; stattdessen muss es irgendwo in Zeit und Raum eine Unzahl von Universen geben, ähnlich den langen Reihen verschiedener Anzüge, die auf Kleiderständern in einem Laden hängen. Wahrscheinlich gibt es darunter auch unzählige „sterile“ Universen (Anzüge, die nicht passen), aber Leben kann sich nur in Universen wie dem unsrigen entwickeln (also Anzüge, die passen). Um diese Möglichkeit genauer zu erforschen, müssen die Kosmologen sich mit der seltsamen Welt der Quantenphysik auseinander setzen. Die Quantenphysik beinhaltet naturgemäß die Vorstellung von unzähligen Welten, die sozusagen Seite an Seite existieren.

DIE VIELEN WELTEN DER QUANTEN

Die Quantenphysik beschreibt, was auf der so genannten „submikroskopischen“ Ebene vorgeht, wo die Teilchen kleiner sind als Atome. Da wir keine Alltagserfahrung darüber haben, was sich im Inneren von Atomen abspielt, bleiben uns nur Gleichungen, um diese Vorgänge zu beschreiben – die Gleichungen der Quantenmechanik. Diese Gleichungen sind absolut zuverlässig, sofern man voraussagen will, wie sich messbare Größen verändern. Leider gibt es in der Quantenmechanik aber auch mindestens ein halbes Dutzend so genannter „Interpretationen“, die zu erklären versuchen, was mit Teilchen wie etwa Elektronen geschieht, wenn diese nicht beobachtet werden. All diese Interpretationen sind hilfreich, weil sie die menschliche Vorstellungskraft stützen, aber keine von ihnen beinhaltet die „ganze“ Wahrheit. Die Interpretation, auf die die meisten Kosmologen zurückgreifen, wird aus Gründen, die wir noch erläutern werden, die „Viele-Welten-Theorie“ genannt.

Teilchen und Wellen

Wie seltsam die Welt der Quantentheorie ist, wird deutlich, wenn wir uns damit beschäftigen, wie Elektronen und Photonen sich sowohl als Teilchen als auch als Wellen verhalten. Experimente, die den Wellencharakter bestimmter Quanten (alles, was kleiner ist als ein Atom) messen sollen, zeigen auch deutlich, dass es sich um Wellen handelt. Das klassische Beispiel für ein solches Experiment ist der „Doppelspaltversuch“, bei dem ein Lichtstrahl auf einen Schirm mit zwei Löchern gerichtet wird. Das Licht breitet sich hinter jedem der beiden

1

1. Das Interferenzmuster zweier verschiedener Wellenzüge.

Löcher wellenförmig aus und bildet auf einem zweiten, dahinter aufgestellten Schirm ein charakteristisches „Interferenzmuster" aus Licht und Schatten, das genau der Art und Weise entspricht, wie die Wellen in einem Teich einander überlagern. Ähnliche Experimente mit Elektronenstrahlen zeigen ebenfalls ein wellenartiges Verhalten dieser Teilchen.

Doch wenn man Experimente durchführt, um damit den Teilchencharakter von Elektronen oder Photonen zu messen, verhalten diese Teilchen sich wie ein Strom kleiner Geschosse. Quanten sind also Teilchen und Wellen zugleich – man spricht hier vom „Welle-Teilchen-Dualismus". Allem Anschein nach reisen Quanten als Wellen, treffen aber als Teilchen auf ein Ziel auf, und die Gleichung, die diese Vorgänge beschreibt, nennt man „Wellenfunktion".

Viele Welten

Der Welle-Teilchen-Dualismus ist nur der Beginn einer langen Reihe von Quantengeheimnissen. Die Art und Weise, wie sich ein sich frei bewegendes, von uns beobachtetes Quant für ein Dasein als Teilchen oder Welle „entscheidet", ist ebenfalls mit nichts in unserer bisherigen Erfahrungswelt zu vergleichen. Dazu stelle man sich ein einzelnes Elektron vor, das sich frei durch den Raum bewegt. Elektronen besitzen neben anderen Eigenschaften auch einen Drehimpuls oder „Spin" – der allerdings nicht mit dem Drehen eines Körpers um seine eigene Achse zu vergleichen ist, sondern sich am ehesten als eine Art „Etikett" auf dem Elektron begreifen lässt. Letztendlich ist wichtig, dass der beobachtete Spin nur zwei Werte haben kann, nämlich „aufwärts" oder „abwärts". Ein beobachtetes Elektron kann immer nur einen dieser Spins besitzen.

Doch wie verhält sich das bei einem freien, unbeobachteten Elektron? Die Standardinterpretation der Quantentheorie besagt, dass ein einzelnes Elektron keinen festgelegten Spin besitzt, sondern in einem unbestimmten 50:50-Zustand existiert, einer Mischung aus Aufwärts- und Abwärtsspin.

Diese so genannte „Überlagerung von Zu-

DIE REALITÄT DES DUALISMUS

Manche halten den Welle-Teilchen-Dualismus einfach für einen statistischen Effekt. Schließlich bestehen Wasserwellen letztendlich auch aus unzähligen winzigen Teilchen. Aber der Welle-Teilchen-Dualismus der Quanten ist etwas anderes: Er findet auf der subatomaren Ebene statt, wo die „Wellen" in etwa die gleiche Größe haben wie die „Teilchen". Obwohl dieses Phänomen schon in den 1920er Jahren indirekt nachgewiesen werden konnte, wurde erst zu Beginn der 1990er Jahre der Beweis für die Realität des Dualismus erbracht, und zwar mithilfe eines Experiments, das indische Theoretiker erdachten und ein Team japanischer Experimentalphysiker ausführte. Bei diesem Experiment schickte man einzelne Photonen (Lichtquanten) durch einen winzigen Luftspalt zwischen zwei Glasblöcken (zwei Prismen) und beobachtete ihr Verhalten.

Das Experiment erforderte größte Präzision, nicht nur bei der Erzeugung einzelner Photonen, sondern auch bei ihrer Lenkung durch die Lücke zwischen den beiden Prismen, die nur wenige Zehntel Milliardstel eines Meters groß sein durfte (etwa ein Zehntel der betreffenden Wellenlänge des Lichts). Da der Spalt so schmal war und Licht sich in Wellenform ausbreitet, konnte es den Spalt überqueren; aber andere Tests zeigten, dass es sich bei den auf der anderen Seite ankommenden Photonen um Teilchen handelte. Also hatte man einzelne Photonen dabei beobachtet, wie sie sich in ein und demselben Experiment sowohl als Welle wie auch als Teilchen verhielten. Dipankar Home, der Leiter der indischen Gruppe, brachte es auf den Punkt: „Drei Jahrhunderte nach Newton [Abb. links] müssen wir zugeben, dass wir auf die Frage: ‚Was ist Licht?' noch immer keine Antwort haben."

1. Gegenüberliegende Seite: Ein Regenbogen entsteht, wenn Lichtwellen von Regentropfen gebrochen und reflektiert werden.

1. John Wheeler (Bild) ermutigte Hugh Everett zu seinen Forschungen zur Viele-Welten-Theorie.

2. Nach der Quantentheorie ähnelt das Universum einem weit verzweigten Baum, dessen Äste verschiedenen Realitäten entsprechen.

1

ständen" gilt für alle Quanteneigenschaften. Erst unter Beobachtung kommt es zu einem „Kollaps der Wellenfunktion", und das Elektron entscheidet sich (rein zufällig) für eine Drehrichtung (oder welche Eigenschaft auch immer). Einstein hasste die Vorstellung dieses Zufallsprinzips und prägte in diesem Zusammenhang den berühmten Satz: „Gott würfelt nicht!"

Aber es gibt noch eine zweite Interpretationsmöglichkeit: Statt für ein Elektron mit einer Überlagerung von zwei Zuständen funktionieren die Gleichungen ebenso gut für zwei Elektronen, von denen sich jedes in einem anderen Zustand, aber auch in einem separaten Universum befindet. In jedem der beiden Universen erhält man eine eindeutige Antwort bei der Messung des Spins, die (in diesem Falle) mit einer Wahrscheinlichkeit von 50:50 die eine oder die andere Spinrichtung angibt. Bei komplizierteren Situationen (wenn man beispielsweise mit sechs Würfeln zugleich würfelt), sind auch die Wahrscheinlichkeiten komplizierter, aber der Kollaps der Wellenfunktion bleibt aus. Bei dieser Interpretation heißt es frei nach Gertrude Stein: „Ein Elektron ist ein Elektron ist ein Elektron." Dies alles ist aber nur unter der Voraussetzung möglich, dass für jedes mögliche Ergebnis jeder möglichen Quantenmessung ein separates Universum – eine separate physikalische Realität – existiert. Daher der Name „Viele-Welten-Theorie".

Quantenphysik für Kosmologen

Die meisten Kosmologen neigen zur Viele-Welten-Interpretation, da sie umgekehrt größte Schwierigkeiten mit der Standardinterpretation der Quantenmechanik haben.

Das Problem, das die Kosmologen mit der Standardinterpretation der Quantenmechanik haben, besteht vor allem darin, dass das Universum eben alles umfasst, was existiert, und nichts außerhalb dieses Universums vorhanden ist, was mit seiner Wellenfunktion interagieren und ihren Kollaps herbeiführen könnte – stattdessen muss das Universum für immer in einer Überlagerung sämtlicher möglichen Zustände existieren. Das ist im Grunde genommen das Gleiche, als wenn man behauptet, alle möglichen Universen würden Seite an Seite existieren und alle Augenblicke würden gleichzeitig existieren (einer nach dem anderen), ohne dass sich dabei wirklich etwas verändert. Und was bedeutet dies für Thesen wie den Urknall und die Expansion des Universums?

Quantenkosmologie

Es gibt zwei Arten von Quantenkosmologie: Die erste beschäftigt sich mit den Ereignissen, die unmittelbar nach der Planck-Zeit – dem Zeitpunkt Null – in „unserem" Universum stattfanden (▷ S. 97) und zur Inflation und dem Urknall führten, bei dem in weniger als vier Minuten Wasserstoff und Helium aus reiner Energie geschaffen wurden (▷ S. 107). Die zweite Richtung der Quantenkosmologie setzt sich mit den Fragen und Folgerungen der Viele-Welten-Theorie auseinander. Dieser Ansatz ist wesentlich spekulativer und führt uns weit über die Grenzen dessen hinaus, was wir über das Wesen und die Funktionsweise unserer Welt wissen.

Die kosmische Wüste

Wenn wir für den Augenblick die allgemein anerkannte Vorstellung akzeptieren, dass die Zeit unerbittlich fortschreitet, können wir uns die kosmische Version der Viele-Welten-Theorie vorstellen, die besagt, dass das Universum durch Quantenprozesse zu Anbeginn der Zeit, als das heutige beobachtbare Universum noch die Größe eines Quants besaß, wie ein gigantischer Baum in viele verschiedene Zweige aufgeteilt wurde (daher auch der Ausdruck „Multiversum"). Die verschiedenen Zweige des Multiversums wären in gewisser Weise immer noch

☆ Nach seiner Promotion arbeitete Hugh Everett an Geheimaufträgen für das Pentagon und veröffentlichte seitdem keine einzige weitere wissenschaftliche Abhandlung.

2

1. Stephen Hawking, ein Pionier der Quantenkosmologie.

2. Ein Eisbär am Nordpol schaut immer nach Süden – egal, wohin er sich wendet.

1

1906 erhielt J. J. Thomson den Nobelpreis, weil er nachwies, dass Elektronen Teilchen sind. 1937 erhielt ihn sein Sohn George, weil er nachwies, dass Elektronen Wellen sind. Beide hatten Recht.

Mitglieder derselben Familie und würden bestimmten übergreifenden Naturgesetzen folgen. Aber es gäbe eine riesige Zahl unterschiedlicher Universen (möglicherweise sogar unendlich viele) innerhalb des Multiversums mit allen denkbaren Werten oder Kombinationen der Grundparameter wie Omega und Lambda oder die Hubble-Konstante.

In der riesigen Vielfalt aller möglichen Zweige des Multiversums ermöglichen die Kombinationen der grundlegenden Parameter die Existenz von Leben nur in einer kleinen Teilmenge aller Universen. Und an diesem Punkt kommt das schwache anthropische Prinzip zum Tragen (▷ S. 187). Der größte Teil des Multiversums ist steril – eine kosmische Wüste. Das Leben existiert nur in einer relativ kleinen Zahl von Oasen, die weit über diese Wüste verstreut liegen. Aber da wir Lebewesen sind, sehen wir um uns herum natürlich eine Oase und keine Wüste. Und dieses Prinzip kann sogar voraussagen, welche Art von Oase wir sehen sollten.

Hawkings Universum

Anfang der 1980er Jahre entwickelte Stephen Hawking eine Version der Kosmologie, die auf der Viele-Welten-Theorie beruhte. Hawking ging davon aus (oder vermutete), dass das Universum keine Grenze haben darf, keinen „Rand" der Zeit oder des Raums. Vom konventionellen Standpunkt aus betrachtet, existiert ein solcher Rand der Zeit jedoch im Urknall (genauer: an der Planck-Zeit). Wenn man einmal die Mathematik außer Acht lässt, kann man Hawkings raffinierte Lösung dieses Problems auch in geometrische Begriffe fassen, indem man von einer Kugel ausgeht, wie sie in etwa die Oberfläche der Erde darstellt.

Dazu muss man sich vorstellen, dass alle drei Dimensionen des Raums von einer Linie repräsentiert werden, die die Kugel umrundet wie etwa ein Breitengrad. Die Zeit wiederum könnte durch eine Linie dargestellt werden, die im rechten Winkel dazu verläuft und die von einem der Pole der Kugel – zum Beispiel vom Nordpol – aus wie ein Längengrad weiter läuft. Der Nordpol repräsentiert den Anbeginn der Zeit, und ein winziger Kreis rund um den Nordpol steht für den dichten Zustand des Universums beim Urknall. Wenn nun „die Zeit vergeht", bewegen wir uns immer weiter nach Süden, weg vom Nordpol in Richtung Äquator, und die Linien, die den Raum zu unterschiedlichen Zeiten repräsentieren, werden länger – das Universum expandiert.

Entscheidend an diesem Modell ist die Tatsache, dass es keinen Endpunkt oder Rand am Nordpol gibt, so wie auch die Erde am echten Nordpol keinen Rand hat. Steht man an diesem nördlichsten Punkt unseres Planeten, weisen alle Wege entlang der Erdoberfläche in Richtung Süden; analog dazu weisen alle Wege der Zeit in Richtung Zukunft, wenn man an der Planck-Zeit steht. Dementsprechend ist die Frage, was „vor" dem Urknall geschah, genauso sinnlos wie die Frage, was nördlich des Nordpols liegt.

2

1

1. Wenn man auf einer „geraden Linie" genau nach Norden geht, geht man schließlich nach Süden.

Hermann Minkowski war einer von Einsteins Dozenten an der Universität. Er beschrieb seinen Studenten als „faulen Hund, sicherlich sehr intelligent, aber von Mathematikkenntnissen überhaupt nicht belastet".

Hawking auf den neuesten Stand gebracht

Hawkings ursprüngliches Modell des Universums führte diese Analogie bis über den Äquator – wo die Linie des Breitengrades am längsten ist – hinaus bis in die „südliche Hemisphäre" hinein, wo die Linien in Richtung des Südpols wieder kürzer werden. Dieses Modell implizierte ein geschlossenes Universum, dessen Raum eine maximale Ausdehnung erreicht und sich dann wieder in Richtung eines Endknalls (▷ S. 98) bewegt. Hawking erwog sogar die Möglichkeit, dass die Zeit in der schrumpfenden Hälfte des Universums rückwärts laufen könnte.

Doch die Anfang des 21. Jahrhunderts gemachte Entdeckung, dass sich die Expansion des Universums aufgrund des Lambda-Werts (▷ S. 94) beschleunigt, bedeutet, dass Hawkings Modell nicht das Universum beschreibt, in dem wir leben. Allerdings ist es relativ einfach, Hawkings Vorstellungen so anzupassen, dass man damit ein Modell unseres eigenen Universums schaffen kann. Anstatt die Raum-Zeit als Oberfläche einer unveränderlichen Kugel aufzufassen, sollte man sie sich als die Oberfläche eines sich ausdehnenden Ballons vorstellen. Aufgrund der Auswirkungen des Lambda-Werts bläht sich dieser Ballon immer schneller auf, so dass es vom Nordpol ausgehend unmöglich wird, jemals den Äquator zu erreichen, geschweige denn zu überqueren.

Alles andere in Hawkings Modell hat nach wie vor Bestand, vor allem die Annahme, dass es am Anfang keinen Rand der Zeit gibt. Der Unterschied besteht allein darin, dass es aufgrund der ewigen Ausdehnung des Universums nie zu einem Ende der Zeit kommen kann. Aber der Begriff der Zeit ist ein äußerst kompliziertes Konzept, und es gibt heute einige Theoretiker, die sich mit der Möglichkeit beschäftigen, dass wir die Zeit nicht als etwas betrachten sollten, was von der Vergangenheit in die Zukunft fortschreitet.

GIBT ES DIE ZEIT WIRKLICH?

Das Wesen der Zeit ist eines der größten Rätsel sowohl der Wissenschaft als auch der Philosophie. Wir alle erleben den Fluss der Zeit, von der Vergangenheit über die Gegenwart in die Zukunft. Aber wohin fließt die Vergangenheit, nachdem die Gegenwart vorüber ist? Und wo ist die Zukunft, bevor die Gegenwart sie erreicht? Julian Barbour, Physiker und Privatgelehrter, hat die These aufgestellt, dass sowohl Vergangenheit als auch Zukunft „die ganze Zeit über" existieren (was auch immer das bedeuten soll) und dass sich nur unsere bewusste Wahrnehmung des „Jetzt" wirklich bewegt.

Geographie und Relativität

Barbours Idee ergibt sich als natürliche Konsequenz der Relativitätstheorie, welche die Zeit als vierte Dimension betrachtet. Einsteins Theorie kann in geometrischen Begriffen ausgedrückt werden, nach denen sich die Zeit wie eine Dimension verhält, die im rechten Winkel zu den allgemein bekannten drei Dimensionen des Raums steht (also oben-unten, links-rechts und vorwärts-rückwärts plus Vergangenheit-Zukunft). Es handelt sich dabei um mehr als um eine reine Analogie. Die Gleichungen, die die Lage von Objekten in den drei Dimensionen des Raums beschreiben, sind eine Erweiterung des berühmten Satzes des Pythagoras: Im rechtwinkligen Dreieck ist die Summe der Flächeninhalte der Quadrate über den Katheten a und b gleich dem Flächeninhalt des Quadrats über der Hypotenuse c, es gilt: $a^2 + b^2 = c^2$. Bei den Gleichungen, die die Lage von Objekten in der Raum-Zeit beschreiben, handelt es sich um die vierdimensionale Erweiterung des pythagoreischen Lehrsatzes.

Dies scheint den Gedanken nahe zu legen, dass eine vierdimensionale Geographie so real ist wie eine dreidimensionale oder zweidimensionale Geographie. Auch wenn man sich auf der Oberfläche der Erde befindet, ist der Mond ein real vorhandener Ort, den man mittels einer Reise durch den Raum erreichen kann. Im Einsteinschen Universum ist jedoch der Donnerstag der nächsten Woche ebenso real wie der Mond und lässt sich mithilfe einer Reise durch die Zeit erreichen. Der Unterschied besteht nur darin, dass man bei einer Reise durch die Zeit weder die Reisegeschwindigkeit noch den Zielort bestimmen kann – man muss es sich eher vorstellen wie einen hermetisch abgeschlossenen Zug, der mit konstanter Geschwindigkeit durch das Land rast. Gegen Ende der 1990er Jahre ging Barbour sogar noch weiter, indem er postulierte, dass es überhaupt kein „Jetzt" gibt (oder einen Donnerstag nächster Woche oder das Jahr 1914), sondern nur eine unfassbar große Zahl alternativer Jetzt-Zustände, die mit allen nur denkbaren Momenten der konventionellen Zeit übereinstimmen. Laut Barbour existiert kein Fluss der Zeit, weil alle Zeiten immer existieren.

Eine neue Sicht der Zeit

Barbours Ausgangspunkt ist die quantenmechanische Vision der Realität als eine Vielzahl von Parallelwelten, in denen alle möglichen Ergebnisse aller möglichen Quantenereignisse auftreten. Wenn man ein Experiment durchführen würde, bei dem ein Elektron die Möglichkeit hat, durch eines von zwei Löchern zu fliegen, würde sich nach dieser Vorstellung die Welt – das gesamte Universum – in zwei Versionen aufspalten, die völlig identisch sind bis auf das vom Elektron gewählte Loch.

Doch selbst dieses Beispiel enthält noch die Vorstellung der fließenden Zeit und der sich entwickelnden Universen; Barbours Universum (oder Multiversum) ist dagegen völlig zeitlos. Sämtliche möglichen Zeitpunkte in sämtlichen möglichen Quantenwirklichkeiten existieren immer und gleichzeitig. Der Unterschied zwischen „Vergangenheit" und „Zukunft" besteht laut dieser Theorie darin, dass einige Zeitpunkte Strukturen enthalten, die man „Aufzeichnungen" nennen kann, weil sie genau beschreiben, was in anderen Zeitpunkten existiert, die wir Vergangenheit nennen. Bei

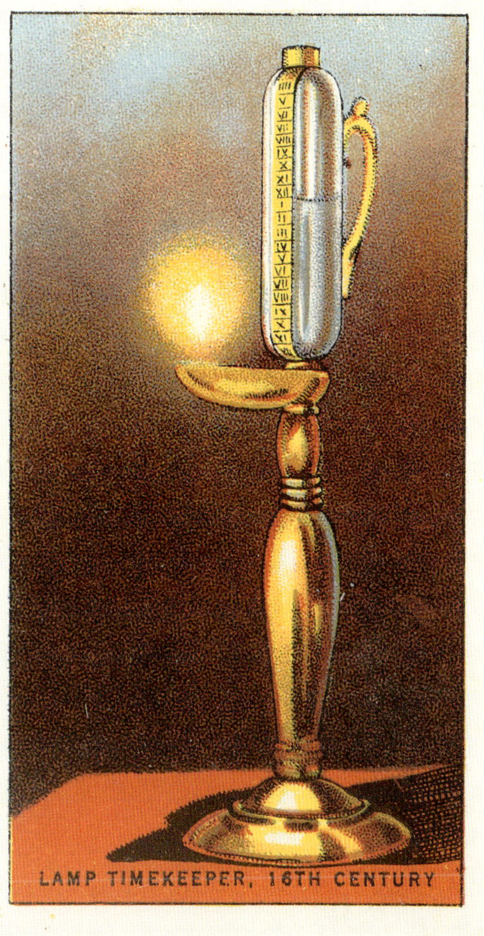

2

2. Dieser alte Zeitmesser dokumentierte das Verstreichen der Stunden durch den langsam fallenden Stand des Öls in der Lampe.

diesen Aufzeichnungen könnte es sich um von Menschenhand geschaffene Dinge wie etwa Tagebücher handeln, aber auch um Naturphänomene wie Fossilien in geologischen Schichten. Diese definieren eine Richtung der Zeit, ohne dass dazu ein Fluss der Zeit benötigt wird. Allerdings setzt das voraus, dass diese Aufzeichnungen in sich selbst folgerichtig sind und in jedem Zeitpunkt eine mögliche geschichtliche Entwicklung beschreiben. Wir nehmen einen Fluss der Zeit wahr, so Barbour, weil unser Gehirn in jedem Zeitpunkt eine Gruppe einander überlappende Strukturvarianten enthält (die von ihm so genannte „Zeitkapsel"), die uns in der Illusion einer fortschreitenden Zeit wiegen, ähnlich wie eine Gruppe einander überschneidender Bilder eines Filmstreifens uns die Illusion von Bewegung vermittelt.

Zusammenfügen der Welten

Es gibt noch eine weitere Sichtweise der Viele-Welten-Theorie, die die Zahl der Universen reduziert. David Deutsch, Physiker aus Oxford, entwickelte eine Theorie, nach der sich die Welt ebenfalls teilt, wenn sich ein einzelnes Photon im Experiment für eines von zwei Löchern entscheiden muss, wobei das Photon in dem einen Universum durch das eine Loch und im anderen Universum durch das andere Loch fliegt. Aber wenn sich die beiden möglichen Bahnen der Photonen in dem Interferenzmuster wieder vereinigen, verschmelzen auch die beiden Universen wieder, was zur Erzeugung des Musters führt. Beide Universen existieren als separate Realitäten nur in der Zeit, in der das/die Photon(en) durch das/die Experiment(e) fliegen.

Wenn wir das Experiment durchführen und die Bildung des Interferenzmusters zulassen, handelt es sich bei dieser Teilung und Wiedervereinigung nach Deutschs Ansicht um ein räumlich begrenztes Phänomen, das sich nur in einer Ecke des Labors abspielt. Aber wenn wir beobachten wollen, für welches Loch sich das Photon entscheidet, und dadurch die Bildung des Interferenzmusters verhindern, teilt die Welt sich dauerhaft in zwei Versionen. Nach dieser Theorie wäre es möglich, neue Universen (oder Kopien unseres Universums) sozusagen auf Bestellung zu erschaffen.

EIN UNKONVENTIONELLER WISSENSCHAFTLER

Kein kurzer Überblick über Julian Barbours Arbeiten kann seinen neuen und bahnbrechenden Theorien gerecht werden, für deren Entwicklung der Oxforder Astrophysiker (Bild rechts) 30 Jahre benötigte. Seine eigene, ein ganzes Buch füllende Darlegung dieser Ideen (*The End of Time*) ist eine streckenweise intellektuell sehr anspruchsvolle Lektüre. Doch nicht nur Barbours Buch, sondern auch die Geschichte seiner Forschungen im Verlauf der letzten 30 Jahre ergibt eine faszinierende Story: Nach seiner Promotion in Physik traf Barbour ganz bewusst den Entschluss, dem Wissenschaftsbetrieb mit seinen Zwängen zur ständigen Publikation den Rücken zu kehren; stattdessen verdiente er seinen Lebensunterhalt als Russisch-Übersetzer, um genügend Freiraum für eine Beschäftigung mit seinen unkonventionellen Ideen zu haben. Dabei ist Barbour jedoch weder ein Eremit noch ein harmloser Verrückter – er besucht regelmäßig wissenschaftliche Fachtagungen, publiziert (in seinem eigenen Tempo) und genießt auch in Kollegenkreisen höchsten Respekt.

Barbours Karriere ist ein leuchtendes Beispiel für die Kraft des freien Willens und das Resultat einer unabhängigen, selbstbestimmten Lebensplanung – mit der Einschränkung, dass Barbour in seinen Theorien ernste Zweifel am Konzept des freien Willens äußert. Seiner Ansicht nach wetteifert laut der „Viele-Momente-Interpretation" der Realität jeder Jetzt-Zustand „mit allen anderen Jetzt-Zuständen in einem zeitlosen Schönheitswettbewerb um die höchste Wahrscheinlichkeit".

1. Gegenüberliegende Seite: Gibt es die Zeit wirklich? Oder ist sie nur eine Kette erstarrter Augenblicke?

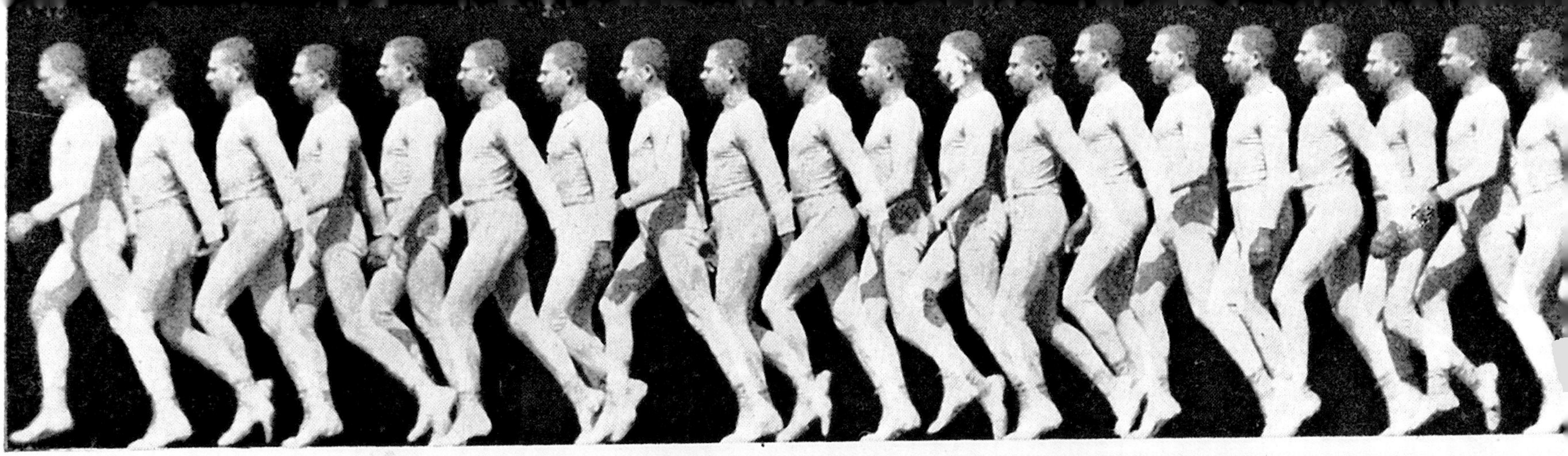

SCHRÖDINGERS KATZE

Der österreichische Physiker Erwin Schrödinger gehörte in den 1920er Jahren zu den Pionieren der Quantenmechanik. Doch 1935 war er so angewidert von den Folgerungen aus seinen eigenen Theorien, dass er ein imaginäres Experiment erdachte, um damit deren Absurdität zu demonstrieren – und das sich zum berühmtesten „Gedankenexperiment" der Wissenschaft entwickelte. Ein solches Gedankenexperiment ist nicht dazu gedacht, in der „Realität" durchgeführt zu werden; stattdessen sollten seine Schlussfolgerungen so offensichtlich sein, dass das Endergebnis über jeden Zweifel erhaben ist.

1

2

Die Wissenschaft der Überlagerung
Grundlage für Schrödingers Beweisführung ist die Standardinterpretation der Quantenmechanik, die besagt, dass ein Quant in einer Überlagerung von Zuständen existiert und sich erst im Augenblick der Beobachtung für einen definitiven Zustand entscheidet. Schrödinger bediente sich bei seinem Beispiel der Radioaktivität, aber sein „Experiment" funktioniert ebenso gut, wenn man sich ein isoliertes Elektron vorstellt, das sich in einer Überlagerung von zwei Zuständen – Aufwärts- und Abwärtsspin – befindet. Wenn der Spin des Elektrons gemessen wird, nimmt es einen der beiden Zustände an, wobei die Wahrscheinlichkeiten, für welchen Zustand es sich entscheidet, exakt gleich groß sind. Ein Elektron gerät in eine solche Überlagerung von Zuständen immer dann, wenn es aus einem Atom herausgeschlagen wird.

Die Katze in der Kiste
Stellen wir uns nun vor, wir würden ein solches freies Elektron in einem magnetischen oder elektrischen Feld festhalten, ohne seinen Spin sofort zu messen. Diese „Elektron-Falle" ist mit einem Behälter voller Giftgas verbunden, und die gesamte Versuchsanordnung steht in einem großen, versiegelten Raum, in dem eine Katze lebt – gesund und munter und mit genügend Futter und Wasser. Wenn der Drehimpuls des Elektrons schließlich gemessen wird, setzt eine automatische Vorrichtung das Gas frei und tötet die Katze, falls der Spin aufwärts gerichtet ist; ist er dagegen abwärts gerichtet, bleibt der Giftgasbehälter geschlossen, und die Katze überlebt. Schrödinger wies darauf hin, dass sich laut der Standardinterpre-

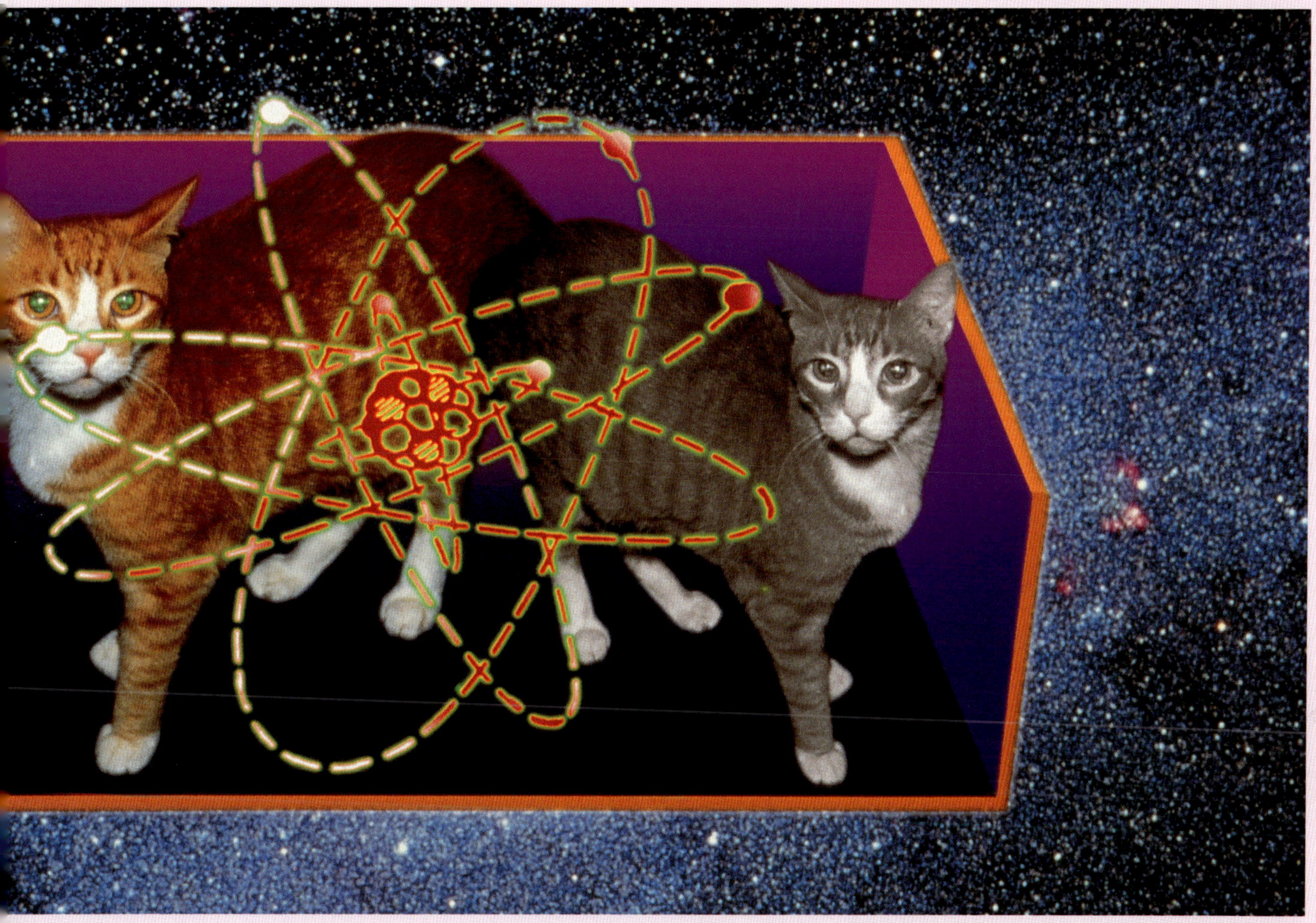

1. Erwin Schrödinger, der Erfinder des „Katzenparadoxons".

2. Das von Erwin Schrödinger konzipierte Gedankenexperiment besagt, dass eine Katze zugleich sowohl lebendig als auch tot sein kann.

tation der Quantenmechanik alles in dem versiegelten Raum – einschließlich der Katze – in einer 50:50-Überlagerung von Zuständen befindet, bis jemand in den Raum schaut und feststellt, was geschehen ist. Demnach muss die Katze zugleich lebendig als auch tot sein.

Parallele Möglichkeiten

Es gibt verschiedene konkurrierende Interpretationen der Quantenmechanik, die diese unangenehme Zwickmühle zu umgehen versuchen. Nach dem von vielen Kosmologen bevorzugten Modell teilt im Augenblick der „Entscheidung" des Elektrons sich die Welt in zwei Kopien – in der einen weist das Elektron einen Abwärtsspin auf, und die Katze lebt; in der anderen geht der Spin nach oben, und die Katze stirbt. In jeder der beiden Welten hat ein menschlicher Beobachter immer noch eine 50:50-Chance darauf, eine lebende Katze vorzufinden, wenn er in den Raum schaut – aber keine der Katzen befindet sich jemals in einer Überlagerung von Zuständen.

Übrigens: Dieses Experiment ist wirklich und ausschließlich in Gedanken „durchgeführt" worden – nichts davon wurde jemals mit einer lebendigen Katze versucht!

ZUM THEMA

2.4 Die beschleunigte Expansion des Universums
S. 132 Quantenfluktuationen
4.2 Viele verschiedene Universen
S. 205 Viele Welten
S. 205 Die Realität des Dualismus
4.3 Auf zu unbekannten Welten
S. 230 Die Evolution von Universen

4.3 AUF ZU UNBEKANNTEN WELTEN

Die Vorstellung, dass irgendwo in einem Quanten-Multiversum alternative Welten existieren, bietet in Kombination mit dem schwachen anthropischen Prinzip eine Erklärung für die Frage, warum das uns umgebende Universum lebensfreundlich beschaffen ist – ohne dass wir dabei auf einen Schöpfer zurückgreifen müssen und in das unendliche Frage-und-Antwort-Schema verwickelt werden, wer der Schöpfer des Schöpfers war und so weiter. Doch dies alles ist äußerst abstrakt und philosophisch.

Nach der Quantentheorie wäre jedoch sogar eine physikalische Verbindung zwischen den Universen möglich, bei der ein Universum durch ein Schwarzes Loch aus einem anderen entsteht. Dieser Theorie zufolge bilden Universen sich immer neu und produzieren „Baby-Universen“, die heranwachsen und ihrerseits neue Universen hervorbringen. Diese Thesen entspringen Forschungen an der vordersten Front der Wissenschaft und konnten bisher noch nicht überprüft werden – aber sie zeigen uns, in welche Richtung sich die Kosmologie im 21. Jahrhundert bewegt.

JENSEITS DES SCHWARZEN LOCHS

Die Gleichungen der Allgemeinen Relativitätstheorie besagen, dass die gesamte Masse eines Schwarzen Lochs zu einer Singularität, einem mathematischen Punkt unendlicher Dichte zusammenfällt (▷ S. 87). Die Gleichungen der Quantenphysik dagegen führen zu dem Schluss, dass es keinen derartigen mathematischen Punkt gibt und dass nichts einen kleineren Radius haben kann als die Planck-Länge, die mit 10^{-33} cm kleinste mögliche Länge.

Physiker, die diese beiden etablierten Theorien miteinander kombinieren, kommen zu dem Schluss, dass mit der Materie (Masse, Energie), die innerhalb eines Schwarzen Lochs immer weiter zusammenfällt, irgendetwas geschieht, wenn sie schließlich den Planck-Radius erreicht. Am wahrscheinlichsten ist wohl, dass die Materie zurückprallt und sich wieder ausdehnt. Doch sie kehrt nicht in das Universum zurück, von dem sie in das Schwarze Loch fiel, sondern wird seitwärts in einen neuen Satz von Dimensionen geschoben und bildet dort ein neues expandierendes, eigenständiges Universum.

Um diese Thesen richtig einordnen zu können, sollten wir uns noch einmal vor Augen führen, um welche Objekte es sich bei Schwarzen Löchern eigentlich handelt.

Schwarze Löcher, die Zweite

Ein Schwarzes Loch kann von jeder Materiekonzentration gebildet werden, deren Gravitationsfeld so stark ist, dass es die umgebende Raumzeit zu einer geschlossenen Oberfläche krümmt. Dies ist auf zwei Arten denkbar: Wenn ein Klumpen Materie so zusammengepresst wird, dass die Masse zwar gleich bleibt, die Dichte sich aber erhöht, wird der Materieklumpen beim Überschreiten einer kritischen Dichte zu einem Schwarzen Loch. Derartige Schwarze Löcher können nach Supernova-Explosionen entstehen. Die zweite Möglichkeit zur Entstehung eines Schwarzen Lochs besteht darin, dass sich bei gleich bleibender Dichte die Masse erhöht: Wird eine kritische Masse über-

1

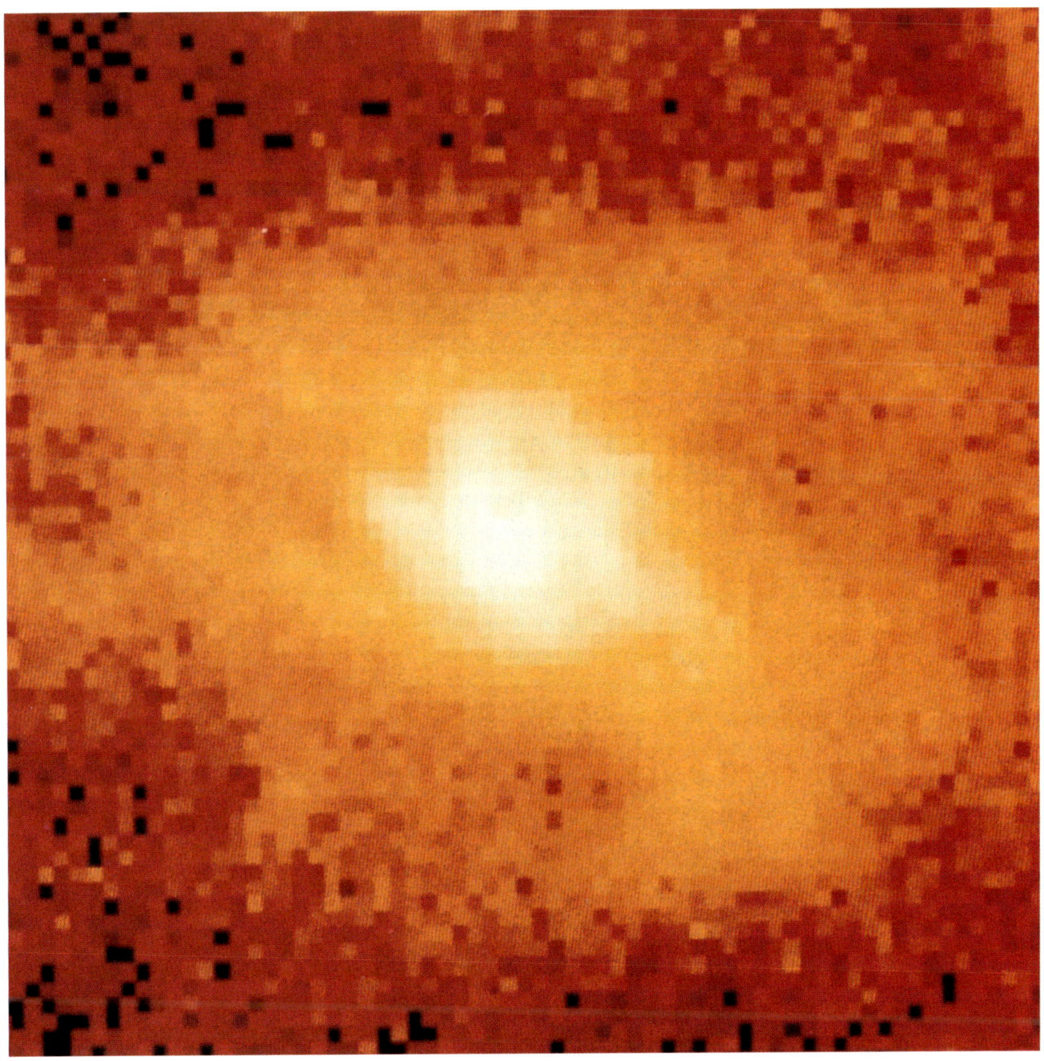

1. Ein Materiestrahl in der Galaxie M87, der aus einem supermassiven Schwarzen Loch im Herzen des Sternsystems hervorschießt.

schritten, bildet sich auch in diesem Fall ein Schwarzes Loch – derartig massereiche Schwarze Löcher bilden die Energiequellen der „Quasare".

Der kritische Radius, bei dem aus einem Objekt ein Schwarzes Loch wird, ist der so genannte „Schwarzschild-Radius", nach dem deutschen Wissenschaftler Karl Schwarzschild, der als erster erkannte, dass die Gleichungen der Allgemeinen Relativitätstheorie die Existenz von Schwarzen Löchern voraussagten. Eine Definition des Schwarzschild-Radius lautet, dass die Fluchtgeschwindigkeit von der Oberfläche eines Körpers mit Schwarzschildradius gleich der Lichtgeschwindigkeit ist – ein Objekt müsste sich mit Lichtgeschwindigkeit bewegen, um dem Körper zu entkommen. Innerhalb des Schwarzschild-Radius kann nichts mehr entkommen, weil dort die Fluchtgeschwindigkeit größer sein müsste als die Lichtgeschwindigkeit.

Als Beispiel für die unterschiedlichen Entstehungsmöglichkeiten von Schwarzen Löchern stelle man sich die Sonne vor. Würde unsere Sonne zu einer Kugel von unter 2,9 km Durchmesser zusammengepresst (was dem Schwarzschild-Radius für ein Objekt von der Masse der Sonne entspricht), entstünde aus ihr ein superdichtes Schwarzes Loch. Aber wenn man der Sonne weitere Materie hinzufügen könnte, ohne dass sie dadurch kollabiert, würde sie zu einem Schwarzen Loch, sobald sie die Masse einiger Millionen Sonnen und etwa die Ausdehnung unseres Sonnensystems erreicht hätte – was dem Schwarzschild-Radius für ein Objekt mit einigen Millionen Sonnenmassen entspricht. Dabei wäre die Dichte der Materie kaum höher als die von Wasser – allerdings würde die Materie dann auch in Richtung des Zentrums zusammenfallen und zerquetscht werden.

Einsteins Wurmlöcher

Obwohl die Schwarzen Löcher erst 1967 ihren Namen erhielten (vom amerikanischen Physi-

DER MANN, DER DAS SCHWARZE LOCH ERFAND

Der erste Mensch, der die Existenz Schwarzer Löcher für möglich hielt, war Reverend John Michell, ein englischer Priester aus dem 18. Jahrhundert. Bevor er die heiligen Weihen empfing, hatte sich der 1724 geborene Michell den Ruf eines der führenden Wissenschaftler seiner Zeit erworben – vor allem durch seine Studien über die Erdbebenkatastrophe, die 1755 die Stadt Lissabon zerstörte (Abb. links). 1760 wurde er zum Mitglied der Royal Society gewählt, und 1762 ernannte man ihn zum Professor für Geologie an der Universität Cambridge. Zwei Jahre später verließ Michell die Universität und übernahm als Pfarrer eine Gemeinde in Yorkshire; aber er verlor nie sein reges Interesse an der Wissenschaft und veröffentlichte mehrere Abhandlungen zur Astronomie. Unter anderem war er einer der Ersten, denen eine relativ genaue Bestimmung der Entfernung zu einem Stern gelang. 1783 erklärte Michell in einer Abhandlung, dass es im Universum „dunkle Sterne" geben könnte, die so groß seien, dass ihnen nicht einmal das Licht entkommen würde:

„Falls in der Natur tatsächlich solche Objekte existieren sollten, deren Dichte nicht geringer ist als die der Sonne und deren Durchmesser mehr als 500-mal den Durchmesser der Sonne übersteigt, würde deren Licht niemals bei uns eintreffen … daher könnten wir mittels unserer Sicht keine Erkenntnisse gewinnen; und dennoch, falls irgendwelche Licht erzeugenden Körper zufällig um diese Objekte kreisen, wären wir vielleicht immer noch in der Lage, aus den Bewegungen dieser kreisenden Körper die Existenz der umkreisten Objekte abzuleiten."

Damit beschrieb Michell exakt die Art von Schwarzen Löchern, die wir heute in Quasaren vermuten und deren Existenz wir aus der Art und Weise ableiten, in der leuchtende Materie sie umkreist.

1

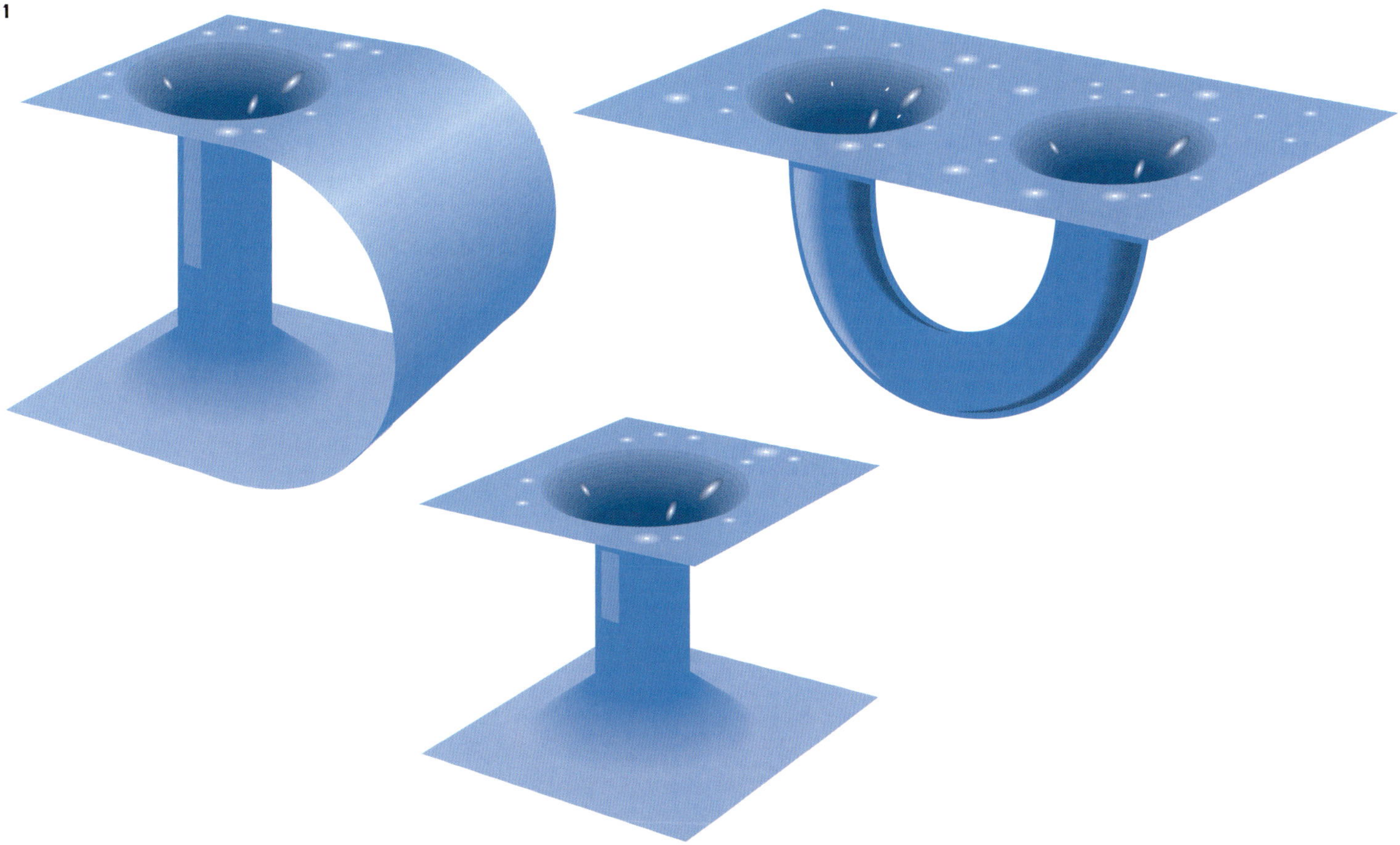

ker John Wheeler), sagte Karl Schwarzschild bereits 1916 ihre Existenz vorher, und Albert Einstein beschäftigte sich in den 1930er Jahren mit den dazugehörigen mathematischen Darstellungen.

Zusammen mit Nathan Rosen entdeckte Einstein, dass die von Schwarzschild gefundenen Lösungen für die Gleichungen der Allgemeinen Relativitätstheorie in Wahrheit kein einzelnes „Loch im Raum“ beschrieben, sondern ein Paar von Löchern in zwei unterschiedlichen Regionen der Raumzeit, die durch einen Tunnel miteinander verbunden waren. Dieser Tunnel wurde zunächst unter dem Namen „Einstein-Rosen-Brücke“ bekannt, aber heute spricht die Wissenschaft eher von einem „Wurmloch“.

Eine Einstein-Rosen-Brücke oder ein Wurmloch verbindet zwei Schwarze Löcher an unterschiedlichen Orten in der Raumzeit. Ursprünglich nahm man an, dass solche Gebilde verschiedene Bereiche unseres Universums miteinander verbinden könnten, wie eine kosmische U-Bahn. Diese Annahme gilt nach wie vor; aber da die Raum*zeit* nicht nur den Raum beinhaltet, könnte ein Wurmloch im Prinzip auch zwei verschiedene Zeiten in unserem Universum miteinander verbinden – also eher als eine kosmische Zeitmaschine fungieren. Und nun spekulieren die Kosmologen, ob Wurmlöcher auch Verbindungen zwischen verschiedenen Paralleluniversen herstellen könnten, falls diese wirklich existieren.

Quantenschaum

Man sollte sich jedoch keine allzu großen Hoffnungen darauf machen, eines Tages durch ein Wurmloch an einen anderen Ort, in eine andere

1. „Wurmlöcher“ können verschiedene Regionen eines einzelnen Universums oder auch voneinander getrennte Universen miteinander verbinden.

Zeit oder in ein anderes Universum zu reisen. Es dürfte äußerst schwierig werden, ein Wurmloch zu bauen, durch das ein Mensch reisen könnte. Falls es sie überhaupt gibt, existieren natürliche Wurmlöcher bestenfalls in den Größenordnungen der Planck-Länge – ganz egal wie groß der Schwarzschild-Radius des Schwarzen Lochs sein mag, das als Eingang zu dieser Art kosmischer U-Bahn dient.

Die auf einer derartigen subatomaren Ebene ablaufenden Quantenprozesse könnten riesige Mengen winziger (also sub-submikroskopischer) Wurmlöcher hervorbringen, die ihrerseits die Basis der Raumzeit-Struktur bilden. Nach dieser Vorstellung wären Quanten-Wurmlöcher so etwas wie die Fäden eines Teppichs, die miteinander verwebt die scheinbar durchgängige Struktur der Raumzeit bilden. Und in ihnen könnten die Keimzellen für neue Universen zu finden sein.

1

1., 2. und 3. (gegenüberliegende Seite): Die Oberfläche des Meeres wirkt umso unruhiger, je mehr man sich ihr nähert.

2

WIE MAN EIN UNIVERSUM ERSCHAFFT

Die Vorstellung, dass die Raumzeit aus einem dichten Webmuster unendlich vieler, subatomar kleiner Wurmlöcher besteht, ist mit einer anderen, von John Wheeler entwickelten Idee verwandt, nach der die Raumzeit eine Art „Schaum" aus Quantengebilden darstellt, welche etwa auf der Skala der Planck-Länge entstehen und wieder zerplatzen; zu diesen Gebilden können auch Paare von Schwarzen Löchern und die sie verbindenden Wurmlöcher zählen. Wheeler vergleicht dieses Modell mit dem Anblick der Meeresoberfläche: Aus einem Flugzeug aus großer Höhe betrachtet, erscheint das Meer ruhig und glatt. Kommt man näher heran, ist die Oberfläche schon rauer, und aus unmittelbarer Nähe zerfällt sie in einen sich ständig verändernden Schaum aus Blasen und winzigen Wellen. Analog dazu erscheint die Raumzeit uns vielleicht nur deshalb so ruhig und glatt, weil wir so viel größer sind als eine Planck-Länge – die ja mit 10^{-33} cm etwa 10^{20} mal kleiner ist als ein Proton.

Virtuelle Realität

Wheelers Idee basiert auf der Vorhersage der Quantenmechanik, dass Quantengebilde wie etwa Teilchenpaare für einen kurzen Moment völlig aus dem Nichts entstehen können („virtuelle Paare"). Diese Vorstellung wurde schon

1. Dieses Paar miteinander wechselwirkender Galaxien ist bekannt als die *Antennengalaxie*.

2. Eine Galaxie, in der ein Gammastrahlen-Ausbruch stattgefunden hat, aufgenommen vom Hubble-Weltraumteleskop.

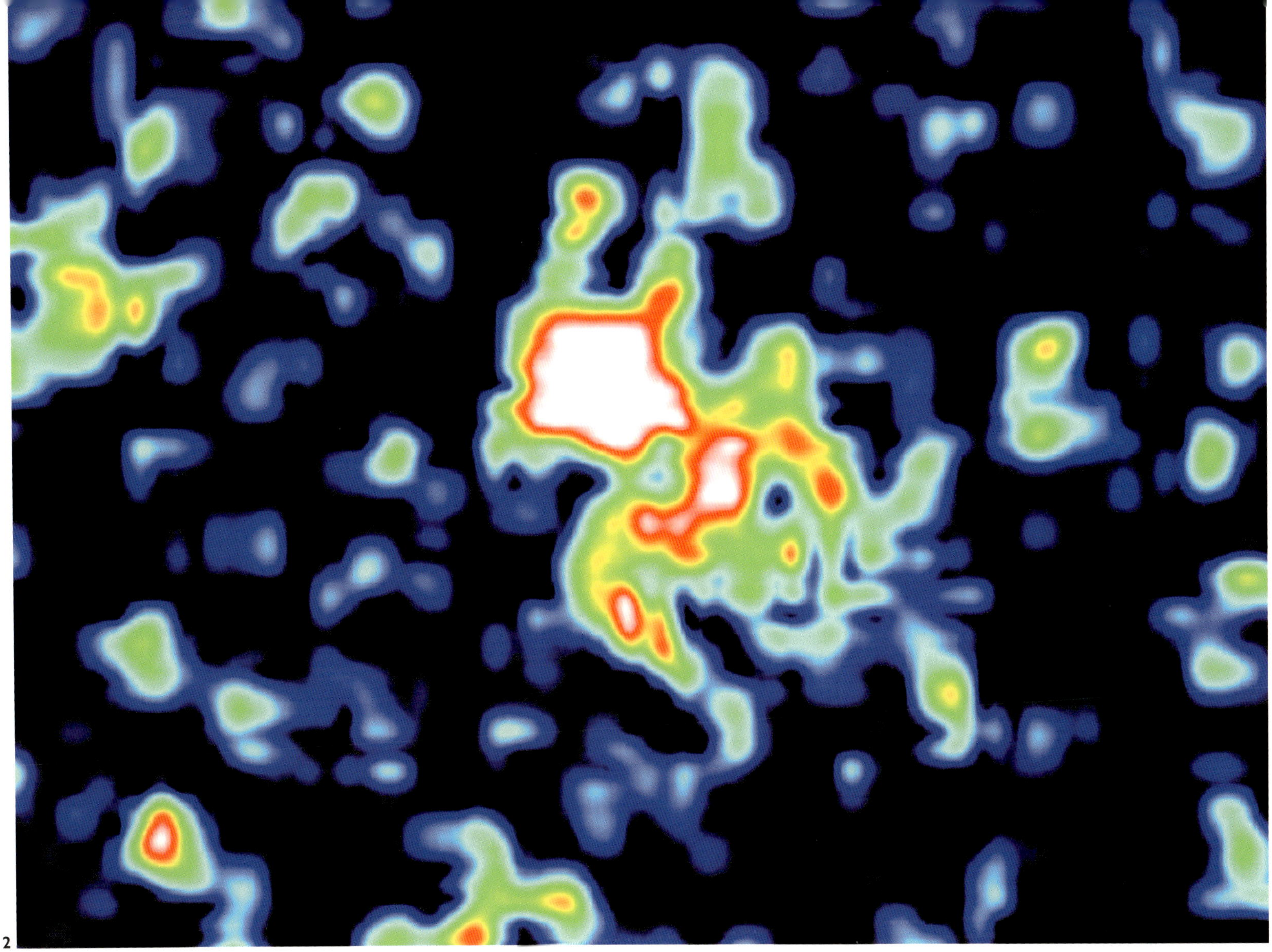

2

im zweiten Abschnitt dieses Buchs erwähnt, im Zusammenhang mit der immer schnelleren Ausdehnung des Universums. Allerdings handelt es sich hierbei nicht um irgendeine Spekulation, in Umlauf gebracht von Kosmologen, die damit ihre Beobachtungen weit entfernter Galaxien erklären wollen. Derartige Quantenfluktuationen sind ein wesentlicher Bestandteil der Quantenmechanik und verleihen dem Vakuum (dem „leeren Raum") eine Struktur, mit Konsequenzen, die sich im Labor überprüfen und messen lassen.

Derart aus dem Nichts entstehende Teilchen treten immer in Paaren mit gegensätzlichen Quanteneigenschaften auf. So wird ein virtuelles Elektron immer von einem virtuellen Positron begleitet, einem Teilchen mit derselben Masse wie ein Elektron, jedoch mit positiver elektrischer Ladung. In der Nähe eines realen geladenen Teilchens wie etwa einem permanenten Elektron bleibt selbst während der kurzen Lebensspanne des virtuellen Teilchenpaars genügend Zeit, dass sich das virtuelle Positron dem realen Elektron annähert und das virtuelle Elektron von diesem abgestoßen wird. Dies führt zu einem Abschirmungseffekt beim realen Elektron und verringert die Auswirkungen seiner Ladung (wie sich an seiner Wirkung auf ein anderes reales Elektron beobachten lässt). Die Konsequenzen dieser Abschirmung können von der Quantentheorie vorausgesagt werden und entsprechen exakt dem beobachteten Verhalten geladener Teilchen wie etwa Elektronen. An der tatsächlichen Existenz der Quantenfluktuation gibt es daher mittlerweile keinen Zweifel mehr.

★ Astronomen gehen davon aus, dass es mindestens 100 Millionen Schwarze Löcher in unserer Galaxis gibt. Bei über 100 Milliarden Galaxien würde dies bedeuten, dass unser Universum bereits zehntausend Billiarden (10^{19}) Abkömmlinge hätte.

DIE NEGATIVITÄT DER SCHWERKRAFT

Die Vorstellung, dass die Schwerkraft negativer Energie entspricht, ist nur schwer zu verstehen. Es ist jedoch ein sehr wichtiges Konzept, denn ohne die Negativität der Schwerkraft würde das Universum wahrscheinlich nicht existieren.

1

1. Man benötigt sehr viel Energie, um ein Objekt aus dem „Gravitationstopf" der Erde zu heben.

Ausdehnung in die Unendlichkeit

Man stelle sich vor, man würde irgendein Objekt auseinander nehmen und dessen Einzelteile unendlich weit verstreuen, z. B. einen Haufen Ziegelsteine.

Wie bereits erwähnt, gehorcht die Schwerkraft einem umgekehrt quadratischen Abstandsgesetz. Demzufolge ist die Gravitation zwischen zwei beliebigen Ziegelsteinen proportional zu Eins dividiert durch das Quadrat des Abstands zwischen beiden. Wenn die Ziegelsteine also unendlich weit auseinander liegen, muss die Schwerkraft gleich Null sein, denn jeder Wert, der durch Unendlich geteilt wird (geschweige denn durch Unendlich zum Quadrat) ist Null.

Energie speichern

Die Menge an Energie, die in einem Gravitationsfeld gespeichert wird, ist abhängig von der Kraft, die zwischen den beteiligten Objekten wirkt – und dies gilt nicht nur für die Schwerkraft. Man stelle sich eine Sprungfeder vor. Wenn die Feder nicht gespannt ist, sondern locker ist, speichert sie keine Energie (außer natürlich ihre mc^2). Zieht man sie nun auseinander, wird auch die Kraft größer, die die Feder wieder zusammenziehen will, und Energie wird in der Feder gespeichert. Doch im Falle der Schwerkraft wird die Kraft beim Auseinanderziehen von Objekten *geringer*. Wenn man eine Feder unendlich weit auseinander ziehen könnte, würde sich eine gigantische Gegenkraft aufbauen und eine gigantische Energiemenge gespeichert werden. Bei der Schwerkraft baut

2

sich dagegen eine gigantische Kraft auf, wenn Objekte sehr dicht zusammenkommen. Liegen die Bestandteile unendlich weit auseinander, ist die Kraft gleich Null – und damit auch die Energiemenge im Gravitationsfeld.

Energie entziehen

Aber bei einem Kollaps von Objekten wird Gravitationsenergie freigesetzt. Wenn nun all unsere Ziegelsteine, verteilt in der Unendlichkeit einen sanften Stoß erhalten und langsam aufeinander zu fallen, setzen sie Energie frei; da sie bei Null Energie beginnen, haben sie jetzt negative Energie.

Wenn sie aus der Unendlichkeit bis auf Planck-Länge zusammenfallen würden, dann wäre die Menge der von ihnen freigesetzten Energie gleich und entgegengesetzt ihrer totalen Massen-Energie, also $-mc^2$.

Dreht man diese Argumentation nun um, könnte ein Universum, dass dazu vorbestimmt ist, sich bis zur Unendlichkeit auszudehnen, ursprünglich auf der Ebene der Planck-Skala aus dem Nichts entstanden sein, da seine Masse-Energie exakt von seiner negativen Gravitationsenergie aufgehoben wird.

2. Der Lagunennebel – über 3.500 Lichtjahre von uns entfernt – ist eine Art stellares Kinderzimmer, wo in letzter Zeit Tausende von Sternen entstanden.

ZUM THEMA

1.2 Ein Stern entsteht
S. 31 Sternenheizung auf volle Leistung

1.4 Das große Finale
S. 72–73 Die Suche nach Schwarzen Löchern

2.1 Der Urknall
S. 87 Die Anfangssingularität

2.4 Die beschleunigte Expansion
S. 132 Quantenfluktuationen

4.3 Auf zu unbekannten Welten
S. 227 Einsteins Überraschung

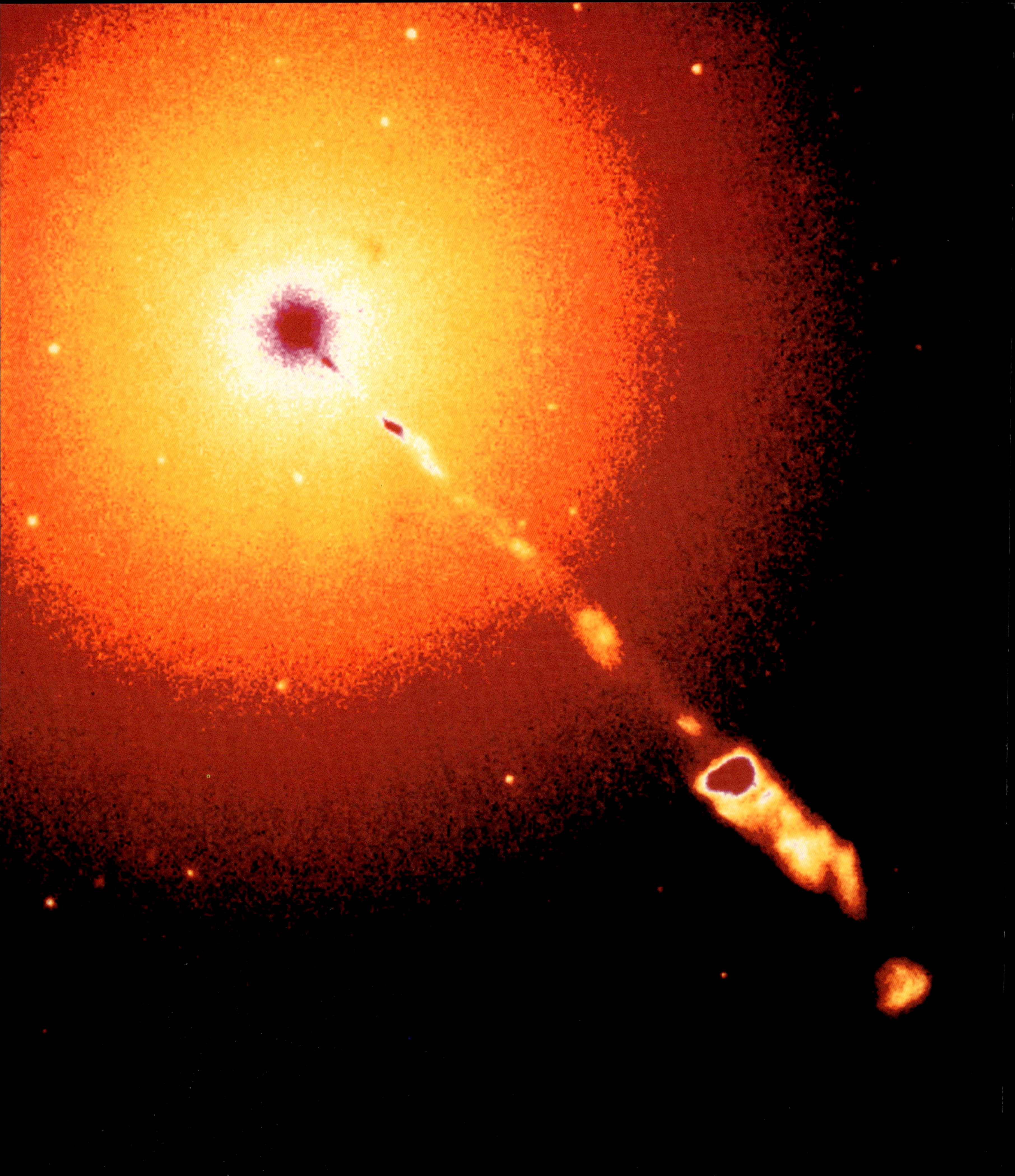

1. Gegenüberliegende Seite: Nahaufnahme des Gasstrahls (Jet), der vom Schwarzen Loch im Zentrum der Galaxie M87 ausgestoßen wird.

Etwas für Nichts

Allerdings sagt nichts in der Quantentheorie, dass nur Teilchen kurzzeitig und völlig aus dem Nichts entstehen können. Auch kleine Pakete reiner Energie (Bläschen mit einem Radius von etwa der Planck-Länge) können sich aus dem Nichts bilden – vorausgesetzt, dass sie innerhalb des von der Heisenbergschen Unschärferelation berechneten Zeitraums wieder verschwinden. Aber dieser Zeitraum kann sehr lang sein.

Je weniger Energie eine Quantenfluktuation enthält, desto länger kann sie andauern. Die Energie eines kleinen Pakets Masse-Energie stammt aus zwei Quellen: aus seiner Masse, aber auch aus seiner Schwerkraft. Da die Energie eines Gravitationsfelds jedoch negativ ist, heben sich bei einer Blase mit der exakt richtigen Menge an Masse-Energie die beiden Kräfte gegenseitig auf; die Gesamtenergie eines solchen Bläschens wäre Null. In einem solchen Fall kann die Quantenfluktuation ewig andauern. „Exakt richtig" bedeutet auch, dass die Blase gerade so viel Masse besitzt, um flach zu sein, kurz vor dem Zustand eines Schwarzen Lochs. Wenn unser Universum flach ist, ist seine Gesamtenergie ebenfalls Null.

Bereits 1973 hatte Edward Tryon an der City University in New York erklärt, aus Sicht der Quantenphysik sei es durchaus denkbar, dass das gesamte Universum letzten Endes nichts anderes darstelle als eine Quantenfluktuation des Vakuums.

Blasen aufpusten

Allerdings finden Quantenfluktuationen auf der Ebene der Planck-Länge statt. Tatsächlich verbietet nichts in der Quantenphysik die Existenz einer subatomaren kleinen Blase mit so

EINSTEINS ÜBERRASCHUNG

Die Vorstellung, dass die Negativität der Schwerkraft exakt die Masse-Energie $E=mc^2$ eines Klumpen Materie (oder des Universums) aufheben kann, erscheint so verblüffend, dass man sie kaum glauben will. Falls es Ihnen genauso geht, befinden Sie sich in allerbester Gesellschaft.

Der erste Mensch, der diese Möglichkeit erkannte, war der deutsche Physiker Pascual Jordan, der in den 1940er Jahren in den USA arbeitete. Zu jener Zeit war Albert Einstein (rechts) als Berater für die US Navy tätig und begutachtete dabei auch Ideen für neue Waffen, die der amerikanischen Marine von wohlmeinenden Bürgern zugeschickt wurden. Einstein konnte dabei auf seine langjährige Erfahrung zurückgreifen – da er „Technischer Vorprüfer am Eidgenössischen Amt für geistiges Eigentum" (Patentamt) in Bern gewesen war. Der ebenfalls in Militärdiensten stehende Physiker George Gamow besuchte Einstein alle 14 Tage in Princeton und brachte ihm die neuesten Ideen mit.

Bei einem dieser Besuche gingen die beiden Physiker von Einsteins Haus zum *Institute for Advanced Studies*, wo Einstein arbeitete. Bei diesem Spaziergang bemerkte Gamow beiläufig, Jordan hätte ihm erzählt, ein Stern könne völlig aus dem Nichts entstehen, weil an dem Punkt mit null Volumen seine negative Gravitationsenergie die positive Masse-Energie genau aufheben würde. „Einstein blieb wie angewurzelt stehen", schrieb Gamow, „und da wir gerade eine Straße überquerten, mussten mehrere Autos mit quietschenden Reifen bremsen, um uns nicht über den Haufen zu fahren."

viel Masse-Energie wie unser gesamtes Universum.

Doch ihre extremen Anziehungskräfte würden diese Blase sofort wieder zerquetschen. Tryons Idee geriet in Vergessenheit, bis in den 1980er Jahren die Inflationstheorie den Mechanismus lieferte, der einen superdichten Quantenkeim bis auf die Größe eines in unserer Welt messbaren Objekts auszudehnen vermag. Der bei der Inflation auftretende enorme Schub wirkt der Schwerkraft entgegen, glättet die Raumzeit und verhindert, dass sich das Baby-Universum im Augenblick seiner Entstehung sofort wieder selbst zerquetscht.

Allerdings gibt es keinen Grund, diese Vorgänge nur auf ein Universum zu begrenzen. Durch Quantenfluktuationen könnten Universen in allen Größen entstehen – manche mit gerade genügend Kraft, um sich geringfügig auszudehnen, andere mit einer derart starken Inflation, dass sie bis in alle Unendlichkeit expandieren, sowie alle denkbaren Größen dazwischen. Jedes Universum bildet eine weitere Blase im Schaum der Raumzeit, die sich aufbläht ohne direkten Kontakt zu ihren Nachbarn. Das alles könnte sich irgendwo im Vakuum des Raumes um uns herum abspielen (oder tatsächlich im Raum zwischen den Atomen der Buchseite, die Sie jetzt gerade lesen).

Falls dem so wäre, würden diese neuen Universen uns aber nicht explosionsartig ins Gesicht springen und unseren eigenen Bereich der Raumzeit füllen, sondern in ihren eigenen Dimensionen existieren, die im rechten Winkel zu den Dimensionen unserer Raumzeit stehen. Doch es wäre im Prinzip auch möglich, ganz bewusst ein Universum zu schaffen.

Ein Universum auf Bestellung

Eine ganze Reihe von Physikern, darunter auch Alan Guth, einer der Pioniere der Inflationstheorie, haben sich auf mathematischem Wege mit dieser Vorstellung auseinander gesetzt. Einer der entscheidenden Punkte ihrer Schlussfolgerungen besagt, dass man keine großen Mengen von Masse-Energie benötigt, um selbst ein so großes Universum wie das unsrige zu schaffen. Aufgrund der Negativität der Schwerkraft kann die Natur ein Universum im wahrsten Sinne des Wortes aus dem Nichts entstehen lassen. Uns würde das nicht ganz gelingen, weil wir Energie zugeben müssten, um den Prozess der Inflation in Gang zu bringen. Doch auch die Menge der dafür notwendigen Energie ist verblüffend gering, selbst im Vergleich mit dem Energieausstoß eines Sterns wie der Sonne.

Für das Auslösen einer solchen Inflation braucht man eine Temperatur von etwa 10^{24} K sowie eine sehr hohe Dichte. Die zur Herstellung dieser Bedingungen benötigte Energie entspricht der Energie einiger weniger Wasserstoffbomben – das Problem bestünde jedoch darin, diese Energie, zumindest für einen Sekundenbruchteil, auf ein winziges Raumvolumen von etwa der Größe eines Atoms zu beschränken. Wenn dies realisiert werden könnte, ließe sich unter gewissen Umständen eine Inflation in diesem komprimierten Raumbereich anregen.

Es gibt noch einen weiteren Weg zur Schaffung eines Universums (nach heutigen Maßstäben zwar ebenso unrealisierbar, aber zumindest laut den Gesetzen der Physik theoretisch möglich): Der Bau eines Schwarzen Lochs. Alle Materie innerhalb eines Schwarzen Lochs muss, wie Roger Penrose vor fast vier Jahrzehnten nachwies, zu einer Singularität zusammenfallen. An dem Punkt, an dem die kollabierende Materie auf die Größe eines Planck-Volumens zusammengepresst wird, beginnen die Quantenprozesse zu greifen und schieben die immer weiter zusammenfallende Materie seitwärts in einen neuen Satz Dimensionen, wodurch ein neues, expandierendes Universum entsteht. Auch hierbei ist es völlig unerheblich, wie viel oder wenig Masse-Energie in das Schwarze

1. Wenn wir die Technologie der Wasserstoffbombe noch weiter entwickeln, könnten wir eines Tages in der Lage sein, Schwarze Löcher – und vielleicht auch Baby-Universen – entstehen zu lassen.

Loch fällt oder ob diese Masse-Energie die Form von Wasser, Wasserstoff, Erdnüssen oder irgendetwas anderem hat. Aufgrund der Negativität der Schwerkraft kann selbst ein so eindrucksvolles Universum wie das unsrige aus einem Schwarzen Loch mit einer beliebigen Menge von Masse entstehen.

Und die Tatsache, dass ein Universum ein anderes hervorbringt, bedeutet nicht notwendigerweise, dass in beiden die gleichen physikalischen Gesetze gelten müssen.

DIE EVOLUTION VON UNIVERSEN

Lee Smolin, theoretischer Physiker an der Pennsylvania State University, hat eine aufsehenerregende Hypothese entwickelt. Er vermutete, dass jedes Mal, wenn ein Baby-Universum durch die „Nabelschnur" eines Schwarzen Lochs oder Wurmlochs aus einem anderen Universum entsteht, sich die Gesetze der Physik im neuen Universum leicht (aber nicht außergewöhnlich auffällig) von den physikalischen Gesetzen des Mutteruniversums unterscheiden – ungefähr so, wie sich Kinder von ihren Eltern unterscheiden, aber Menschen immer Menschen gebären, Pferde Pferde, Katzen Katzen usw.

Nach Smolins These entstehen aus Quantenfluktuationen neue Universen in allen möglichen Größen und Formen und mit unterschiedlich starkem Expansionsdrang. Doch wenn neue Universen aus alten entstehen, werden sie immer eine leichte Ähnlichkeit zu ihrem Mutteruniversum aufweisen. Wenn nun eine Quantenfluktuation nicht groß genug wird, um viele Schwarze Löcher zu enthalten, wird sie auch nur wenige Abkömmlinge hervorbringen (wenn überhaupt). Doch je größer ein Universum wird, desto mehr Schwarze Löcher wird es produzieren und desto mehr Baby-Universen wird es hervorbringen – und diese Babys „erben" sozusagen die Neigung ihres Mutteruniversums, sich weit auszudehnen und wiederum viele Nachkommen zu erzeugen.

Diese Entwicklung führt unausweichlich zur Produktion großer Universen, in denen die Gesetze der Physik so aufeinander abgestimmt sind, dass die größtmögliche Anzahl von Schwarzen Löchern erschaffen wird. Demnach gehört ein Universum wie das unsrige zu der am weitesten verbreiteten Art von Universen im Multiversum, und wir brauchen noch nicht einmal das schwache anthropische Prinzip zu bemühen. Doch wenn unser Universum das Ergebnis eines Evolutionsprozesses ist, der die Bildung Schwarzer Löcher zum Ziel hat – warum gibt es uns dann überhaupt?

Menschen sind Parasiten

Smolins Antwort auf diese Frage lautet, dass wir bestenfalls ein Nebenprodukt der Prozesse sind, durch die Schwarze Löcher entstehen, und schlimmstenfalls Parasiten des Universums. Der Grund dafür ist, dass Größe nicht das Einzige ist, was bei der Produktion möglichst vieler Baby-Universen zählt: Die Gesetze der Physik müssen in einem Universum exakt aufeinander abgestimmt sein, um dort eine Vielzahl Schwarzer Löcher entstehen zu lassen.

1

2

1. Der junge Zentralstern des Herbig-Haro-32-Komplexes ist noch von Resten seines Geburtsnebels umgeben.

2. Der leuchtende Orionnebel (M42) ist Teil einer riesigen Molekülwolke.

Am effektivsten verwandelt man Materie in neue Universen mithilfe von möglichst vielen kleinen Schwarzen Löchern – denn aus jedem dieser Löcher entsteht ein neues Universum. 100 Millionen Schwarzer Löcher mit jeweils der Masse der Sonne sind demnach wesentlich „besser“ (100 Millionen Mal besser) als ein einziges Schwarzes Loch mit 100 Millionen Sonnenmassen. Schwarze Löcher von der Masse eines Sterns entstehen aus Sternen als Teil des natürlichen Kreislaufs von Sternengeburt und Sternentod. Und dieser Kreislauf hängt entscheidend von der Existenz solcher Elemente wie Kohlenstoff und Sauerstoff ab: Wenn eine Wolke aus Gas und Staub zusammenfällt und Sterne bildet, erwärmt sie sich im Inneren. Während sich die ersten Sterne bilden, strahlen sie eine große Menge ultravioletter Strahlung und sichtbares Licht ab, was die Wolke zu zerreißen droht und verhindern würde, dass Sterne wie die Sonne sich bilden könnten. Allerdings ist die Wolke in der Lage, sich von dieser Wärmeenergie zu befreien: Verbindungen wie Kohlenmonoxid (CO) und Wasser (H_2O) absorbieren das ultraviolette und sichtbare Licht und strahlen es als Infrarotwellen wieder ab, die die Staubwolke durchdringen und ins Weltall entweichen können. Dadurch kann die Wolke kollabieren und viele weitere Sterne hervorbringen – darunter auch Supernovae, die Geburtsstätten der Schwarzen Löcher.

Ohne Kohlenstoff und Sauerstoff würden sich nur sehr wenige Sterne bilden können. Hieran zeigt sich, dass die Gesetze der Physik scheinbar genau aufeinander abgestimmt sind, um die Bildung von Kohlenstoff und Sauerstoff innerhalb von Sternen zu ermöglichen, und dass davon aus Kohlenstoff bestehende und Sauerstoff atmende Lebensformen wie wir profitieren. Aber wenn Smolins These stimmt, sind die „Zufälle“, die die Existenz von Kohlenstoff und Sauerstoff ermöglichten, weder dem Zufall noch einem übergeordneten Schöpfer zu verdanken, sondern stellen schlicht einen natürlichen Ausleseprozess auf kosmischer Ebene dar. Kohlenstoff und Sauerstoff sind wesentliche Bestandteile des Reproduktionszyklus des Universums, und wir Menschen gehören einfach zu den Abfallprodukten.

Und so wird auf ernüchternde Weise aus der Krone der Schöpfung ein Nebendarsteller. Aber die Sache hat auch ihr Gutes: Wenn diese Theorie stimmt, gibt es zahllose andere Universen, alle relativ reich an Kohlenstoff und Wasserstoff, in denen organische Lebewesen wie wir leben und sich entwickeln können.

Weiterführende Literatur

Aczel, Amir D.: *Probability 1*. Reinbek bei Hamburg, 2001. Dieses Buch sagt, warum es intelligentes Leben im All geben muss.

Christianson, Gale: *Edwin Hubble*. New York, 1995. Maßgebliche Biographie des Mannes, der entdeckte, dass das Universum sich ausdehnt.

Crick, Francis: *Das Leben selbst*. München, 1983. Der Nobelpreisträger erörtert das Rätsel des Ursprungs und der Natur des Lebens.

Croswell, Ken: *Die Jagd nach neuen Planeten: Auf der Suche nach fernen Sonnensystemen und fremdem Leben*. Darmstadt, 1998. Der bis heute verständlichste Bericht über die Entdeckung fremder „Sonnensysteme".

Gamow, George: *Mr. Tompkins' seltsame Reisen durch Kosmos und Mikrokosmos*. Braunschweig, 1980. Die berühmten Geschichten aus der Traumwelt des Mister Tompkins, in der er die Geheimnisse des Universums kennen lernt. Eine aktualisierte Fassung von Russell Stannard ist ebenfalls erhältlich.

Gribbin, John: *Auf der Suche nach Schrödingers Katze*. München u. a., 1984. In diesem Buch wird die Auslegung der „Viele-Welten"-Theorie durch die Quantenmechanik leicht verständlich erklärt.

Gribbin, John: *The Birth of Time*. New Haven u. a., 1999. Aktuelle Abhandlung über den Beweis für den Urknall.

Gribbin, John und Mary Gribbin: *Stardust*. New Haven, 2000. Dieses Buch erklärt auf leicht verständliche Art und Weise, wie die Elemente innerhalb von Sternen entstanden.

Henbest, Nigel und Heather Couper: *Die Milchstraße*. Basel, Boston, Berlin, 1996. Reich bebilderte und genaue Einführung in die Geographie der Milchstraße.

Longair, Malcolm S.: *Das erklärte Universum*. Berlin u. a., 1998. Einer der führenden britischen Astronomen gibt einen Überblick über die Kosmologie.

Malin, David: *Das unsichtbare Universum*. Berlin, 2000. Großformatige Sammlung spektakulärer Weltraumfotos von Himmelskörpern, die man nicht mit bloßem Auge sehen kann.

Mallove, Eugene F. und Gregory L. Matloff: *The starflight handbook*. New York, 1989. Dieses Buch beschreibt ausführlich die Zukunftsaussichten für interstellare Flüge.

Mankiewicz, Richard: *Zeitreise Mathematik*. Köln, 2000. Die Geschichte der Mathematik, von der ersten Algebra auf babylonischen Tontafeln bis zu digitalen Chaos-Bildern.

Murdin, Paul: *Supernovae*. Cambridge u. a., 1985. Ein leicht verständlicher Bericht über die Vorgänge bei Sternexplosionen.

Petersen, Carolyn Collins und John C. Brandt: *Hubble Vision*. Cambridge, 1998[2]. Spektakuläre Weltraumbilder des Hubble-Teleskops; mit Begleittext.

Rees, Martin: *Just six numbers: the deep forces that shape the universe*. London, 1999. Großbritanniens „Astronomer Royal" wirft einen Blick auf die kosmischen Zufälle, die das Universum und das Leben bestimmen.

Ridpath, Ian: *Das Kosmosbuch vom Universum: Faszination – Erforschung – Wissen*. Stuttgart, 1991. Hervorragender Weltraumführer für Anfänger.

Smolin, Lee: *Warum gibt es die Welt? Die Evolution des Kosmos*. München, 1999. Umstrittener, aber faszinierender Bericht über die „Baby-Universen"-Theorie.

Shklovskii, I. S. und Carl Sagan: *Intelligent life in the universe*. San Francisco u. a., 1966. Immer noch das beste Buch über die Suche nach Außerirdischen.

Weinberg, Steven: *Die ersten drei Minuten: Der Ursprung des Universums*. München, 1977. Der Nobelpreisträger erörtert das Rätsel des Ursprungs und der Natur des Universums.

INFORMATIONEN IM INTERNET:

Webseiten der NASA:
www.nix.nasa.gov, www.photojournal.jpl.nasa.gov

Bilder unseres Sonnensystems:
www.solarviews.com

Vereinigung der Sternfreunde e. V.:
www.vds-astro.de

Sterne und Weltraum:
www.mpia.de/suw

Hubble-Teleskop:
www.stsci.edu

Bildnachweis

Die Egmont vgs verlagsgesellschaft und BBC Worldwide bedanken sich bei den nachfolgend genannten Fotografen und Institutionen für das ihnen zur Verfügung gestellte Abbildungsmaterial. Obwohl wir uns bemüht haben, alle Urheber zu finden und zu nennen, möchten wir uns für etwaige Fehler oder Auslassungen entschuldigen.

AKG London Seite 127, 131, 227; **Brian und Cherry Alexander** Seite 209; **Allsport** Seite 93 *oben*; **Anglo-Australian Observatory** Seite 15, 20 *unten*, 21, 23, 32 *rechts*, 40, 66, 68, 81 *rechts*, 120, 222; **Art Archive** Seite 65, 193; **AT&T Bell Laboratories** Seite 88; **BBC Worldwide Ltd** Seite 36, 42, 51 oben, 54, 58, 69, 70 *oben*, 70 *unten*, 71, 82 *unten*, 95, 102 *oben*, 115, 117, 145 *unten*, 148, 156, 176, 194 *links*, 200, 208, 210, 219; **Boomerang Collaboration** Seite 134 *links*, 134 *rechts*, 135; **British Film Institute** Seite 155; **Corbis** Seite 124; **European Space Agency** Seite 16; **Galaxy Picture Library** Seite 17, 20 *oben*, 22, 26, 27, 28 *unten*, 29 *oben*, 34, 35, 45, 49, 56 *links*, 56 *rechts*, 61, 74, 79, 91, 111, 113, 121, 129, 147 *unten*, 151, 154, 169, 171, 175, 217, 223, 231; **Genesis Space Photo Library** Seite 76, 80, 143, 144, 145 oben, 224, 232; **Hulton Getty Picture Collection** Seite 153, 218; **Imagebank** Seite 35 *unten*, 199; **Images Colour Library** Seite 29 *unten*, 33, 102 *unten links*, 185 *oben links*, 204; **Mary Evans Picture Library** Seite 75, 98 *oben*, 187, 211; **Mount Wilson Observatory** Seite 128; **NASA** Seite 14 *rechts*, 32 *links*, 52, 53, 67, 132, 142 *unten*; **Oxford Scientific Films** Seite 81 *links*, 119, 146, 173, 180 *ganz oben*, 180 *unten links*, 180 *unten rechts*, 185 *oben rechts*, 185 *unten*, 220 *unten*; **Pictor International** Seite 112 *links*; **Popperfoto** Seite 229; **Princeton University** Seite 206; **Robert Harding Picture Library** Seite 103 *links*, 207; **Rockefeller University Archives** Seite 192; **Royal Society** Seite 50; **Science Photo Library** Seite 2, 5, 8, 11, 11 *rechts*, 13, 18 *links*, 18 *rechts*, 19 *unten*, 24, 25, 28 *oben*, 31, 39 *oben*, 39 *unten*, 43, 44, 44 *rechts*, 46, 51 *unten*, 55, 57, 59, 63, 64, 72 *oben*, 72 *unten*, 73 *links*, 73 *rechts*, 82 *oben*, 83, 84, 86, 89 *links*, 89 *rechts*, 90, 93 *unten*, 94, 96, 97, 98 *unten*, 99, 100, 100 *unten*, 101 *oben links*, 101 *oben rechts*, 101 *unten links*, 101 *unten rechts*, 104, 107 *links*, 107 *rechts*, 108, 109, 110 *oben*, 110 *unten*, 112 *rechts*, 114, 116, 118, 122, 123, 125, 130, 133, 136, 139, 141, 142 *oben*, 147 *oben*, 149, 155, 157, 158, 159 *links*, 159 *rechts*, 160, 161, 162, 163, 164 *links*, 164 *rechts*, 165, 166, 170, 172, 177, 181, 182, 189, 190, 194 *rechts*, 195, 203, 205, 212, 214, 215, 220 *oben*, 221, 225, 226, 230, 234; **Science and Society Picture Library** Seite 141, 213; **Search for Extraterrestrial Intelligence Institute** Seite 174; **Shout Picture Library** Seite 103 *rechts*; **Telegraph Colour Library** Seite 102 *unten rechts*, 186, 197; **University of Colorado** Seite 85.

Register